2024

Mittlerer Schulabschluss

Original-Prüfungsaufgaben und Training

Hauptschule Typ B · Gesamtschule EK · Sekundarschule
Nordrhein-Westfalen

Mathematik 10. Klasse

STARK

Bildnachweis

S. 1: © Granitepeaker/dreamstime.com
S. 4: © Johann Snymann/sxc.hu
S. 10: © Rajmund Barnas/sxc.hu
S. 17: © Ove Tøpfer/sxc.hu
S. 20: © Pedro Tavares/dreamstime.com
S. 21: © petzi/PhotoCase.com
S. 22: © dreamstime.com
S. 23: © PhotoCase.com
S. 25: Puzzle: © 123rf.com, © laborant/Shutterstock; Schneefigur: © Tinarayna/dreamstime.com; Schild: © Michael Heinrichs
S. 26: © Martin Fetzer
S. 34: © Jackie Egginton/dreamstime.com
S. 36: © Yvonne Prancl/fotolia.de
S. 37: © Rido/fotolia.de
S. 39: © dreamstime.com
S. 40: © Mike Ludkowski/dreamstime.com
S. 44: © Martinased/dreamstime.de
S. 47: © Nataly Aks/sxc.hu
S. 56: © Julián Rovagnati /fotolia.de
S. 63: Roller: © Michal Zacharzewski/sxc.hu; Lampe: © Sarah Barth/sxc.hu
S. 64: © lidian neeleman/fotolia.de
S. 69: © Piotr Piotr/sxc.hu
S. 71: Pullover: © Maksim Shebeko/fotolia.de; Hose: © FX Berlin/fotolia.de; T-Shirt: © Alx/fotolia.de
S. 86: © M. Unal Ozmen/Shutterstock
S. 92: © Michael Flippo/fotolia.de
S. 95: Turm: © Cyrille Lips/dreamstime.com; Leiter: © Simon Krzic/dreamstime.com
S. 107: © Firina/dreamstime.com
S. 113: © Joe Gough/dreamstime.com
S. 118: © Volk65/dreamstime.com
S. 119: © Kevin Tuck/sxc.hu
S. 123: © MistikaS/iStockphoto.com
Sonstige Bilder im Training: Redaktion

18. ergänzte Auflage
www.stark-verlag.de

Inhalt

Fortsetzung nächste Seite

Inhalt

Original-Prüfungsaufgaben (Mittlerer Schulabschluss)

Wegen des Corona-Virus wurden **2020** die Zentralen Prüfungen in Klasse 10 durch Prüfungsarbeiten ersetzt, die dezentral von den Lehrkräften erstellt wurden. Für 2020 können daher keine Original-Aufgaben abgedruckt werden.

Zentrale Prüfung 2023 .... **www.stark-verlag.de/mystark**
Sobald die Original-Prüfungsaufgaben 2023 freigegeben sind, können sie als **PDF** auf der Plattform **MyStark** heruntergeladen werden (Zugangscode vgl. Umschlaginnenseite).

Bei **MyStark** findest du:
- **Interaktives Training** zu den wichtigsten Kompetenzbereichen
- **Lernvideos** und **GeoGebra-Dateien** zu ausgewählten Themen
- **Jahrgang 2023**, sobald dieser zum Download bereit steht

Deinen Zugangscode findest du auf der **Innenseite des Umschlags** vorne im Buch.

Autoren:
Martin Fetzer, Walter Modschiedler, Walter Modschiedler jun.

Vorwort

Liebe Schülerin, lieber Schüler,

mit dem vorliegenden Buch kannst du dich in Mathematik besonders nachhaltig **bereits ab Klasse 9** auf die **Zentrale Prüfung** zum **mittleren Schulabschluss** an **Hauptschulen (Klasse 10 Typ B)** und an **Gesamtschulen (Erweiterungskurs)** bzw. **Sekundarschulen** vorbereiten.
Gerade bei einer zentral gestellten Prüfung ist das **Grundlagenwissen** besonders wichtig, da die Aufgaben auf möglichst breiten Kenntnissen auch aus früheren Jahrgangsstufen aufbauen. Die Prüfungsvorbereitung sollte deshalb eine Gesamtwiederholung darstellen.

- In diesem Buch beginnen wir daher mit einem ausführlichen **Trainingsteil**, in dem du sowohl den grundlegenden Stoff der früheren Klassen wiederholen als auch die Inhalte der 9. und 10. Jahrgangsstufe festigen kannst.
  Die einzelnen Kapitel bieten dir die Möglichkeit, dich auf sämtliche prüfungsrelevante Bereiche intensiv vorzubereiten. In den acht Kapiteln findest du insgesamt über **380 Aufgaben**, anhand derer du deine Fähigkeiten ganz gezielt auf Prüfungsniveau trainieren kannst. Übe am besten parallel zu dem Thema, das ihr gerade im Unterricht behandelt, mit den Aufgaben aus diesem Buch und bereite dich so **frühzeitig** auf die Anforderungen in der Prüfung vor.
  Die Aufgaben mit einer Glühbirne sind anspruchsvollere **Anwendungsaufgaben**, für die du mehr Zeit einplanen solltest. Oft musst du zur Lösung dieser Aufgaben nicht nur die Inhalte des aktuellen Kapitels anwenden, sondern auch Stoff, der darüber hinausgeht, beherrschen.
  Zu einzelnen Themen gibt es zusätzlich **Lernvideos**. An den entsprechenden Stellen im Buch findest du einen QR-Code, der mit einem Smartphone oder Tablet gescannt werden kann. Eine Zusammenstellung der Videos ist über den QR-Code links abrufbar bzw. unter http://qrcode.stark-verlag.de/53501ml. Außerdem kannst du die Videos von der Plattform **MyStark** herunterladen.
- Mit dem Vorwissen aus dem Trainingsteil kannst du dich an die **Original-Prüfungsaufgaben** wagen, die in den letzten Jahren vom Kultusministerium in Nordrhein-Westfalen gestellt wurden. Sie sollen dir einen Eindruck vermitteln, welche Anforderungen dich in der Zentralen Prüfung erwarten. Versuche deshalb, unter echten Prüfungsbedingungen zu arbeiten und jede der Prüfungen in der vorgegebenen Zeit von 130 Minuten zu lösen. Das Buch enthält die **Prüfungen der Jahre 2018 bis 2022**; die **Prüfung 2023** steht dir auf der **Plattform MyStark** zum Download zur Verfügung.
- Zu diesem Buch ist ein separates **Lösungsbuch** (Titelnummer D0530BL) erhältlich. Es enthält **ausführliche Lösungen**, in denen jeder Rechenschritt erklärt ist, sowie hilfreiche Hinweise und Tipps zur Bearbeitung der Prüfungsaufgaben.
- Sollten nach Erscheinen dieses Bandes noch **wichtige Änderungen** für die Abschlussprüfung 2024 bekannt gegeben werden, erhältst du **aktuelle Informationen** dazu auf der **Plattform MyStark**. Den Zugangscode findest du auf der Umschlaginnenseite.

Wenn du den Inhalt dieses Buches beherrschst, bist du bestens auf die Prüfung vorbereitet. Du wirst sehen: Übung macht den Meister!

Autoren und Verlag wünschen dir viel Erfolg in der Prüfung!

Hinweise und Tipps

1 Hinweise zur Zentralen Prüfung

In Nordrhein-Westfalen kannst du am Ende der 10. Klasse an der Zentralen Prüfung zum Erwerb des Hauptschulabschlusses nach Klasse 10 oder des mittleren Schulabschlusses (Fachoberschulreife) teilnehmen. Die Prüfung umfasst je eine schriftliche Arbeit in den Fächern Deutsch, Mathematik und einer Fremdsprache (Englisch oder auf Wunsch des Prüflings eine andere Fremdsprache, die ab Klasse 5 unterrichtet wurde).

Aufbau der Prüfung

Im Fach Mathematik besteht die schriftliche Prüfung aus zwei Teilen:

- Im **ersten Prüfungsteil** werden deine **Basiskompetenzen** in den verschiedenen Themenbereichen geprüft, die du im Laufe der Klassen 5 bis 10 erworben hast. Dieser Teil enthält mehrere, voneinander unabhängige Teilaufgaben zu grundlegenden mathematischen Sachverhalten, darunter auch Aufgaben mit Auswahlcharakter (Multiple-Choice-Aufgaben). Zur Bearbeitung des ersten Teils sind **30 Minuten** vorgesehen.
  Seit der Prüfung 2023 ist dieser Prüfungsteil **ohne Taschenrechner** und **ohne Formelsammlung** zu bearbeiten.
- Im **zweiten Prüfungsteil** werden **komplexere Aufgaben** aus allen vier Themengebieten (Arithmetik/Algebra, Funktionen, Geometrie und Stochastik) gestellt. Die Aufgaben umfassen jeweils mehrere Teilaufgaben zu einem Kontext und beziehen sich auf den Unterricht in den **Jahrgangsstufen 9 und 10**. Die Aufgaben des zweiten Teils sind im Vergleich zum ersten Teil anspruchsvoller. Du musst hier oft länger nachdenken. Aber lass dich nicht entmutigen, auch wenn die Aufgabe anfangs schwer erscheint. Bleib ruhig und überlege, dann wirst du Zusammenhänge erkennen und auch knifflige Aufgaben lösen können. Der Arbeitszeitanteil umfasst im zweiten Teil **90 Minuten**.
- Zu den oben genannten Bearbeitungszeiten stehen zusätzlich **10 Minuten Bonuszeit** zur ersten Orientierung zur Verfügung.

Inhalte und Kompetenzen

Grundlage für die zentral gestellten Aufgaben der schriftlichen Prüfung sind die Vorgaben des Kernlehrplans. Nachfolgend sind Beispiele von Aufgaben aufgelistet, anhand derer die geforderten Kompetenzen geübt werden können:

Basiskompetenzen	**Beispielaufgaben im Buch**
▶ Bestimmung von Längen, Flächen und Volumina sowie Winkeln bei Grundfiguren und -körpern	▶ Training: 270–272, 294, 297, 299, 300, 303, 310, 314, 330, 333, 344, 346, 360 ▶ Prüfungsteil 1: 2018: 3; 2019: 2; 2021: 3; 2022: 2 (W1)
▶ Entnahme mathematischer Informationen aus einfachen Texten, Grafiken und Diagrammen	▶ Training: 123, 124, 205–209, 216–218, 242–247, 249–252 ▶ Prüfungsteil 1: 2018: 5a; 2019: 3a; 2021: 1; 2022: 6 (W1), 5 (W2)
▶ Umgang mit Zahlen und Größen, Techniken des Überschlagens anwenden	▶ Training: 2–4, 14–18, 46–52, 66–68 ▶ Prüfungsteil 1: 2018: 1; 2019: 1; 2021: 2; 2022: 1, 4

▶ Umgang mit Variablen, Termen, Gleichungen und Gleichungssystemen (auch mit Tabellenkalkulation)	▶ Training: 42, 73–101, 147–153 ▶ Prüfungsteil 1: 2018: 4; 2019: 4a, 5; 2021: 4a (W2), 5; 2022: 3 (W1)
▶ Bestimmung von elementaren Wahrscheinlichkeiten	▶ Training: 253–258 ▶ Prüfungsteil 1: 2018: 2
▶ Erkennen einfacher proportionaler und antiproportionaler Zuordnungen	▶ Training: 112–133
▶ Nutzen von Tabellenkalkulationen und dynamischer Geometriesoftware zur Erkundung mathematischer Probleme	▶ Training: 42, 245, 227 ▶ Prüfungsteil 1: 2018: 5; 2019: 3; 2021: 5
▶ Wechseln der Darstellung (Situation, Tabelle, Graph, Term) bei funktionalen Zusammenhängen	▶ Training: 112, 113, 116, 123, 125, 135–137, 157, 162–165 ▶ Prüfungsteil 1: 2021: 4 (W1)
▶ Erstellen und Vergleichen von Netzen zu vorgegebenen Körpern	▶ Training: 331, 335, 342, 346
▶ Beurteilen mathematischer Aussagen und Angeben von Beispielen oder Gegenbeispielen	▶ Training: 137, 139, 157, 200 ▶ Prüfungsteil 1: 2018: 1b; 2021: 4b (W2)

Themenspezifische Kompetenzen	**Beispielaufgaben im Buch**
Arithmetik/Algebra	
▶ Erläuterung mathematischer Zusammenhänge mit eigenen Worten und geeigneten Fachbegriffen beim Umgang mit linearen Gleichungen/Gleichungssystemen bzw. quadratischen Gleichungen	▶ Training: 94–96, 102–104, 147–156 ▶ Prüfungsteil 2: 2018: 3b; 2019: 3c, 3f; 2022: 3f, 3g
▶ Vergleich, Überprüfung und ggf. Verbesserung von vorgegebenen Aufgabenlösungen	▶ Training: 137, 139, 165, 182, 184 ▶ Prüfungsteil 2: 2019: 1c
▶ Nutzen von elementaren mathematischen Verfahren	▶ Prüfungsteil 2: 2018: 1a, 2a–b; 2019: 1b, 3a–b, 3d–e; 2021: 1b–c, 2e
Funktionen	
▶ Analyse und Bewertung funktionaler Zusammenhänge in authentischen Texten	▶ Training: 145, 146, 155, 156
▶ Interpretation von grafischen Darstellungen funktionaler Zusammenhänge	▶ Training: 136, 137, 140, 162, 168, 182–184 ▶ Prüfungsteil 2: 2018: 1e–f, 2f; 2021: 2c–d
▶ Erstellung, Nutzung und Interpretation von Modellen aus den Bereichen: – Weg-Zeit-Zusammenhänge – Wachstumsprozesse – Prozent-, Zins- und Zinseszinsrechnung	▶ Training: 145, 146, 157–160, 185, 186–189, 195–224 ▶ Prüfungsteil 2: 2018: 1b–c, 1e–f, 2f, 3f; 2019: 2d–f; 2021: 2a, 2c–d, 2f–g; 2022: 2b, 2e–f, 3a–b
▶ Erkundung funktionaler Zusammenhänge (z. B. mithilfe eines Taschenrechners oder einer Tabellenkalkulation)	▶ Training: 224, 287 ▶ Prüfungsteil 2: 2018: 3d–e; 2021: 2b

Geometrie	
▶ Bestimmung unbekannter Größen wie z. B. Umfang und Flächeninhalt von Figuren oder Oberfläche und Volumen von Körpern	▶ Training: 295, 304, 307–309, 319–324, 336, 337, 350, 362, 378 ▶ Prüfungsteil 2: 2018: 2c–e, 3a; 2019: 1a, 2a–c; 2021: 1a, 3d–f; 2022: 1c, 2a–d, 3c, 3d
▶ Bestimmung unbekannter Größen mithilfe von Sinus, Cosinus und Tangens oder mit dem Satz des Pythagoras	▶ Training: 277–283, 288–293 ▶ Prüfungsteil 2: 2018: 1d, 3a; 2021: 3a; 2022: 1d
▶ Erstellung, Nutzung und Interpretation von Modellen aus den Bereichen Architektur und Verpackungen	▶ Training: 332, 338, 339, 341, 348, 358, 367, 377, 379 ▶ Prüfungsteil 2: 2019: 1b–c
▶ Nutzung verfügbarer Werkzeuge zur Bearbeitung geometrischer Situationen (z. B. Zirkel und Geodreieck)	▶ Training: 284–286, 331, 346, 349, 377 ▶ Prüfungsteil 2: 2018: 1c; 2021: 3b–c
Stochastik	
▶ Analyse von grafischen Darstellungen statistischer Daten und deren Manipulation	▶ Training: 242–252
▶ Nutzung von Baumdiagrammen zur Beurteilung von Chancen und Risiken	▶ Training: 259–264 ▶ Prüfungsteil 2: 2019: 1e–f; 2021: 1d–f; 2022: 1e–g
▶ Simulation von Zufallsexperimenten sowie Auswertung und Darstellung von Daten (z. B. mithilfe einer Tabellenkalkulation)	▶ Training: 253–258 ▶ Prüfungsteil 2: 2019: 1d

Bewertung

Die Bewertung deiner schriftlichen Prüfung erfolgt durch die Vergabe von Punkten. Für formale Richtigkeit werden Zusatzpunkte vergeben. Achte deshalb auf die richtigen Maßeinheiten, zeichne sauber und genau und stelle den Lösungsweg nachvollziehbar dar. Vergiss auch nicht, einen Antwortsatz zu formulieren.

Hilfsmittel

In Mathematik darfst du in der schriftlichen Prüfung folgende Hilfsmittel verwenden:

- Zirkel und Geodreieck,
- **im Prüfungsteil 2** eine handelsübliche Formelsammlung oder die im Bildungsportal bereitgestellte Formelsammlung,
- **im Prüfungsteil 2** wissenschaftliche Taschenrechner, d. h. alle für die Schule üblichen elektronischen Rechenhilfen.

2 Tipps zum ersten Prüfungsteil ohne Hilfsmittel

In der Zentralen Prüfung 2023 war der erste Prüfungsteil zum ersten Mal ohne Taschenrechner und ohne Formelsammlung zu bearbeiten. Die inhaltlichen Anforderungen der Aufgaben blieben jedoch gegenüber den Vorjahren grundsätzlich unverändert.

Bei den Aufgaben der in diesem Buch enthaltenen Original-Prüfungen bis 2022 waren Taschenrechner und Formelsammlung zugelassen; du musst diese Aufgaben also nicht vollständig ohne Hilfsmittel lösen können. Dennoch solltest du das Arbeiten ohne Taschenrechner und Formelsammlung, also insbesondere das Kopfrechnen, üben.
In den Abschnitten *Fit für die Zentrale Prüfung?* am Ende jedes Kapitels findest du Aufgaben zu den Basiskompetenzen, die du ohne Taschenrechner lösen können solltest. Damit kannst du diese neuen Anforderungen in der Prüfungssituation üben.

Darüber hinaus findest du auf den folgenden Seiten Tipps zum Lösen von Aufgaben ohne Hilfsmittel.

2.1 Rechentipps und Nutzen von Rechenvorteilen

Folgende Beispiele zeigen dir Rechentipps zum Lösen des Prüfungsteils 1 ohne Hilfsmittel:

1. $1{,}19\ € \cdot 4 = ?$

   $1{,}19\ € \approx 1{,}20\ €$
   $1{,}20\ € \cdot 4 = 4{,}80\ €$
   $4{,}80\ € - 4 \cdot 1\ \text{ct} = 4{,}76\ €$

   Runde zuerst die 1,19 € auf und verschaffe dir so einen Rechenvorteil.
   Multipliziere die gerundete Zahl und subtrahiere dann vom Ergebnis $4 \cdot 1\ \text{ct} = 4\ \text{ct}$.

2. $2{,}52\ € \cdot 7 = ?$

   $2{,}52\ € \approx 2{,}50\ €$
   $2{,}50\ € \cdot 7 = 17{,}50\ €$
   $17{,}50\ € + 7 \cdot 2\ \text{ct} = 17{,}64\ €$

   Runde zuerst die 2,52 € ab und verschaffe dir so einen Rechenvorteil.
   Multipliziere mit der gerundeten Zahl und addiere dann zum Ergebnis $7 \cdot 2\ \text{ct} = 14\ \text{ct}$.

3. $\overbrace{35{,}6 + 89 + 13{,}4}^{❶} + 31 = ?$ (❷: $89 + \dots + 31$)

   Prüfe bei der Rechnung zuerst, ob durch die Addition geeigneter Zahlenpaare Rechenvorteile entstehen, um natürliche Zahlen oder Zehnerzahlen zu erhalten.

   ❶ $35{,}6 + 13{,}4 = 49$
   ❷ $89 + 31 = 120$

   Addiere dann die Kommazahlen und im Anschluss die natürlichen Zahlen.

   $120 + 49 = 169$

   Addiere zuletzt die Teilergebnisse.

4. $\underbrace{-3 - 11} + 8 = ?$

   $-14\ „€“ + 8\ „€“ = -6\ „€“$
   $-14 + 8 = -6$

   Rechne bei negativen Zahlen mit „Schulden“:
   3 € Schulden und 11 € Schulden ergeben 14 € Schulden; dann gibst du 8 € zurück.
   Es bleiben noch 6 € Schulden, also −6.

5. $(-3) \cdot (+4) = -12$
   $(-4) \cdot (-6) = +24$
   $(+3) \cdot (-5) = -15$
   $(+2) \cdot (+7) = +14$

   $(+18) : (-9) = -2$
   $(-10) : (+2) = -5$
   $(-30) : (-10) = +3$
   $(+8) : (+4) = +2$

   Ermittle **zuerst** das Vorzeichen:
   $- \cdot - = +$, $+ \cdot + = +$ } gleiches Vorzeichen +
   $+ \cdot - = -$, $- \cdot + = -$ } ungleiches Vorzeichen −
   $- : - = +$, $+ : + = +$ } gleiches Vorzeichen +
   $+ : - = -$, $- : + = -$ } ungleiches Vorzeichen −
   Berechne dann die Zahlen.

2.2 Umwandlungen von Brüchen und Anteilen

Folgende Umwandlungen solltest du ständig wiederholen und sicher im Kopf berechnen können:

Darstellung	Verhältnis	Bruchzahl	Dezimalzahl	Prozentzahl
	1 von 2	$\frac{1}{2}$	0,5	50 %
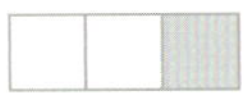	1 von 3	$\frac{1}{3}$	0,3333…	33,333… %
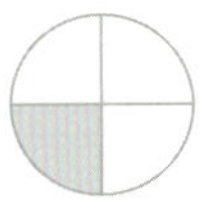	1 von 4	$\frac{1}{4}$	0,25	25 %
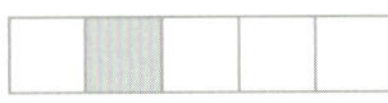	1 von 5	$\frac{1}{5}$	0,20	20 %
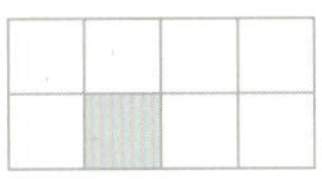	1 von 8	$\frac{1}{8}$	0,125	12,5 %
	1 von 10	$\frac{1}{10}$	0,10	10 %
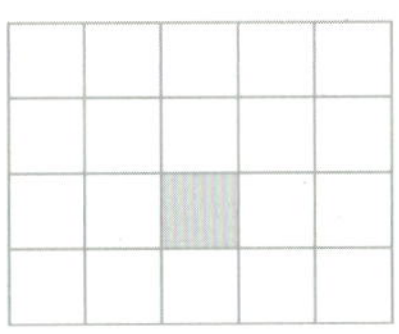	1 von 20	$\frac{1}{20}$	0,05	5 %
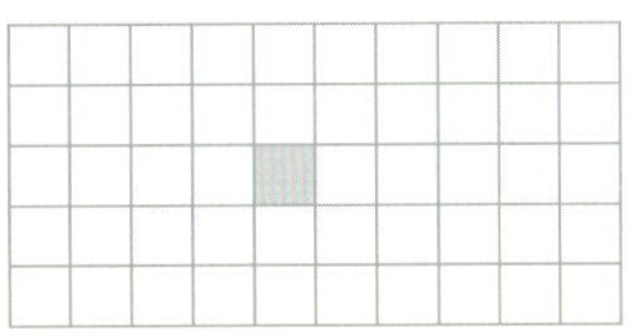	1 von 50	$\frac{1}{50}$	0,02	2 %
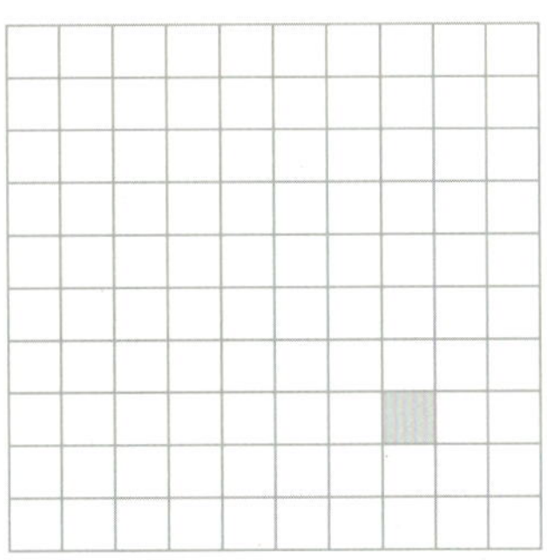	1 von 100	$\frac{1}{100}$	0,01	1 %

2.3 Kopfrechnen

Trainiere das kleine und das große Einmaleins.
Lerne die 2er- bis 20er-Reihe auswendig, z. B.: 2, 4, 6, …, 20
Übe auch alle Reihen rückwärts, z. B.: 20, 18, 16, …, 2

1er-Reihe	2er-Reihe	3er-Reihe	4er-Reihe	5er-Reihe
$1 \cdot 1 = 1$	$1 \cdot 2 = 2$	$1 \cdot 3 = 3$	$1 \cdot 4 = 4$	$1 \cdot 5 = 5$
$2 \cdot 1 = 2$	$2 \cdot 2 = 4$	$2 \cdot 3 = 6$	$2 \cdot 4 = 8$	$2 \cdot 5 = 10$
$3 \cdot 1 = 3$	$3 \cdot 2 = 6$	$3 \cdot 3 = 9$	$3 \cdot 4 = 12$	$3 \cdot 5 = 15$
$4 \cdot 1 = 4$	$4 \cdot 2 = 8$	$4 \cdot 3 = 12$	$4 \cdot 4 = 16$	$4 \cdot 5 = 20$
$5 \cdot 1 = 5$	$5 \cdot 2 = 10$	$5 \cdot 3 = 15$	$5 \cdot 4 = 20$	$5 \cdot 5 = 25$
$6 \cdot 1 = 6$	$6 \cdot 2 = 12$	$6 \cdot 3 = 18$	$6 \cdot 4 = 24$	$6 \cdot 5 = 30$
$7 \cdot 1 = 7$	$7 \cdot 2 = 14$	$7 \cdot 3 = 21$	$7 \cdot 4 = 28$	$7 \cdot 5 = 35$
$8 \cdot 1 = 8$	$8 \cdot 2 = 16$	$8 \cdot 3 = 24$	$8 \cdot 4 = 32$	$8 \cdot 5 = 40$
$9 \cdot 1 = 9$	$9 \cdot 2 = 18$	$9 \cdot 3 = 27$	$9 \cdot 4 = 36$	$9 \cdot 5 = 45$
$10 \cdot 1 = 10$	$10 \cdot 2 = 20$	$10 \cdot 3 = 30$	$10 \cdot 4 = 40$	$10 \cdot 5 = 50$

6er-Reihe	7er-Reihe	8er-Reihe	9er-Reihe	10er-Reihe
$1 \cdot 6 = 6$	$1 \cdot 7 = 7$	$1 \cdot 8 = 8$	$1 \cdot 9 = 9$	$1 \cdot 10 = 10$
$2 \cdot 6 = 12$	$2 \cdot 7 = 14$	$2 \cdot 8 = 16$	$2 \cdot 9 = 18$	$2 \cdot 10 = 20$
$3 \cdot 6 = 18$	$3 \cdot 7 = 21$	$3 \cdot 8 = 24$	$3 \cdot 9 = 27$	$3 \cdot 10 = 30$
$4 \cdot 6 = 24$	$4 \cdot 7 = 28$	$4 \cdot 8 = 32$	$4 \cdot 9 = 36$	$4 \cdot 10 = 40$
$5 \cdot 6 = 30$	$5 \cdot 7 = 35$	$5 \cdot 8 = 40$	$5 \cdot 9 = 45$	$5 \cdot 10 = 50$
$6 \cdot 6 = 36$	$6 \cdot 7 = 42$	$6 \cdot 8 = 48$	$6 \cdot 9 = 54$	$6 \cdot 10 = 60$
$7 \cdot 6 = 42$	$7 \cdot 7 = 49$	$7 \cdot 8 = 56$	$7 \cdot 9 = 63$	$7 \cdot 10 = 70$
$8 \cdot 6 = 48$	$8 \cdot 7 = 56$	$8 \cdot 8 = 64$	$8 \cdot 9 = 72$	$8 \cdot 10 = 80$
$9 \cdot 6 = 54$	$9 \cdot 7 = 63$	$9 \cdot 8 = 72$	$9 \cdot 9 = 81$	$9 \cdot 10 = 90$
$10 \cdot 6 = 60$	$10 \cdot 7 = 70$	$10 \cdot 8 = 80$	$10 \cdot 9 = 90$	$10 \cdot 10 = 100$

11er-Reihe	12er-Reihe	13er-Reihe	14er-Reihe	15er-Reihe
$1 \cdot 11 = 11$	$1 \cdot 12 = 12$	$1 \cdot 13 = 13$	$1 \cdot 14 = 14$	$1 \cdot 15 = 15$
$2 \cdot 11 = 22$	$2 \cdot 12 = 24$	$2 \cdot 13 = 26$	$2 \cdot 14 = 28$	$2 \cdot 15 = 30$
$3 \cdot 11 = 33$	$3 \cdot 12 = 36$	$3 \cdot 13 = 39$	$3 \cdot 14 = 42$	$3 \cdot 15 = 45$
$4 \cdot 11 = 44$	$4 \cdot 12 = 48$	$4 \cdot 13 = 52$	$4 \cdot 14 = 56$	$4 \cdot 15 = 60$
$5 \cdot 11 = 55$	$5 \cdot 12 = 60$	$5 \cdot 13 = 65$	$5 \cdot 14 = 70$	$5 \cdot 15 = 75$
$6 \cdot 11 = 66$	$6 \cdot 12 = 72$	$6 \cdot 13 = 78$	$6 \cdot 14 = 84$	$6 \cdot 15 = 90$
$7 \cdot 11 = 77$	$7 \cdot 12 = 84$	$7 \cdot 13 = 91$	$7 \cdot 14 = 98$	$7 \cdot 15 = 105$
$8 \cdot 11 = 88$	$8 \cdot 12 = 96$	$8 \cdot 13 = 104$	$8 \cdot 14 = 112$	$8 \cdot 15 = 120$
$9 \cdot 11 = 99$	$9 \cdot 12 = 108$	$9 \cdot 13 = 117$	$9 \cdot 14 = 126$	$9 \cdot 15 = 135$
$10 \cdot 11 = 110$	$10 \cdot 12 = 120$	$10 \cdot 13 = 130$	$10 \cdot 14 = 140$	$10 \cdot 15 = 150$

16er-Reihe	17er-Reihe	18er-Reihe	19er-Reihe	20er-Reihe
$1 \cdot 16 = 16$	$1 \cdot 17 = 17$	$1 \cdot 18 = 18$	$1 \cdot 19 = 19$	$1 \cdot 20 = 20$
$2 \cdot 16 = 32$	$2 \cdot 17 = 34$	$2 \cdot 18 = 36$	$2 \cdot 19 = 38$	$2 \cdot 20 = 40$
$3 \cdot 16 = 48$	$3 \cdot 17 = 51$	$3 \cdot 18 = 54$	$3 \cdot 19 = 57$	$3 \cdot 20 = 60$
$4 \cdot 16 = 64$	$4 \cdot 17 = 68$	$4 \cdot 18 = 72$	$4 \cdot 19 = 76$	$4 \cdot 20 = 80$
$5 \cdot 16 = 80$	$5 \cdot 17 = 85$	$5 \cdot 18 = 90$	$5 \cdot 19 = 95$	$5 \cdot 20 = 100$
$6 \cdot 16 = 96$	$6 \cdot 17 = 102$	$6 \cdot 18 = 108$	$6 \cdot 19 = 114$	$6 \cdot 20 = 120$
$7 \cdot 16 = 112$	$7 \cdot 17 = 119$	$7 \cdot 18 = 126$	$7 \cdot 19 = 133$	$7 \cdot 20 = 140$
$8 \cdot 16 = 128$	$8 \cdot 17 = 136$	$8 \cdot 18 = 144$	$8 \cdot 19 = 152$	$8 \cdot 20 = 160$
$9 \cdot 16 = 144$	$9 \cdot 17 = 153$	$9 \cdot 18 = 162$	$9 \cdot 19 = 171$	$9 \cdot 20 = 180$
$10 \cdot 16 = 160$	$10 \cdot 17 = 170$	$10 \cdot 18 = 180$	$10 \cdot 19 = 190$	$10 \cdot 20 = 200$

Mathematische Formeln

Flächen

Quadrat

$A = a \cdot a = a^2$

$u = 4 \cdot a$

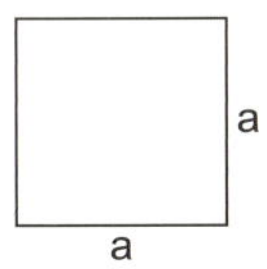

Rechteck

$A = a \cdot b$

$u = 2 \cdot a + 2 \cdot b$

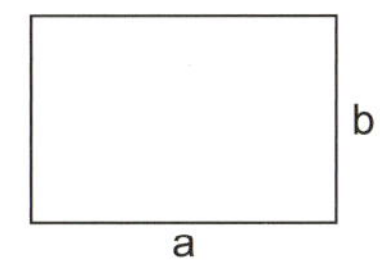

Dreieck

$A = \frac{g \cdot h}{2}$

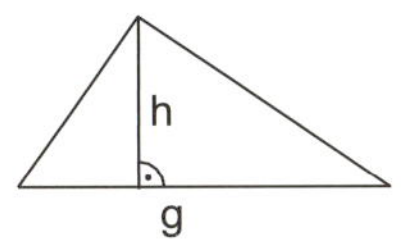

Parallelogramm

$A = g \cdot h$

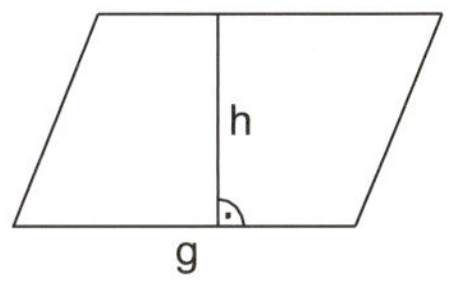

Trapez

$A = \frac{a + c}{2} \cdot h$

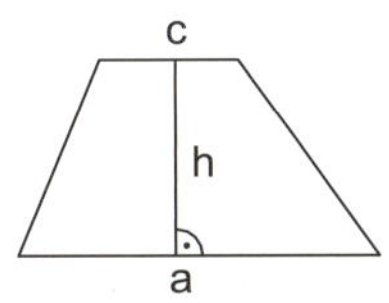

Kreis

$A = \pi \cdot r^2$

$u = 2 \cdot \pi \cdot r = \pi \cdot d$

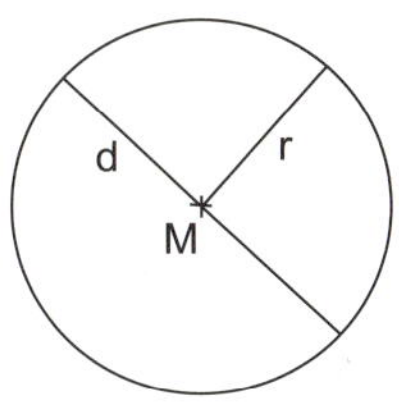

Kreisring

$A = \pi \cdot r_a^2 - \pi \cdot r_i^2$

$A = \pi \cdot (r_a^2 - r_i^2)$

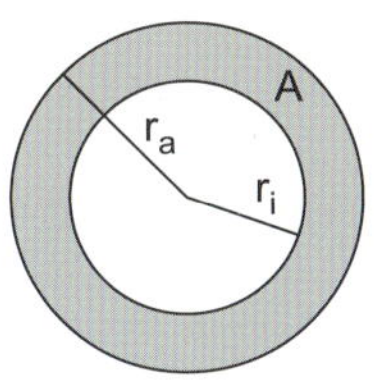

Kreissektor

$A = \frac{\pi \cdot r^2 \cdot \alpha}{360°}$

$b = \frac{\pi \cdot r \cdot \alpha}{180°}$

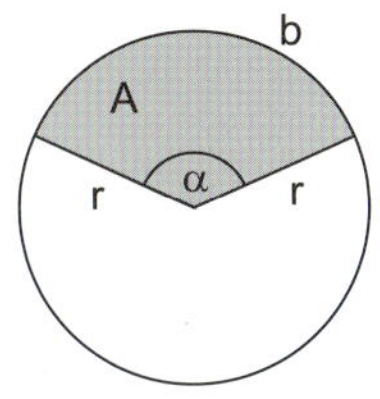

Körper

Würfel

$V = a^3$

$O = 6 \cdot a^2$

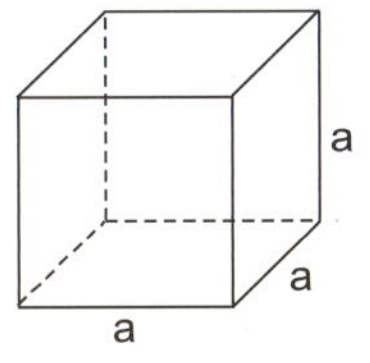

Quader

$V = a \cdot b \cdot c$

$O = 2 \cdot a \cdot b + 2 \cdot a \cdot c + 2 \cdot b \cdot c$

$O = 2 \cdot (a \cdot b + a \cdot c + b \cdot c)$

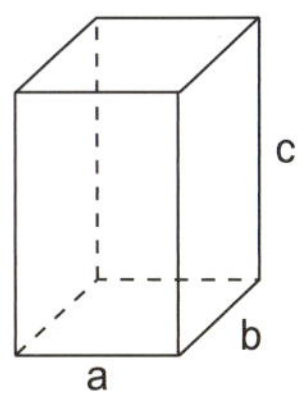

Prisma

$V = G \cdot h$

$O = 2 \cdot G + M$

G: Grundfläche
M: Mantelfläche

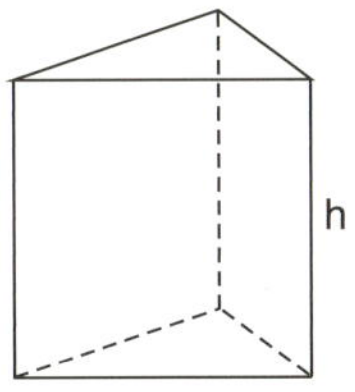

Zylinder

$V = G \cdot h$

$V = \pi \cdot r^2 \cdot h$

$O = 2 \cdot G + M$

$O = 2 \cdot \pi \cdot r^2 + 2 \cdot \pi \cdot r \cdot h$

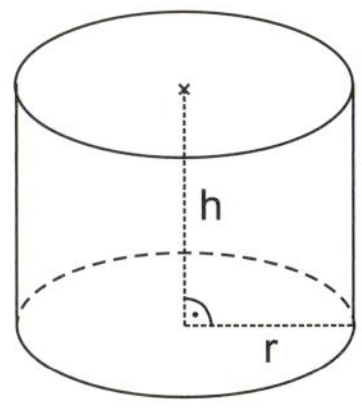

Pyramide
(quadratische)

$V = \frac{1}{3} \cdot G \cdot h$

$V = \frac{1}{3} \cdot a^2 \cdot h$

$O = G + M$

$O = a^2 + 2 \cdot a \cdot h_s$

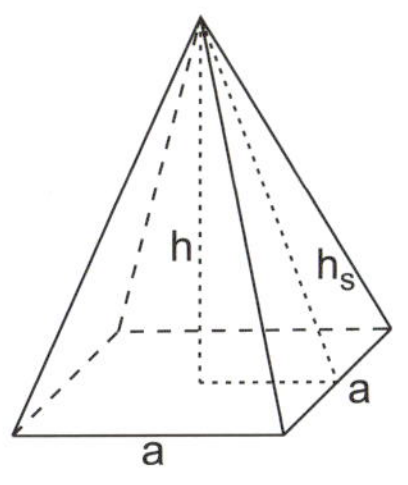

Kegel

$V = \frac{1}{3} \cdot G \cdot h$

$V = \frac{1}{3} \cdot \pi \cdot r^2 \cdot h$

$O = G + M$

$O = \pi \cdot r^2 + \pi \cdot r \cdot s$

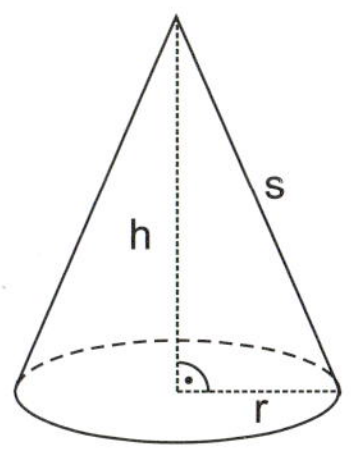

Mathematische Formeln

Kugel

$V = \frac{4}{3} \cdot \pi \cdot r^3$

$O = 4 \cdot \pi \cdot r^2$

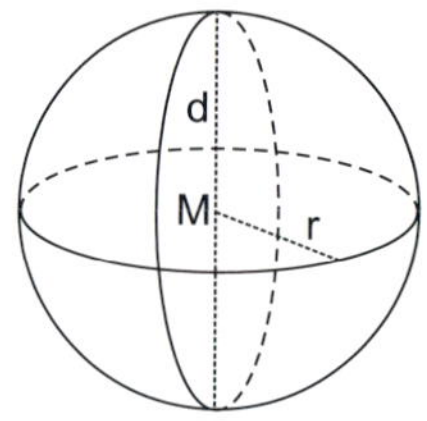

Satz des Pythagoras

Im rechtwinkligen Dreieck gilt:
$a^2 + b^2 = c^2$

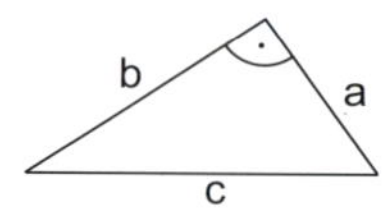

Trigonometrie

Im rechtwinkligen Dreieck gilt:

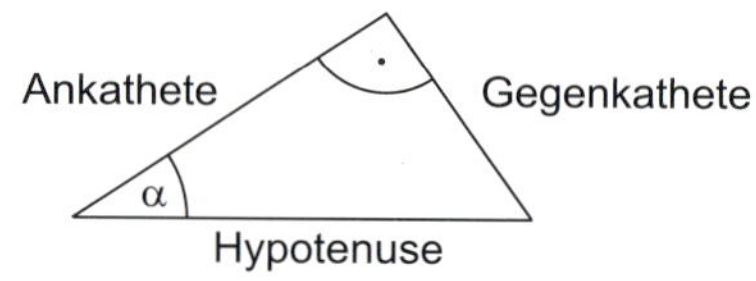

$\sin\alpha = \frac{\text{Gegenkathete von } \alpha}{\text{Hypotenuse}}$

$\cos\alpha = \frac{\text{Ankathete von } \alpha}{\text{Hypotenuse}}$

$\tan\alpha = \frac{\text{Gegenkathete von } \alpha}{\text{Ankathete von } \alpha}$

Prozentrechnung

P: Prozentwert
G: Grundwert
p %: Prozentsatz

$P = \frac{G \cdot p}{100}$

Zinseszinsen

K_0: Kapital am Anfang
K_n: Kapital nach n Jahren
n: Zeit in Jahren
p %: Zinssatz

$q = 1 + \frac{p}{100}$ (Zinsfaktor)

$K_n = K_0 \cdot q^n$

Binomische Formeln

1. binomischen Formel $(a+b)^2 = a^2 + 2 \cdot a \cdot b + b^2$
2. binomischen Formel $(a-b)^2 = a^2 - 2 \cdot a \cdot b + b^2$
3. binomischen Formel $(a+b) \cdot (a-b) = a^2 - b^2$

Quadratische Gleichungen

Normalform: $x^2 + px + q = 0$

p-q-Formel: $x_{1,2} = -\frac{p}{2} \pm \sqrt{\left(\frac{p}{2}\right)^2 - q}$

Wahrscheinlichkeitsrechnung

Sind alle Ergebnisse eines Zufallsexperiments gleich wahrscheinlich, so gilt für die Wahrscheinlichkeit P eines Ereignisses A:

$P(A) = \frac{\text{Anzahl der für A günstigen Ergebnisse}}{\text{Anzahl aller Ergebnisse}}$

Mehrstufige Zufallsversuche lassen sich in einem Baumdiagramm darstellen.

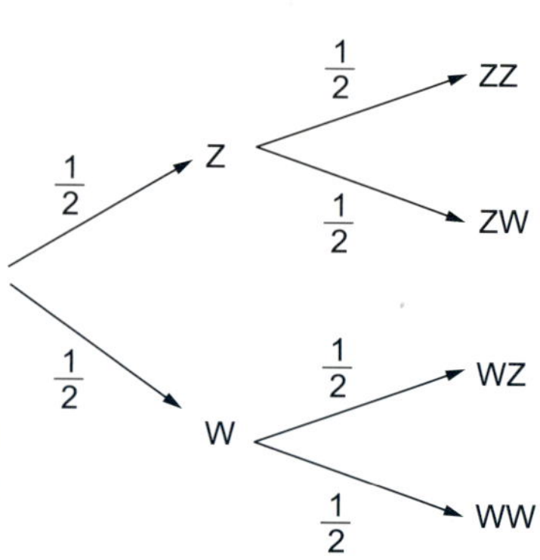

Produktregel (Beispiel): $P(ZZ) = \frac{1}{2} \cdot \frac{1}{2} = \frac{1}{4}$

Summenregel (Beispiel): $P(ZZ \text{ oder } WW) = \frac{1}{2} \cdot \frac{1}{2} + \frac{1}{2} \cdot \frac{1}{2}$

$= \frac{1}{4} + \frac{1}{4} = \frac{1}{2}$

▶ Training Grundwissen

1 Grundlagen des Rechnens

Grundbegriffe und Rechenregeln

Merke

Grundrechenarten
Es gibt vier Grundrechenarten: Die **Addition** (addieren, +), die **Subtraktion** (subtrahieren, –), die **Multiplikation** (multiplizieren, ·) und die **Division** (dividieren, :).

Beispiele

1. 5 + 7 = 12
   1. Summand, 2. Summand → Summe; 12: Wert der Summe
2. 8 − 5 = 3
   Minuend, Subtrahend → Differenz; 3: Wert der Differenz
3. 12 · 5 = 60
   1. Faktor, 2. Faktor → Produkt; 60: Wert des Produkts
4. 99 : 11 = 9
   Dividend, Divisor → Quotient; 9: Wert des Quotienten

Merke

Rechenregeln
- Was in der **Klammer** steht, wird zuerst berechnet!
- **Punkt vor Strich**: Mal und Geteilt vor Plus und Minus!

Beispiele

1. $15-(5+8)+9=$
   $15-\quad 13\quad +9=11$
   Berechne zuerst, was in der Klammer steht.
2. $10:5+6\cdot 4-8=$
   $2\quad +\quad 24\quad -8=18$
   Beachte die Regel „Punkt vor Strich“.

Aufgabe 1

Berechne. Achte auf die Rechenregeln.

a) $4\cdot(3+5)$

b) $(2{,}5-0{,}5)\cdot 14$

c) $18:(29-23)$

d) $2+3\cdot 14+8+22\cdot 5$

e) $(53+28):9-5$

f) $41+(2+11)\cdot 2$

Runden und Überschlagen

Merke

Überschlagsrechnen

Auch wenn du den Taschenrechner verwenden darfst, ist die Kontrolle durch eine Überschlagsrechnung hilfreich. Du könntest dich ja vertippt haben.

- **Runde** die Zahlen: Bei **0, 1, 2, 3, 4** wird **ab-**, bei **5, 6, 7, 8, 9** wird **aufgerundet**.
- Berechne das gerundete Ergebnis.
- Berechne das genaue Ergebnis.
- **Vergleiche die Ergebnisse**. Ist der Unterschied zwischen dem gerundeten Ergebnis und dem genauen Ergebnis sehr groß, hast du dich verrechnet. Überprüfe deine Rechnungen.

Beispiele

1. Runde auf zwei Stellen nach dem Komma.

Stelle, auf die gerundet wird

1,714 1,857

Stelle, die angibt, ob aufgerundet oder abgerundet wird.

Lösung:

1,7**14** ≈ 1,7**1** Die 3. Dezimalstelle ist eine 4. Es wird abgerundet.

1,8**57** ≈ 1,8**6** Die 3. Dezimalstelle ist eine 7. Es wird aufgerundet.

2. Überschlage zunächst und berechne dann genau:
118 + 94 =

Lösung:
Überschlag:
118 + 94 ≈ 120 + 90 = 210
Genaues Ergebnis:
118 + 94 = 212

Aufgaben

2 Überschlage zunächst das Ergebnis und berechne dann genau.

a) 785 + 698 b) 569,55 – 178,65
c) 67 · 23 d) 8,362 : 1,85

3 Addiere die kleinste natürliche Zahl, die auf Hunderter gerundet 800 ergibt, mit der größten natürlichen Zahl, die auf Zehntausender gerundet 60 000 ergibt.
Überschlage zunächst.

4 Tim geht für seine Mutter zum Einkaufen. Er besorgt ein Kilo Äpfel für 2,10 €, zwei Liter Milch à 1,19 €, fünf Kürbiskernbrötchen für je 85 Cent und drei Packungen Bio-Müsli für je 2,49 €. Seine Mutter gibt ihm einen 20-€-Schein mit.
Reicht das Geld noch für ein Eis? Überschlage.

Rechnen mit Brüchen

Merke

> **Bruchbegriff**
> Für Brüche gibt es **unterschiedliche Schreibweisen**.
> Es gilt: $\frac{1}{100} = 0{,}01 = 1\,\%$

Beispiel

Darstellung	Sprechweise	Bruch	Hundertstelbruch	Dezimalbruch	Prozentsatz
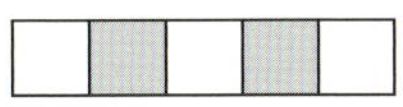	2 Teile von 5 Teilen	$\frac{2}{5}$	$\frac{40}{100}$	0,40	40 %
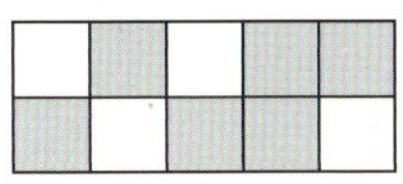	6 Teile von 10 Teilen	$\frac{6}{10}$	$\frac{60}{100}$	0,60	60 %

Aufgaben

5 Vervollständige die Tabelle.

	Darstellung	Sprechweise	Bruch	Hundertstelbruch	Dezimalbruch	Prozentsatz
a)	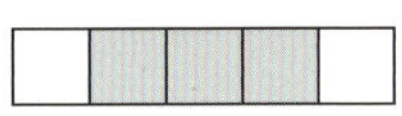					
b)		7 Teile von 10 Teilen				
c)			$\frac{3}{10}$			
d)				$\frac{90}{100}$		
e)					0,25	
f)						75 %

6 Wandle den Dezimalbruch zunächst in einen Hundertstelbruch um und kürze dann.

a) 0,45
b) 0,82
c) 0,32
d) 0,22
e) 0,15
f) 0,08

7 Ergänze die Darstellung der Bruchteile zu einem Ganzen.

a) $\frac{1}{4}$

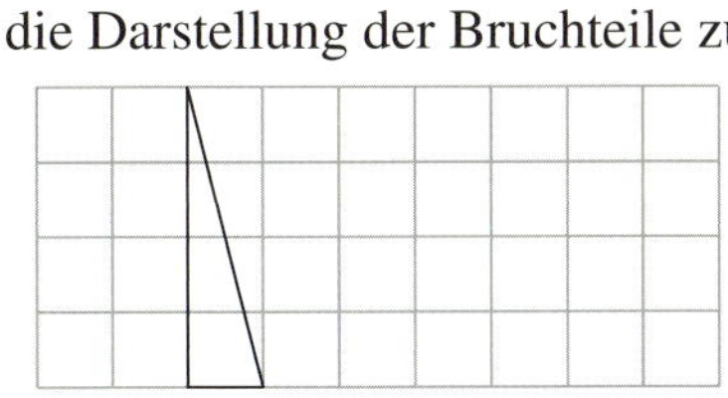

b) $\frac{1}{2}$

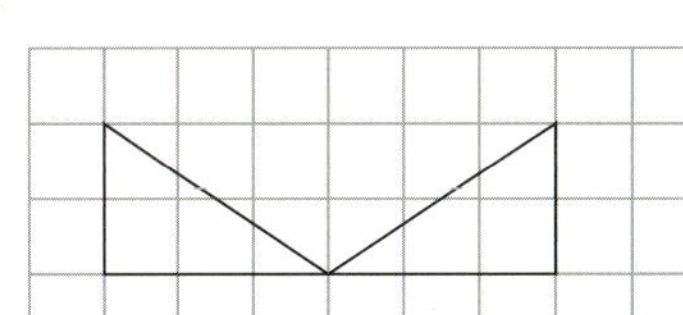

8 Welcher Prozentsatz der Fläche ist grau markiert? Gib zuerst den Bruchteil an.

a) 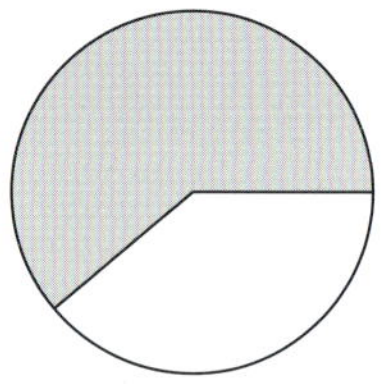

b) 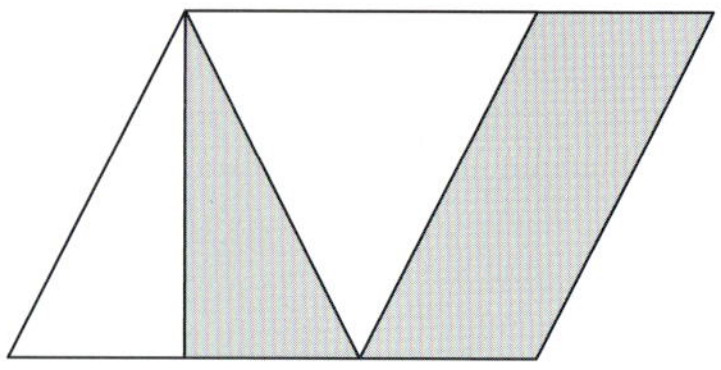

c) 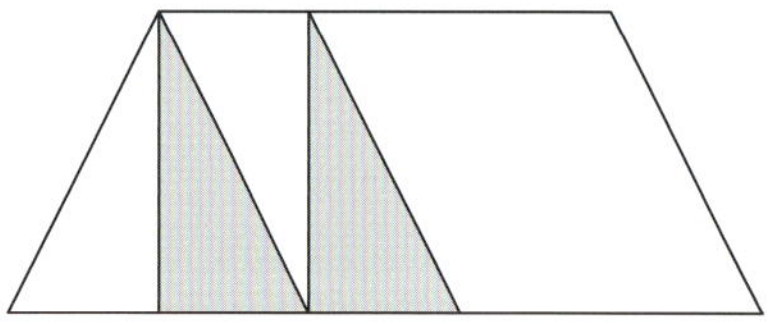

d) 

9 Färbe von den Flächen jeweils 50 % rot, 10 % grün, 15 % blau und 25 % gelb.

a) 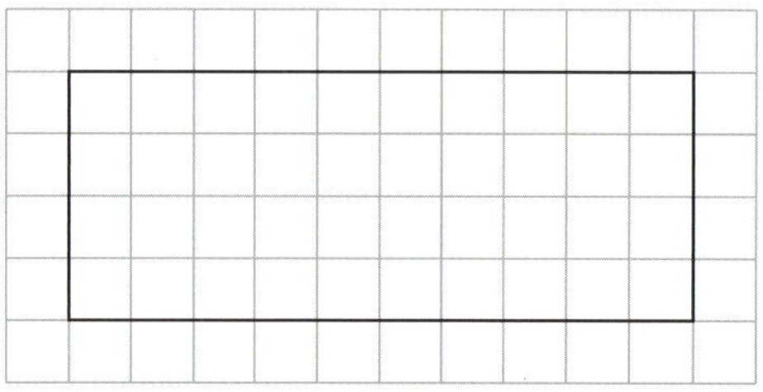

b) 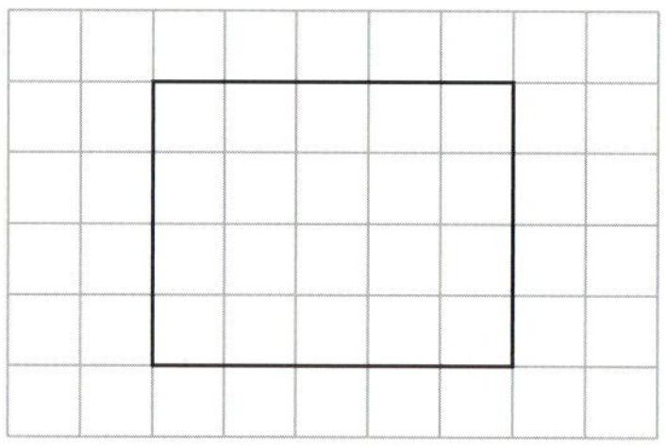

c) 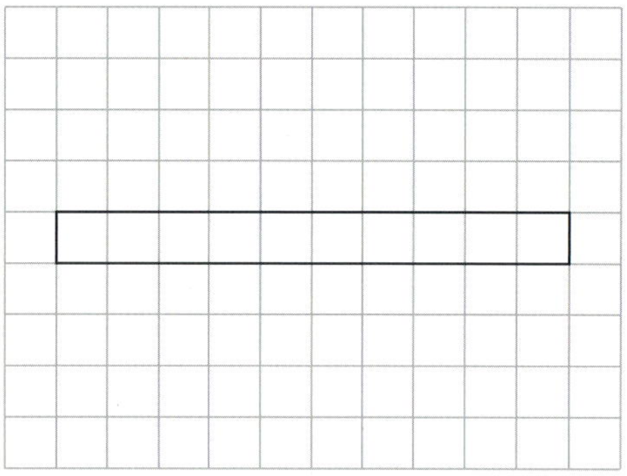

d) 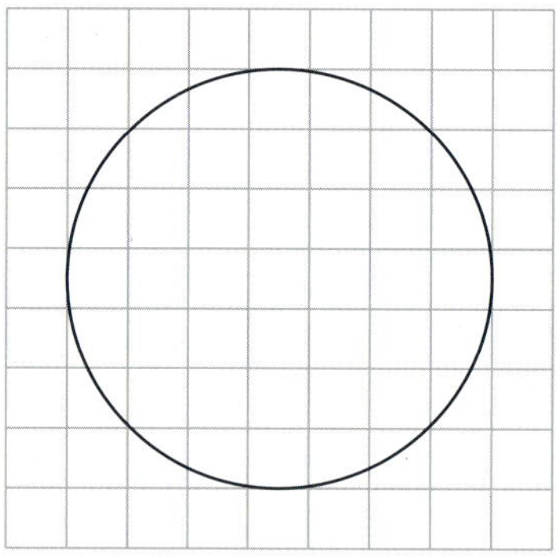

Merke

Brüche erweitern und kürzen

- Ein Bruch wird erweitert, indem Zähler und Nenner **mit der gleichen Zahl** (Erweiterungszahl) **multipliziert** werden. Der Wert des Bruchs bleibt dabei unverändert.
- Ein Bruch wird gekürzt, indem Zähler und Nenner **durch die gleiche Zahl** (Kürzungszahl) **dividiert** werden. Der Wert des Bruchs bleibt dabei unverändert.

Beispiele

1. Erweitere den Bruch $\frac{2}{3}$ mit 4.
   Lösung:
   $$\frac{2}{3} = \frac{2 \cdot \mathbf{4}}{3 \cdot \mathbf{4}} = \frac{8}{12}$$
   Die Erweiterungszahl ist 4. Zähler und Nenner werden mit 4 multipliziert.

2. Kürze den Bruch $\frac{6}{9}$.
   Lösung:
   $$\frac{6}{9} = \frac{6 : \mathbf{3}}{9 : \mathbf{3}} = \frac{2}{3}$$
   Die Kürzungszahl ist 3. Zähler und Nenner werden durch 3 dividiert.

3. Kürze den Bruch $\frac{24}{36}$. Zerlege Zähler und Nenner dazu in ihre Primfaktoren.
Lösung:

$$\frac{24}{36} = \frac{\cancel{2} \cdot \cancel{2} \cdot 2 \cdot \cancel{3}}{\cancel{2} \cdot \cancel{2} \cdot \cancel{3} \cdot 3} = \frac{2}{3}$$

Faktoren, die im Zähler **und** im Nenner vorkommen, kannst du kürzen.

Aufgaben

10

a) Erweitere $\frac{4}{7}$ jeweils mit 3 (4; 6; 8).

b) Erweitere $\frac{3}{5}$ jeweils mit 2 (7; 8; 10).

c) Erweitere $\frac{5}{8}$ jeweils mit 2 (3; 5; 6).

d) Erweitere $\frac{3}{4}$ jeweils mit 6 (9; 12; 15).

11

Bestimme die Erweiterungszahl und berechne den fehlenden Zähler oder Nenner.

a) $\frac{3}{10} = \frac{\square}{50}$

b) $\frac{3}{8} = \frac{\square}{48}$

c) $\frac{3}{4} = \frac{9}{\square}$

d) $\frac{5}{6} = \frac{25}{\square}$

12

Bestimme jeweils die gemeinsame Kürzungszahl und kürze beide Brüche.

a) $\frac{4}{10}$ und $\frac{6}{14}$

b) $\frac{15}{25}$ und $\frac{10}{45}$

c) $\frac{8}{24}$ und $\frac{16}{40}$

d) $\frac{16}{20}$ und $\frac{4}{44}$

e) $\frac{22}{77}$ und $\frac{11}{121}$

f) $\frac{9}{72}$ und $\frac{27}{63}$

13

Zerlege Zähler und Nenner in ihre Primfaktoren und kürze die Brüche soweit wie möglich.

a) $\frac{8}{24}$

b) $\frac{15}{105}$

c) $\frac{24}{44}$

d) $\frac{22}{99}$

e) $\frac{18}{27}$

f) $\frac{75}{120}$

Merke

Hauptnenner
Um Brüche miteinander zu vergleichen, braucht man einen **gleichen gemeinsamen Nenner** (Hauptnenner).

Beispiel

Welcher Bruch ist kleiner, $\frac{3}{4}$ oder $\frac{5}{6}$?
Lösung:

$$\frac{3}{4} = \frac{3 \cdot \mathbf{3}}{4 \cdot \mathbf{3}} = \frac{9}{12}$$

Der Hauptnenner ist 12.
Die Erweiterungszahl des ersten Bruchs ist 3.
Multipliziere Zähler und Nenner mit 3.

$$\frac{5}{6} = \frac{5 \cdot \mathbf{2}}{6 \cdot \mathbf{2}} = \frac{10}{12}$$

Der zweite Bruch wird mit 2 erweitert.
Multipliziere Zähler und Nenner mit 2.

$$\frac{9}{12} < \frac{10}{12} \Rightarrow \frac{3}{4} < \frac{5}{6}$$

Aufgaben

14 Gib jeweils den kleineren der beiden Brüche an.

a) $\frac{2}{5}$ oder $\frac{5}{10}$ b) $\frac{1}{2}$ oder $\frac{3}{8}$

c) $\frac{5}{6}$ oder $\frac{7}{8}$ d) $\frac{3}{4}$ oder $\frac{9}{10}$

15 Gib jeweils einen Bruch an, der zwischen folgenden Brüchen liegt.

a) $\frac{4}{6}$ und $\frac{5}{9}$ b) $\frac{2}{3}$ und $\frac{2}{5}$

c) $\frac{2}{5}$ und $\frac{3}{5}$ d) $\frac{1}{2}$ und $\frac{1}{3}$

16 Was ist schwerer: $\frac{7}{8}$ kg oder …

a) 0,85 kg? b) 0,87501 kg?

c) $\frac{19}{20}$ kg? d) $\frac{8}{10}$ kg?

17 Ordne die Zahlen der Größe nach. Beginne mit der kleinsten Zahl.

0,202 $\frac{1}{20}$ $\frac{2}{5}$ 0,047 $1\frac{1}{4}$ $\frac{3}{8}$

18 Finde die Zahlen, die gleich groß sind.

$\frac{13}{8}$ 1,625 $\frac{25}{16}$ $1\frac{5}{8}$ 1,745

Merke

Addition und Subtraktion von Brüchen

- Brüche können nur dann addiert oder subtrahiert werden, wenn sie **gleichnamig** sind (einen **gemeinsamen Nenner** besitzen).
- Sind die Brüche gleichnamig, werden die **Zähler addiert oder subtrahiert,** der **Nenner** bleibt **unverändert**.
- Sind die Brüche **ungleichnamig**, musst du zuerst den **Hauptnenner suchen**.
- Gemischte Zahlen werden vor dem Addieren oder Subtrahieren in **unechte Brüche** umgewandelt.

Beispiel

Addiere und subtrahiere die ungleichnamigen Brüche $\frac{4}{5}$ und $\frac{2}{3}$.

Lösung:

Addition	Subtraktion	
$\frac{4}{5}+\frac{2}{3}=\frac{4\cdot 3}{5\cdot 3}+\frac{2\cdot 5}{3\cdot 5}=$	$\frac{4}{5}-\frac{2}{3}=\frac{4\cdot 3}{5\cdot 3}-\frac{2\cdot 5}{3\cdot 5}=$	Erweitere auf den Hauptnenner 15.
$\frac{12}{15}+\frac{10}{15}=$	$\frac{12}{15}-\frac{10}{15}=$	Fasse zusammen.
$\frac{12+10}{15}=$	$\frac{12-10}{15}=$	Addiere bzw. subtrahiere die Zähler.
$\frac{22}{15}=1\frac{7}{15}$	$\frac{2}{15}$	Wandle das Ergebnis in eine gemischte Zahl um, falls möglich.

Aufgabe 19

Bestimme den Hauptnenner und addiere oder subtrahiere die Brüche.
Kürze und gib das Ergebnis jeweils als gemischte Zahl an, falls möglich.

a) $\frac{3}{4}+\frac{1}{2}$

b) $\frac{7}{12}+\frac{2}{3}$

c) $\frac{17}{20}-\frac{1}{5}$

d) $\frac{5}{2}-\frac{3}{4}$

e) $3\frac{3}{5}+5\frac{9}{10}$

f) $12\frac{5}{8}-4\frac{1}{3}$

Merke

Multiplikation und Division von Brüchen

- Beim Multiplizieren von Brüchen werden **jeweils die Zähler und die Nenner** der einzelnen Brüche miteinander **multipliziert**.
- Beim Dividieren von Brüchen wird zunächst der **Kehrwert des zweiten Bruchs** gebildet. Anschließend wird der erste Bruch mit dem Kehrwert des zweiten Bruchs **multipliziert**.
- **Kürze**, falls möglich, vor dem Ausmultiplizieren.
- **Gemischte Zahlen** musst du vor dem Multiplizieren und Dividieren in **unechte Brüche** umwandeln.

Beispiele

1. Multipliziere $\frac{5}{9}$ und $\frac{3}{10}$.
   Lösung:
   $\frac{5}{9}\cdot\frac{3}{10}=\frac{5\cdot 3}{9\cdot 10}=$ — $\frac{\text{Zähler}\cdot\text{Zähler}}{\text{Nenner}\cdot\text{Nenner}}$
   $\frac{\cancel{5}\cdot\cancel{3}}{3\cdot\cancel{3}\cdot 2\cdot\cancel{5}}=\frac{1}{3\cdot 2}=\frac{1}{6}$ — Kürze vor dem Ausmultiplizieren.

2. Dividiere $\frac{4}{15}$ durch $\frac{8}{3}$.
   Lösung:
   $\frac{4}{15}:\frac{8}{3}=\frac{4}{15}\cdot\frac{3}{8}=\frac{4\cdot 3}{15\cdot 8}=$ — Multipliziere mit dem Kehrwert. Der Kehrwert von $\frac{8}{3}$ ist $\frac{3}{8}$.
   $\frac{\cancel{2}\cdot\cancel{2}\cdot\cancel{3}}{\cancel{3}\cdot 5\cdot\cancel{2}\cdot\cancel{2}\cdot 2}=\frac{1}{5\cdot 2}=\frac{1}{10}$ — Kürze vor dem Ausmultiplizieren.

Aufgaben 20

Addiere, subtrahiere, multipliziere und dividiere jeweils die angegebenen Bruchpaare.
Beachte dabei: $3=\frac{3}{1}$

a) $\frac{7}{8}$ und $\frac{5}{6}$

b) $\frac{4}{6}$ und $\frac{2}{4}$

c) $\frac{9}{4}$ und $\frac{3}{5}$

d) $4\frac{5}{14}$ und $2\frac{4}{7}$

e) 3 und $\frac{2}{5}$

f) 0 und $\frac{5}{6}$

21 Der Tank eines Autos fasst genau 60 Liter. Der durchschnittliche Verbrauch liegt bei acht Litern auf 100 km.
Wie viele Liter Benzin sind noch im Auto und wie viele Kilometer kann man noch fahren, wenn…

a) der Tank noch halb voll ist?
b) man bereits zwei Drittel des Tankinhalts verbraucht hat?
c) die Tanknadel anzeigt, dass der Tank nur noch zu einem Viertel voll ist?

22 Wie viel ist …

a) ein Viertel von 100 m?
b) $\frac{2}{5}$ von 25 €?
c) $\frac{1}{2}$ von einem Kilogramm?
d) ein Zehntel von einem Liter?

23 Eine Doppelstunde in der Schule dauert 90 Minuten.

a) Wie viele Minuten sind nach $\frac{1}{10}$ $\left(\frac{1}{5}, \frac{1}{3}, \frac{5}{9}\right)$ der Zeit um?
b) Gib jeweils den Bruch für die Restdauer der Doppelstunde an, wenn bereits 10 (30, 18, 64) Minuten vergangen sind.

Rechnen mit Dezimalbrüchen

Merke

> **Addition und Subtraktion von Dezimalbrüchen**
> Schreibe **Komma unter Komma**. Ergänze fehlende Dezimalstellen mit Nullen.

Beispiel

Berechne $41{,}5 + 25{,}75$.

Lösung:

$$\begin{array}{rr} & 41{,}50 \\ + & 25{,}75 \\ & {\scriptstyle 1} \\ \hline & 67{,}25 \end{array}$$

Schreibe Komma unter Komma. Ergänze bei 41,5 rechts von der letzten Kommastelle eine Null, sodass die beiden Summanden die gleiche Anzahl an Kommastellen haben.

Aufgaben

24 Berechne schriftlich.

a) $28{,}98 + 16{,}7$
b) $245{,}7 - 96{,}2$
c) $104{,}2 + 0{,}27$
d) $196{,}73 - 9{,}6$
e) $116{,}2 - 1{,}093 - 5{,}82$
f) $1{,}002 + 20{,}03 + 6{,}78 + 3{,}2$
g) $3{,}76 + 1\,097 - 22{,}3$
h) $1{,}667 + 4{,}72 - 0{,}03 - 0{,}004$

Merke

Multiplikation und Division von Dezimalbrüchen

- **Multipliziere** zunächst ohne Beachtung des Kommas. Setze am Ende das Komma im Ergebnis. Das Produkt hat **so viele Kommastellen wie die Faktoren zusammen**.
- Beim **Dividieren** darf im Divisor kein Komma vorkommen. Verschiebe deshalb das Komma bei Dividend und Divisor um so viele Stellen nach rechts, bis der **Divisor** eine **natürliche Zahl** ist.

Beispiele

1. Berechne 0,6 · 0,6.
   Lösung:
   0,6 · 0,6 = 0,36

   6 · 6 = 36
   Das Produkt hat (1 + 1 =) 2 Kommastellen.

2. Multipliziere 256,895 mit 100.
   Lösung:
   256,895 · 100 = 25 689,5

   Beim Multiplizieren mit 10, 100 usw. brauchst du das Komma nur um die Anzahl der Nullen (hier: 2) nach **rechts** verschieben.

3. Dividiere 12,8 durch 1,6.
   Lösung:
   12,8 : 1,6 = 128 : **16** = 8

   Verschiebe vor dem Dividieren das Komma bei Dividend und Divisor um eine Stelle nach rechts.

4. Dividiere 859,7 durch 1 000.
   Lösung:
   859,7 : 1 000 = 0,8597

   Beim Dividieren durch 10, 100 usw. musst du das Komma um die Anzahl der Nullen (hier: 3) nach **links** verschieben.

Aufgaben

25 Verschiebe jeweils das Komma.

a)

·	10	100	1 000	10 000
14,27				
2,3767				
257,89				

b)

:	10	100	1 000	10 000
25,767				
1,573				
239,57				

26 Multipliziere schriftlich.

a) 0,9 · 2,6
b) 3,8 · 2,35
c) 35,7 · 2,51
d) 4,12 · 3,215
e) 0,13 · 2,5
f) 9,83 · 3,56

27 Dividiere schriftlich.

a) 4,48 : 0,2
b) 5,12 : 0,4
c) 1,975 : 0,5
d) 3,78 : 0,6
e) 84 : 0,05
f) 14,4144 : 0,12

Rationale Zahlen

Merke

Rationale Zahlen

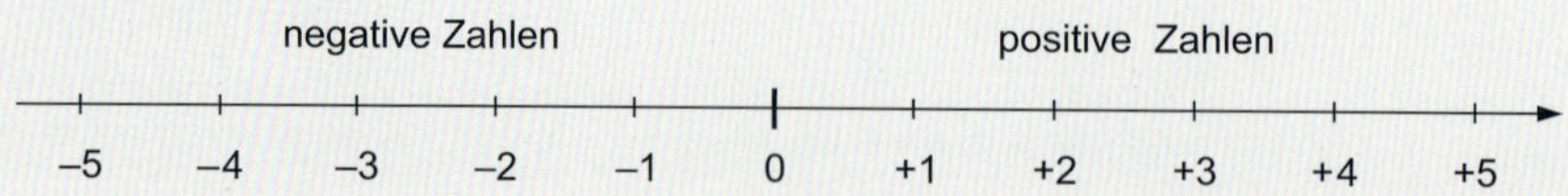

Bei positiven Zahlen wird das Vorzeichen (+) meist weggelassen.

Beispiel

Stelle die Standortwechsel in der Tabelle dar.

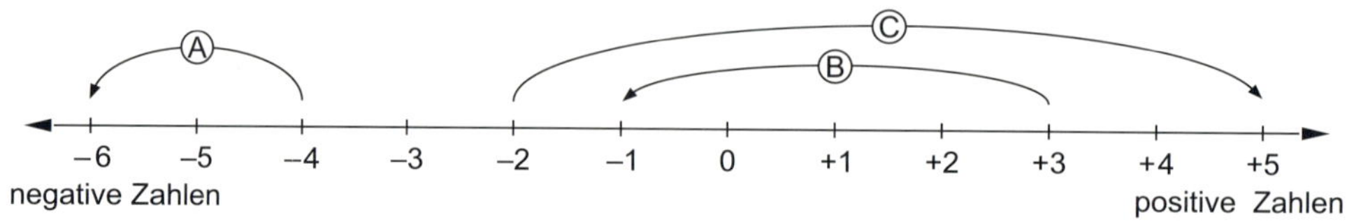

Lösung:

	Standort	Richtung	Anzahl der Schritte	neuer Standort
A	–4	–	2	**–6**
B	3	–	4	**–1**
C	–2	+	7	**5**

Aufgaben

28 Stelle die Standortwechsel in der Tabelle dar.

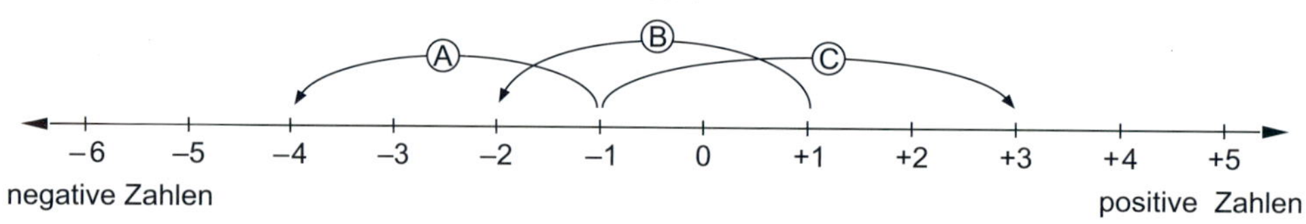

	Standort	Richtung	Anzahl der Schritte	neuer Standort
A				
B				
C				

29 Auf einem Thermometer werden mittags und abends die Temperaturen abgelesen. Berechne jeweils den Temperaturunterschied. Lege dazu eine Tabelle an.

a) Mittag: +8 °C Abend: – 1 °C
b) Mittag: –9,5 °C Abend: –20,5 °C
c) Mittag: –6,8 °C Abend: +0,7 °C
d) Mittag: –2,4 °C Abend: –16,5 °C

30 Berechne.

a) $-23+25{,}2+17{,}1-2{,}9$
b) $104{,}5-201{,}5+1{,}8-4{,}6$
c) $-26{,}7-13{,}2-24{,}5-16{,}1$
d) $108{,}2+20{,}72-130-2{,}8$

31 Löse die Textaufgaben.

a) Du hast 15 € Schulden und bekommst 25 € zum Geburtstag.
Wie viel Geld gehört dir jetzt?

b) Du parkst in der Tiefgarage im 2. Untergeschoss und fährst vier Stockwerke hoch.
In welcher Etage befindest du dich jetzt?

32 Schüler der Klasse 9 a notieren sich ihre Ausgaben und Einnahmen. Berechne den neuen Kontostand.

Merke

Rationale Zahlen multiplizieren und dividieren

$+5 \cdot (+6) = +30$ $+12 : (+3) = +4$
$(-4) \cdot (-7) = +28$ $(-18) : (-6) = +3$
} **gleiche Vorzeichen** → Ergebnis +

$+5 \cdot (-3) = -15$ $+8 : (-2) = -4$
$-4 \cdot (+5) = -20$ $-10 : (+5) = -2$
} **unterschiedliche Vorzeichen** → Ergebnis –

Vor- und Rechenzeichen werden mit Klammern getrennt.
Positive Vorzeichen können weggelassen werden.

TIPP Möchtest du mehrere rationale Zahlen multiplizieren oder dividieren, überlegst du dir am besten zuerst das Vorzeichen des Ergebnisses und berechnest dann.

Beispiel

Berechne $3{,}5 \cdot (-8) : (-7)$.
Lösung:
$3{,}5 \cdot (-8) : (-7) = -28 : (-7) = +4 = 4$ $(+) \cdot (-) : (-) = (-) : (-) = (+)$

Aufgaben

33 Berechne.

a) $-3 \cdot 7 \cdot (-2)$
b) $64 : (-8) \cdot 5$
c) $-2{,}1 \cdot 2 \cdot (-7)$
d) $-200 : (-4) : 25$
e) $5 \cdot 10 \cdot (-1{,}5) : (-25)$
f) $-2{,}4 : 6 \cdot (-5) \cdot 2{,}1$

34 Berechne. Achte auf die Rechenregeln.

a) $3{,}3 \cdot 2 + (14{,}7 - 2{,}9)$
b) $-4 \cdot 2{,}5 + (-3) \cdot (-2{,}6)$
c) $4{,}5 \cdot 3 - (2{,}7 + 3{,}15) \cdot 2$
d) $2{,}6 + 2{,}7 \cdot 3 - 1{,}6$
e) $(1{,}8 - 0{,}9) \cdot 2 + 5{,}6 - 2{,}4$
f) $-2{,}7 + 10{,}5 + 2 \cdot 7{,}4 - 5{,}1$
g) $(5{,}2 + 10{,}8) : 0{,}4 + 2 \cdot 6{,}45$
h) $2{,}47 \cdot 3 + 2{,}08 - 1{,}96 + 1{,}03$

Potenzen

Merke

Quadrieren und Wurzelziehen

- Wird eine Zahl mit sich selbst multipliziert, spricht man vom **Quadrieren**.
- Die Umkehrung des Quadrierens ist das **Wurzelziehen**. Hierbei wird die Zahl gesucht, die mit sich selbst multipliziert die Zahl unter dem Wurzelzeichen ergibt. Aus einer **negativen Zahl** darf man **keine Wurzel** ziehen.

Beispiele

1. $9 \cdot 9 = 9^2 = 81$ — $\sqrt{81} = 9$
2. $\frac{2}{3} \cdot \frac{2}{3} = \left(\frac{2}{3}\right)^2 = \frac{2^2}{3^2} = \frac{4}{9}$ — $\sqrt{\frac{4}{9}} = \frac{2}{3}$
3. $0 \cdot 0 = 0^2 = 0$ — $\sqrt{0} = 0$
4. $2{,}5 \cdot 2{,}5 = 2{,}5^2 = 6{,}25$ — $\sqrt{6{,}25} = 2{,}5$
5. $(-7) \cdot (-7) = (-7)^2 = 49$ — Das Quadrat einer negativen Zahl ist positiv.
6. $\sqrt{-36}$ (durchgestrichen) — Der Taschenrechner zeigt ERROR.

Aufgaben

35 Berechne.

a) 4^2

b) $(-17)^2$

c) $\frac{3^2}{4^2}$

d) $\left(\frac{11}{12}\right)^2$

e) $0{,}3^2$

f) $(-0{,}8)^2$

36 Berechne die Wurzeln.

a) $\sqrt{100}$

b) $\sqrt{361}$

c) $\sqrt{\frac{16}{25}}$

d) $\sqrt{\frac{49}{100}}$

e) $\sqrt{0{,}04}$

f) $\sqrt{2{,}89}$

Merke

Potenzieren

Wird eine Zahl mehrfach mit sich selbst multipliziert, spricht man vom Potenzieren.

Beispiele

1. $2 \cdot 2 \cdot 2 \cdot 2 = 2^4$ — **Exponent** (Hochzahl): 4; **Basis** (Grundzahl): 2
   Der Exponent gibt an, wie oft die Basis mit sich selbst multipliziert wird.
2. $\frac{2}{3} \cdot \frac{2}{3} \cdot \frac{2}{3} = \left(\frac{2}{3}\right)^3 = \frac{2^3}{3^3} = \frac{8}{27}$
3. $3^0 = 1$ — Potenziert man eine Zahl mit 0 ist das Ergebnis immer 1.

Aufgaben

37 Schreibe als Potenz und berechne.

a) $6 \cdot 6 \cdot 6 \cdot 6 \cdot 6 \cdot 6$

b) $9 \cdot 9 \cdot 9 \cdot 9 \cdot 9 \cdot 9 \cdot 9 \cdot 9 \cdot 9 \cdot 9$

c) $\frac{3}{4} \cdot \frac{3}{4} \cdot \frac{3}{4}$

d) $\frac{4}{9} \cdot \frac{4}{9} \cdot \frac{4}{9} \cdot \frac{4}{9} \cdot \frac{4}{9}$

e) $2{,}5 \cdot 2{,}5 \cdot 2{,}5 \cdot 2{,}5 \cdot 2{,}5 \cdot 2{,}5 \cdot 2{,}5$

f) $0{,}1 \cdot 0{,}1 \cdot 0{,}1 \cdot 0{,}1 \cdot 0{,}1 \cdot 0{,}1$

38 Schreibe als Produkt und berechne den Wert.

a) 3^5

b) 8^7

c) $0{,}4^5$

d) $0{,}02^4$

e) $\left(\frac{4}{7}\right)^3$

f) $\left(\frac{1}{8}\right)^6$

Merke

Zehnerpotenzen
Sehr große Zahlen und Zahlen nahe bei Null kann man mit Zehnerpotenzen kürzer und übersichtlicher darstellen.

Beispiele

1. $7{,}8 \cdot 10^7 = 7{,}8 \cdot 10\,000\,000 = 78\,000\,000$

   führende Stelle (7) / Nachkommastelle (8)

   Der positive Exponent gibt an, um wie viele Stellen das **Komma nach rechts** verschoben wird.

2. $10^{-1} = \frac{1}{10^1} = \frac{1}{10} = 0{,}1$

   $10^{-2} = \frac{1}{10^2} = \frac{1}{100} = 0{,}01$

   usw.

   Zehnerpotenzen mit negativem Exponenten kannst du auch als Zehnerbrüche mit positivem Exponenten schreiben.

3. $4{,}1 \cdot 10^{-5} = 4{,}1 : 100\,000 = 0{,}000041$

   Der negative Exponent gibt an, um wie viele Stellen das **Komma nach links** verschoben wird.

Aufgaben

39 Schreibe jeweils als Zehnerpotenz mit einer führenden Stelle und einer Nachkommastelle.

a) 97 345 746 234

b) 3 869 765 876 234 198

c) 0,000 000 703

d) 0,000 035

e) 0,009 098

f) 80 578 234,545

40 Schreibe jeweils ohne Zehnerpotenz.

a) $34{,}72 \cdot 10^7$

b) $0{,}48 \cdot 10^6$

c) $987 \cdot 10^8$

d) $5{,}75 \cdot 10^5$

e) $27 \cdot 10^{-7}$

f) $76{,}23 \cdot 10^{-6}$

g) $0{,}094 \cdot 10^{-8}$

h) $2{,}22 \cdot 10^{-9}$

41 Vergleiche die Zahlen. Setze <, = oder > ein.

a) 2^4 ☐ $15{,}8$

b) $3{,}5 \cdot 3{,}5 \cdot 3{,}5$ ☐ $2{,}5^4$

c) $6{,}5 \cdot 10^4$ ☐ $4{,}6 \cdot 4{,}6 \cdot 4{,}6 \cdot 4{,}6$

d) $\frac{1}{1\,000}$ ☐ 10^{-3}

e) $\frac{1}{10^{-4}}$ ☐ 10^{-3}

f) $2{,}8 \cdot 10^{-3}$ ☐ $0{,}000\,028$

Tabellenkalkulation

Merke

Formeln

In einem Tabellenkalkulationsprogramm kann in jeder Zelle eine **Formel** hinterlegt werden. Dabei können die einzelnen Zellen mit Rechenzeichen verknüpft oder mit Rechenoperationen beleget werden. In der Zelle selbst ist in der Regel nur der berechnete Wert sichtbar.

Wichtige **Rechenzeichen** sind:

=	jede Formel beginnt mit dem Gleichheitszeichen
+	Zellenwerte addieren
–	Zellenwerte subtrahieren
*	Zellenwerte multiplizieren
/	Zellenwerte dividieren

Beispiel

Frau Metzger hat die Noten ihrer Schülerinnen und Schüler in einer Tabellenkalkulation festgehalten, um die Endnote schnell berechnen zu können.
Gib die Formeln an, die in den Zellen E5 und E6 stehen.

	A	B	C	D	E
1	**Englisch-Tests der Klasse 10a**				
2	Anzahl der Tests:	3			
3					
4	**Name**	**Test 1**	**Test 2**	**Test 3**	**Endnote**
5	Jan	3	4	5	4
6	Ali	1	2	4	2,33

Lösung:

Zelle E5: = (B5 + C5 + D5) / B2

Zelle E6: = (B6 + C6 + D6) / B2

Die Endnote berechnet sich als Durchschnitt der Noten in den drei Tests. Diese Noten müssen also addiert und durch die Anzahl der Tests, die in Zelle B2 steht, dividiert werden.

Aufgabe 42

Im Mathematikunterricht erstellen die Schüler der 10a eine Tabelle, in der sie die Ergebnisse des letzten 400-m-Laufs eintragen.

	A	B	C	D	E
1	**Ergebnisse des 400-m-Laufs**				
2	Anzahl der Schüler:	5			
3					
4	**Läufer**	**Strecke (in m)**	**Zeit (in s)**	**Geschwindigkeit (in m/s)**	**Geschwindigkeit (in km/h)**
5	Jan	400	68	5,88	21,18
6	Ali	400	78	5,13	18,46
7	Simone	400	90	4,44	16,00
8	Loretta	400	105	3,81	
9	Costa	400	98		0,00
10	**Durchschnitt**		**87,8**	**4,66**	

a) Gib die Zelle an, in der die Geschwindigkeit von Ali in $\frac{m}{s}$ angegeben ist.

b) Stelle die Formel für die Berechnung des Werts in Zelle D9 auf.

c) Kreuze die Formel an, mit der sich der Wert für Zelle E8 berechnen lässt.

☐ = D8 * 3,6 ☐ = D8 / 3,6 ☐ = C8 * 3,6 ☐ = C8 / 3,6

d) Welcher Wert wird mit der Formel = (E5 + E6 + E7 + E8 + E9) / B2 berechnet?

Fit für die Zentrale Prüfung?

43 Bei einem Fernsehquiz wird der erste Gewinner gefragt, ob er lieber sieben Achtel, vier Sechstel, 75 % oder die Hälfte der Gewinnsumme hätte. Wie würdest du dich entscheiden?

44 In Europa kommt es zu einem Kälteeinbruch. Am Sonntag wurden in den Hauptstädten noch folgende Temperaturen gemessen: Paris 14 °C, Rom 16 °C, Berlin 10 °C, Moskau 0 °C. Die Tabelle zeigt, um wie viel Grad sich die Temperaturen innerhalb der darauffolgenden Woche pro Tag verändert haben.

Temperaturveränderungen

	Montag	Dienstag	Mittwoch	Donnerstag	Freitag
Paris	–11 °C	–6,5 °C	–4,5 °C	–1,5 °C	–3 °C
Rom	–8,5 °C	–7,5 °C	–3,5 °C	–7 °C	–2 °C
Berlin	–10 °C	–7,5 °C	–3 °C	–4,5 °C	–1,5 °C
Moskau	–7,5 °C	–2 °C	–6,5 °C	–9 °C	–0,5 °C

a) Berechne die Tagestemperaturen in den jeweiligen Hauptstädten am Montag, Dienstag, Mittwoch, Donnerstag und Freitag. Lege dazu eine Tabelle an.

b) Trage die Ergebnisse in das Diagramm ein. Verbinde die Temperaturpunkte der jeweiligen Hauptstädte.

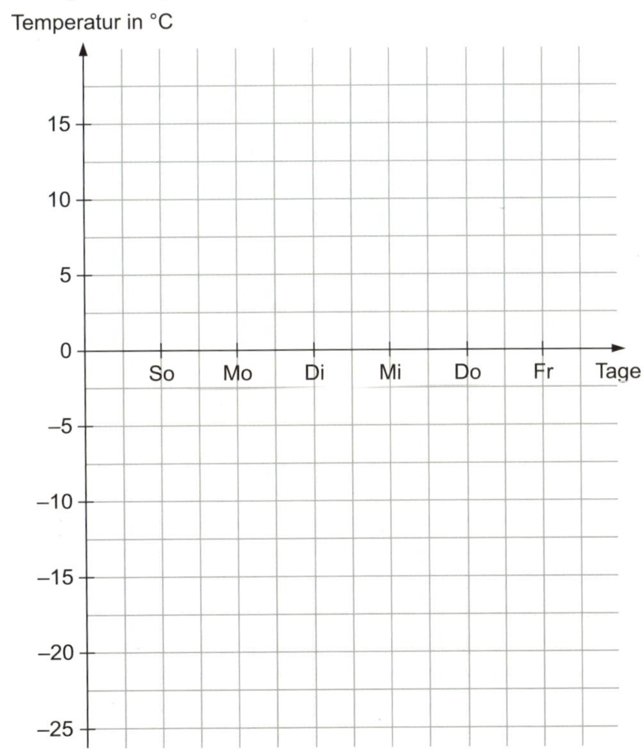

c) In welcher Stadt war der Temperaturunterschied am größten?

45 Welche Zahl ist größer?

a) –10 oder –1,5

b) 5^3 oder 5^4

c) $0{,}5^3$ oder $0{,}4^3$

d) $6{,}5 \cdot 10^4$ oder $7{,}9 \cdot 10^{-5}$

e) $\frac{3}{10}$ oder $\frac{2}{5}$

f) $\frac{1}{3}$ oder $0{,}3$

2 Rechnen mit Größen

Umrechnungen von Größen

Merke

Längenmaße

Umwandlungsfaktor 10, aber Umwandlungsfaktor 1 000 bei km → m

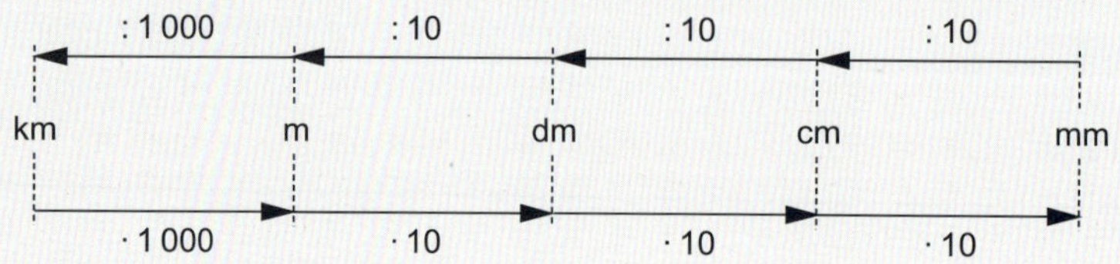

Beispiel

Wie viele Millimeter sind 1,35 km?
Rechne schrittweise um. Vergiss dabei nicht die ungebräuchliche Einheit dm.

Lösung:

1,35 km = 1 350 m	Umwandlungsfaktor **1 000**
1 350 m = 13 500 dm	Umwandlungsfaktor **10**
13 500 dm = 135 000 cm	Umwandlungsfaktor **10**
135 000 cm = 1 350 000 mm	Umwandlungsfaktor **10**

Merke

Flächenmaße

Umwandlungsfaktor 100

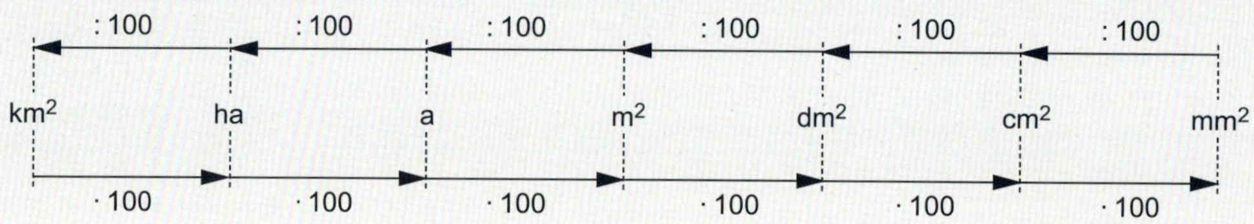

Beispiel

Wie viele Quadratzentimeter sind 2,5 a?

Lösung:

2,5 a = 250 m^2	Umwandlungsfaktor **100**
250 m^2 = 25 000 dm^2	Umwandlungsfaktor **100**
25 000 dm^2 = 2 500 000 cm^2	Umwandlungsfaktor **100**

Merke

Raummaße

Umwandlungsfaktor 1 000

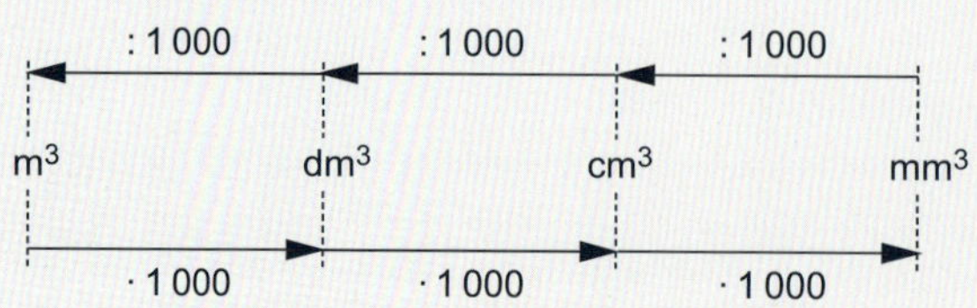

Beachte den Zusammenhang:
1 dm^3 = 1 ℓ
1 cm^3 = 1 mℓ

1 ℓ = 1 000 mℓ
1 hℓ = 100 ℓ

Beispiele

1. Wandle 95 000 mm^3 in die nächstgrößere Einheit um.
   Lösung:
   95 000 mm^3 = 95 cm^3 — Umwandlungsfaktor **1 000**

2. Wie viele Kubikzentimeter sind $2\frac{3}{4}$ ℓ?
   Lösung:
   2,75 ℓ = 2,75 dm^3
   2,75 dm^3 = 2 750 cm^3 — Umwandlungsfaktor **1 000**

Merke

Gewichte (Massen)

Umwandlungsfaktor 1 000

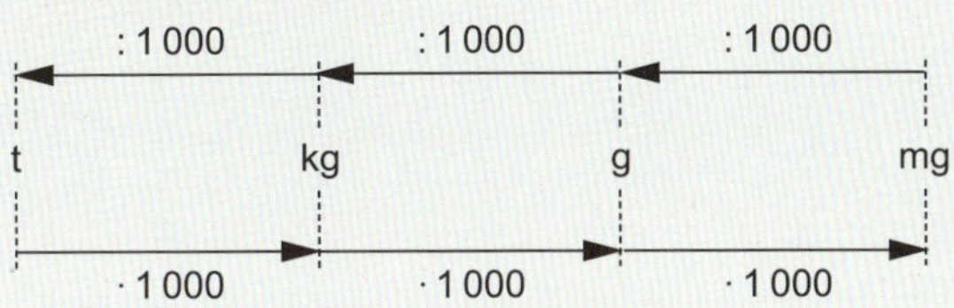

Beispiel

Wie viele Tonnen sind 22 100 g?
Lösung:
22 100 g = 22,1 kg — Umwandlungsfaktor **1 000**
22,1 kg = 0,0221 t — Umwandlungsfaktor **1 000**

Merke

Zeitmaße

Umwandlungsfaktor 60, aber Umwandlungsfaktor 24 bei d → h

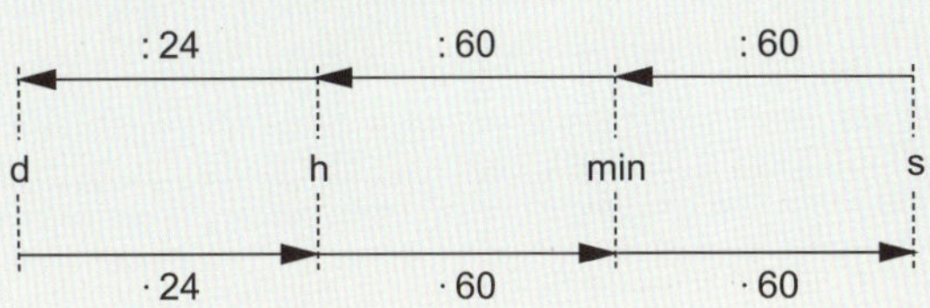

d steht für Tag.
h steht für Stunde.
min steht für Minute.
s steht für Sekunde.

Beispiele

1. Wie viele Minuten sind 4,45 h?
   Lösung:
   4,45 h = 267 min — Umwandlungsfaktor **60**

2. Wie viele Tage sind 126 h?
   Lösung:
   126 h = 5,25 d = 5 d 6 h — Umwandlungsfaktor **24**

Aufgaben

46 Wandle in die nächstkleinere Einheit um.

a) 9 cm
b) 9 cm^2
c) 4,95 m
d) 35 dm^3
e) 3,18 dm
f) 5,125 km
g) 23,28 m^3
h) 7,1 m^2
i) 44,56 ℓ
j) 3 215 a

47 Wandle in die nächstgrößere Einheit um.

a) 370 dm
b) 700 cm^3
c) 4 500 m^2
d) 81 cm
e) 300 cm^2
f) 6 ha
g) 720 ℓ
h) 632 a
i) 74 300 mm^3
j) 715 mm^2

48 Berechne. Achte auf die Einheiten.

a) 3,4 km + 250 m + 3 500 dm = ________ m

b) 2 500 km^2 + 250 ha + 250 a = ________ ha

c) 1 700 mm^2 − 7 cm^2 + 70 dm^2 = ________ cm^2

d) 3 000 cm^3 + 2 ℓ + 5,5 m^3 = ________ ℓ

e) 4 500 mm^3 − 0,5 cm^3 + 1 dm^3 = ________ cm^3

f) 0,5 t + 4 500 g + 95,5 kg = ________ kg

g) 6 h − 4 500 s = ________ min

49 Wie viele …

a) Tonnen sind 8 300 kg?
b) Kilogramm sind 4 080 g ?
c) Kilogramm sind 6,32 t?
d) Gramm sind 89,9 kg?

50 Wie viele …

a) Minuten sind 180 s?
b) Minuten sind 10 h?
c) Sekunden sind 9 min?
d) Tage sind 144 h?

51 Berechne.

a) 4 h 20 min + 5 h 55 min
b) 1 h 37 min + 3 h 42 min
c) 4 h 42 min + 2 h 27 min
d) 3 h 20 min − 2 h 30 min
e) 3 h 12 min − 1 h 22 min
f) 5 h 40 min − 2 h 45 min

52 Fülle die Tabelle aus.

	Abfahrt	Ankunft	Fahrzeit
a)	13:45 Uhr	21:15 Uhr	
b)		8:45 Uhr	8 h 35 min
c)	6:12 Uhr	11:38 Uhr	
d)		4:20 Uhr	6 h 55 min
e)	19:10 Uhr	2:55 Uhr	
f)		9:09 Uhr	12 h 7 min

53 Herr Kirschbaum möchte um 18:45 Uhr mit dem Schnellzug von Düsseldorf nach Frankfurt fahren. Die Bahn verspätet sich um fünf Minuten. Die Fahrt dauert 86 Minuten. Wann kommt der Zug in Frankfurt an?

Rechnen mit Geschwindigkeiten

Merke

Geschwindigkeit

Die **Geschwindigkeit v** wird berechnet als Quotient von **zurückgelegter Strecke s** und dazu **benötigter Zeit t**.

- $v = \frac{s}{t}$ Einheit: $\frac{km}{h}$ = km/h oder $\frac{m}{s}$ = m/s

  Umrechnung: $\frac{m}{s} \underset{:3{,}6}{\overset{\cdot 3{,}6}{\rightleftarrows}} \frac{km}{h}$

Aus der Formel ergibt sich:

- $s = v \cdot t$ Einheit km oder m
- $t = \frac{s}{v}$ Einheit h oder s

Beispiele

1. Ein Radfahrer legt in zwei Stunden eine Strecke von 36 Kilometern zurück. Wie groß ist seine Geschwindigkeit?

   Lösung:

   $v = \frac{36\ km}{2\ h}$ $v = \frac{s}{t}$

   $v = 18\ \frac{km}{h}$

   Der Radfahrer fährt mit einer Geschwindigkeit von 18 $\frac{km}{h}$.

2. Ein Motorrad fährt 1,5 h mit einer konstanten Geschwindigkeit von 20 $\frac{m}{s}$. Welche Strecke legt das Motorrad zurück?

   Lösung:

   $20\ \frac{m}{s} \xrightarrow{\cdot 3{,}6} 72\ \frac{km}{h}$ Rechne die Geschwindigkeit zuerst in $\frac{km}{h}$ um.

   $s = 72\ \frac{km}{h} \cdot 1{,}5\ h$ $s = v \cdot t$

   $s = 108\ km$

   In 1,5 h legt das Motorrad 108 Kilometer zurück.

3. Ein Sportflugzeug fliegt mit einer Geschwindigkeit von 280 $\frac{km}{h}$. Wie lange braucht es für eine Strecke von 700 Kilometern?

   Lösung:

   $t = \frac{700\ km}{280\ \frac{km}{h}}$ $t = \frac{s}{v}$

   $t = 2{,}5\ h$

   Das Flugzeug braucht 2,5 h.

TIPP

Beim Rechnen mit Geschwindigkeiten wird die Zeit in der Dezimalschreibweise benötigt.
Aber Vorsicht: 5 Stunden 42 Minuten sind nicht 5,42 Stunden, sondern $5\frac{42}{60}\ h = 5\frac{7}{10}\ h$.
Also sind 5 h 42 min = 5,7 h.

Aufgaben

54 Berechne die durchschnittliche Geschwindigkeit eines Autos in $\frac{km}{h}$ und $\frac{m}{s}$.
Runde, falls erforderlich, auf eine Dezimalstelle.

a) 340 km in 4 h
b) 520 km in 8 h
c) 486 km in 4,5 h
d) 252 km in 2,25 h
e) 138,7 km in 1 h 54 min
f) 217,6 km in 3 h 12 min

55 Berechne die benötigte Zeit.
Runde, falls erforderlich, auf eine Dezimalstelle.

a) 18 m mit $6\,\frac{m}{s}$
b) 420 km mit $120\,\frac{km}{h}$
c) 12 000 m mit $330\,\frac{m}{s}$
d) 12 630 km mit $920\,\frac{km}{h}$

56 Berechne die zurückgelegt Strecke.
Runde, falls erforderlich, auf eine Dezimalstelle.

a) 35 s mit $12\,\frac{m}{s}$
b) 2,25 h mit $97\,\frac{km}{h}$
c) 6 min 19 s mit $0{,}7\,\frac{m}{s}$
d) 1 h 20 min mit $87\,\frac{km}{h}$

Maßstab

Merke

Maßstab
Beim maßstäblichen **Vergrößern** oder **Verkleinern** werden alle Streckenlängen um das gleiche Maß vergrößert oder verkleinert. Der Maßstab gibt das Maß der Vergrößerung bzw. Verkleinerung an.

Beispiele

1. Auf einer Landkarte mit dem Maßstab 1 : 150 000 ist eine Eisenbahnlinie 7,4 cm lang. Welche Länge hat die Eisenbahn in Wirklichkeit?
Lösung:

	Karte	Wirklichkeit	
· 7,4	1 cm	1,5 km	· 7,4
	7,4 cm	11,1 km	

150 000 cm = 1 500 m = 1,5 km

Die Eisenbahnstrecke ist 11,1 km lang.

2. Eine historische Dampflokomotive ist 32,4 m lang.
Welche Länge hat ein Modell im Maßstab 1 : 72?
Lösung:

	Wirklichkeit	Modell	
: 72	72 cm	1 cm	: 72
· 3 240	1 cm	0,0138… cm	· 3 240
	3 240 cm	45 cm	

Das Modell hat eine Länge von 45 cm.

Maßstab 1 : 72 bedeutet **Verkleinerung**.
32,4 m = 3 240 cm

3. Eine 3 km lange Startbahn misst auf einer Karte 6 cm.
In welchem Maßstab ist die Karte gezeichnet?
Lösung:

	Karte	Wirklichkeit	
:6 (	6 cm	300 000 cm	) :6
	1 cm	50 000 cm	

3 km = 3 000 m = 300 000 cm

Der Maßstab beträgt 1 : 50 000.

4. Wie lange musst du die Seiten des Quadrats zeichnen, wenn du es im Maßstab 2 : 1 abzeichnen sollst?

Lösung:
Seitenlänge im Original: 3 cm
Seitenlänge in der Zeichnung: $3\text{ cm} \cdot 2 = 6\text{ cm}$
Die Seiten müssen jeweils 6 cm lang sein.

Maßstab 2 : 1 bedeutet **Vergrößerung**. Die Streckenlängen in der Zeichnung müssen doppelt so lang sein, wie im Original.

Aufgaben

57 Berechne die fehlenden Werte in der Tabelle.

	Entfernung Karte	Entfernung Wirklichkeit	Maßstab
a)	40 cm		1 : 15 000
b)		56,5 km	1 : 20 000
c)	7 cm	1 400 km	

58 Der Eiffelturm in Paris ist rund 300 m hoch. Ein Souvenirladen am Fuße des Eiffelturms bietet verschiedene Modelle an:
Modell A: 30 cm hoch
Modell B: 20 cm hoch
Modell C: 25 cm hoch
In welchen Maßstäben wurden die Modelle angefertigt?

59 Andreas möchte den Grundriss seines rechteckigen Zimmers auf ein Blatt DIN-A4-Papier zeichnen. Das Zimmer ist 4,5 m lang und 3,5 m breit. Fertige den Grundriss in einem geeigneten Maßstab an.

60 Ein Tunnel ist 3 050 m lang.
Berechne die Länge des Tunnels auf einer Karte im Maßstab 1 : 50 000.

61 Das Modell eines Dinosauriers im Maßstab 1 : 90 hat eine Länge von 12,2 cm und eine Höhe von 8,7 cm.
Wie lang und wie hoch war der Saurier in Wirklichkeit?

62 Zeichne nebenstehendes Rechteck im Maßstab 3 : 1 in dein Heft.

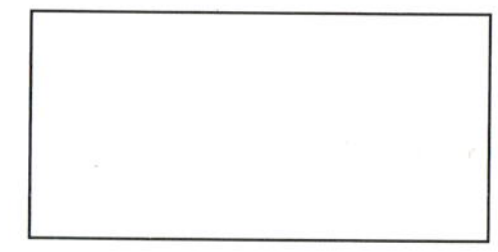

63 Ein Haus ist 8 m lang. In einer Zeichnung beträgt seine Länge 4 cm. In welchem Maßstab wurde die Zeichnung angefertigt?

64 Auf einer Karte im Maßstab 1 : 20 000 000 beträgt die Entfernung zwischen zwei Städten 3,2 cm.

a) Wie groß ist die Entfernung in Wirklichkeit?

b) Welchen Abstand haben zwei Städte auf dieser Karte, wenn die Entfernung in Wirklichkeit 875 km beträgt?

65 Ein Segelflieger hat seine geplante Flugroute im Maßstab 1 : 500 000 gezeichnet.
Wie viele Kilometer will er insgesamt zurücklegen?

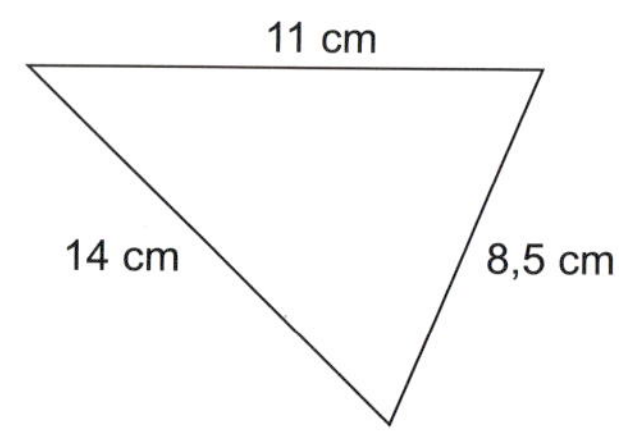

Schätzen

Merke

Größen und Mengen schätzen

- Auf Bildern kann eine Größe geschätzt werden, indem zunächst ein bekannter **Vergleichswert** (z. B. Handbreite ca. 10 cm, Größe einer Frau ca. 1,70 m) ermittelt wird. Dieser Wert wird dann ins Verhältnis zur gesuchten Größe gesetzt.
- Sind auf einem Bild große Mengen abgebildet, zählt man die Elemente in einem geeigneten Ausschnitt des Bildes und multipliziert das Ergebnis mit der Anzahl an gleich großen Ausschnitten.

Beispiele

1. Ein Vater steht mit seinem Kind vor einem Baum. Schätze ab, wie hoch der Baum ist.

Lösung:

Körpergröße Vater: 1,80 m

Größe des Vaters im Bild: 1,2 cm

Größe des Baums im Bild: 3,8 cm

	Bild	Wirklichkeit	
: 1,2	1,2 cm	1,80 m	: 1,2
· 3,8	1 cm	1,50 m	· 3,8
	3,8 cm	5,70 m	

Der Baum ist 5,70 m hoch.

Miss die Größe des Vaters und des Baums im Bild. Wähle die geschätzten Werte so, dass du **gut rechnen** kannst. Rechne dann mit dem Dreisatz.

2. Schätze die Anzahl aller Punkte in dem Rechteck.

Lösung:

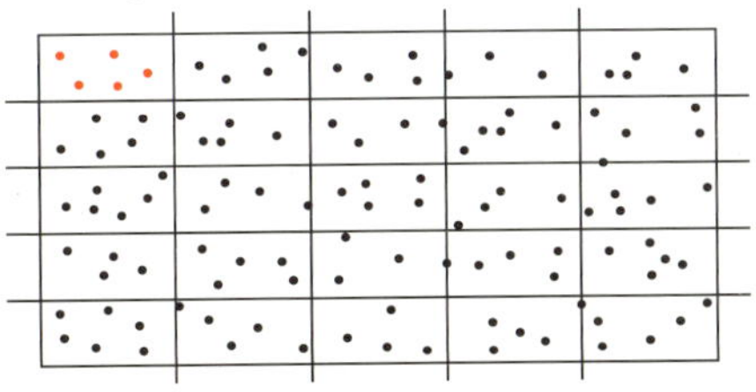

Lege ein gleichmäßiges Gitternetz über die Fläche und zähle die Punkte in einer Teilfläche.
Multipliziere dann die Anzahl der Teilflächen mit der Anzahl der Punkte in einer dieser Flächen.

In einer Teilfläche befinden sich 5 Punkte, insgesamt sind es also $25 \cdot 5 = 125$ Punkte.

Aufgaben

66 Schätze jeweils die Anzahl der Puzzleteilchen in den Bildern.

67 Bestimme die Höhe des Sparkassenschildes.

68 In einem Skiort werden jeden Winter verschiedene Eisskulpturen gebaut.

a) Schätze die Höhe der Eisskulpturen.

b) Überlege, wie hoch die Skulpturen sein müssten, wenn sie im gleichen Größenverhältnis komplett, mit Rumpf und Beinen, gebaut worden wären.

Fit für die Zentrale Prüfung?

69

a) Ordne jeweils die richtige Einheit zu.
Ein Eimer hat ein Fassungsvermögen von 10 ______.
Der Unterarm eines Erwachsenen ist ca. 30 ______ lang.
In eine Badewanne passen ca. 160 000 ______ Wasser.
Ein 5-€-Schein hat eine Fläche von 74,4 ______.
Ein Fahrradreifen hat einen Durchmesser von ca. 630 ______.
Das Deckblatt dieses Buches hat eine Fläche von 6,237 ______.

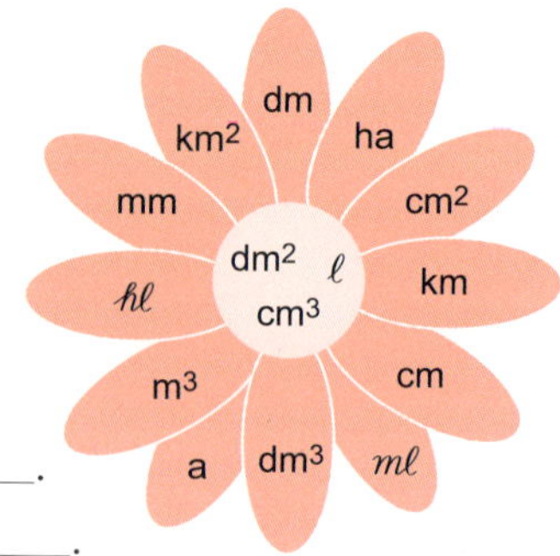

b) Schätze den Flächeninhalt des Handtuchs und des Bildschirms mithilfe der Größen aus Teilaufgabe a.

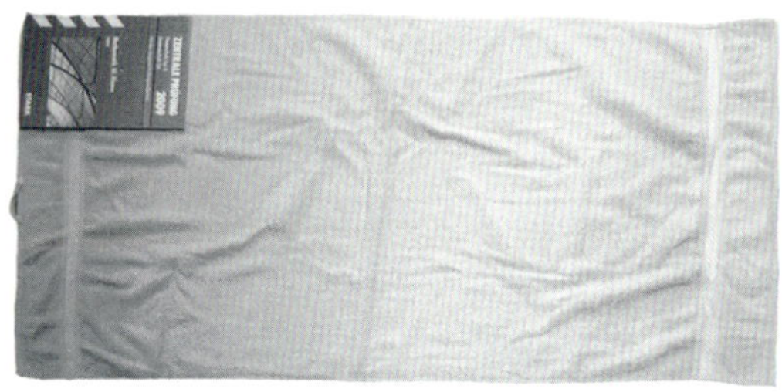

70

Frank behauptet, dass 576 Minuten wie unten angegeben umgewandelt werden können. Bei welchen Umrechnungen hat er recht? Kreuze an.

- ☐ 34 560 Sekunden
- ☐ 9,6 Stunden
- ☐ 9 Stunden 36 Minuten
- ☐ 38 200 Sekunden
- ☐ 8,4 Stunden
- ☐ 9 Stunden 6 Minuten

71

Das abgebildete Karussell dreht sich in sieben Sekunden einmal im Kreis.

a) Welche Strecke legen die Fahrzeuge auf der Außen- und Innenbahn bei einer Umdrehung jeweils zurück?

b) Berechne die Geschwindigkeit für die Fahrzeuge auf den beiden Bahnen in Kilometer pro Stunde.

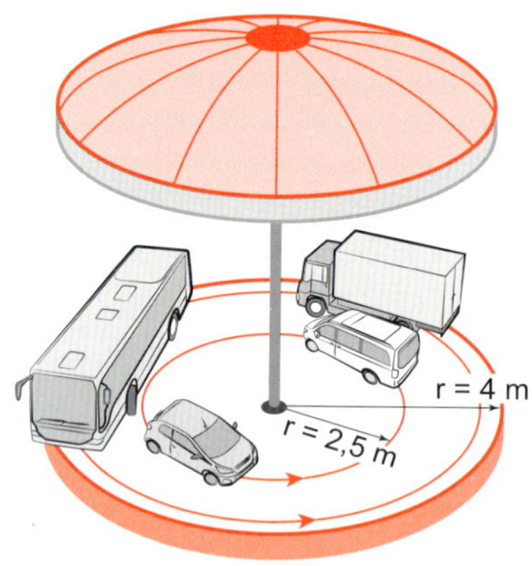

72

Der Maßstab einer Wanderkarte ist mit 1 : 50 000 angegeben.
Die Länge der geplanten Wanderstrecke beträgt 30 cm auf der Karte.

a) Wie lange ist die Wanderstrecke in Wirklichkeit? Gib in km an.

b) Auf einer anderen Wanderkarte misst die gleiche Strecke nur 20 cm.
In welchem Maßstab wurde sie gezeichnet?

3 Gleichungen

Rechnen mit Termen

Merke

Terme
- Terme sind Rechenausdrücke, die aus **Zahlen** und/oder **Variablen** bestehen.
- Du kannst **gleiche Variablen** sowie **Zahlen ohne Variablen** zusammenfassen.
- Für Terme mit Klammern gilt:
  Steht ein **Minus** vor der Klammer musst du beim Auflösen die **Vor-** bzw. **Rechenzeichen** in der Klammer **ändern**.

Beispiele

1. Fasse zusammen.
   $4a - 7 + 9a - 3$
   Lösung:
   $\mathbf{4a} - 7 \mathbf{+ 9a} - 3 = 13a - 10$ Fasse Zahlen und gleiche Variablen zusammen.

2. Vereinfach soweit wie möglich.
   $20y - (6y + 10) + 15$
   Lösung:
   $20y - 6y - 10 + 15 = 14y + 5$ Minus vor der Klammer: Vorzeichen ändern!

Aufgaben

73 Fasse zusammen.
a) $4 + x + 6x - 5$
b) $12a - 13 + 7a + 30$
c) $100 + 75z - 33z - 55$
d) $34x - 12 - x + 7$

74 Ordne die Variablen alphabetisch. Fasse dann zusammen.
a) $7a - 6a + 9b + 6 + b - 9$
b) $x + y - y + 2y + 6$
c) $7x - 11x + 9y - 10y$
d) $4z - 11d - 10z + 7 - 18d$
e) $-3 + 4y - 11x - 7y - 3 - 2$
f) $-1{,}5x + 2{,}5y + 1{,}2x + 0{,}8y$

75 Vereinfache die Terme.
a) $14x + 5y + (24 - 19y) - 3x + 7$
b) $14z - (9z - 22) + 5 - z$
c) $15 - (12 - 3x) + (9 + 7x)$
d) $-9a + (6b - 8a) - 7b + 17a$

76 Setze in die Terme jeweils die Werte $a = 2{,}2$ und $b = 4{,}1$ ein. Berechne dann den Termwert.
a) $3a + 7b$
b) $14a - 2b$
c) $6b + 2b - 3a$
d) $14a - 2a + 3b$

77 Stelle einen Term zur Berechnung des Umfangs auf und vereinfache soweit wie möglich.

a)
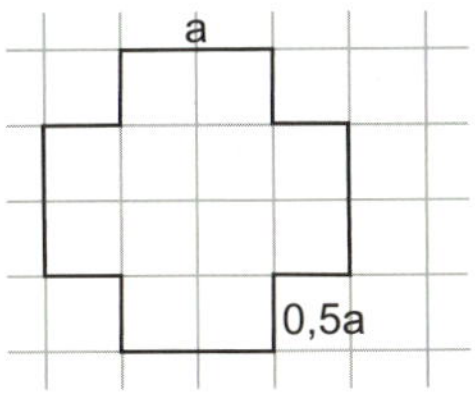

b)
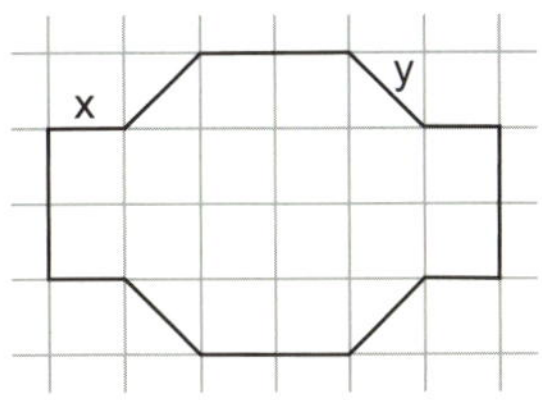

Merke

Terme ausmultiplizieren und faktorisieren

- Ein Term in Klammern wird mit einer Zahl oder einer Variablen **multipliziert**, indem **jedes Glied** in der Klammer mit der Zahl oder der Variablen multipliziert wird.
- Beim **Faktorisieren** wird der gemeinsame Faktor **ausgeklammert**.
- Achte auf die Vorzeichen!

Beispiele

1. Berechne: $3 \cdot (6-4x)$
   Lösung:
   $3 \cdot (6-4x) = 3 \cdot 6 - 3 \cdot 4x = 18 - 12x$
   Jedes Glied der Klammer wird mit 3 multipliziert.
2. Multipliziere aus: $x \cdot (2-3x)$
   Lösung:
   $x \cdot (2-3x) = x \cdot 2 - x \cdot 3x$
   $= 2x - 3x^2$
   Jedes Glied der Klammer wird mit dem Faktor x multipliziert. Beim zweiten Glied erhöht sich dadurch die Potenz.
3. Faktorisiere: $7a+7b+7$
   Lösung:
   $7a+7b+7=7(a+b+1)$
   Der gemeinsame Faktor 7 wird ausgeklammert.

Aufgaben

78 Stelle einen Term zur Berechnung des Flächeninhalts auf und fasse soweit wie möglich zusammen.

a) 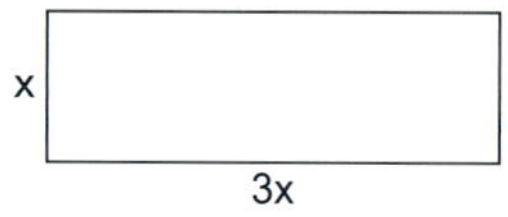

b) 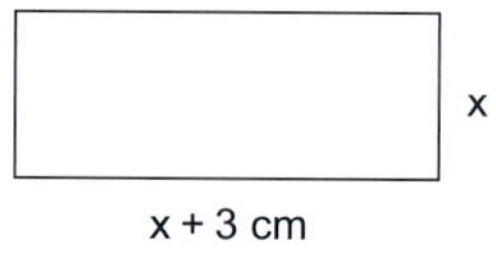

79 Vereinfache.

a) $3 \cdot (91-7x)$
b) $14 \cdot (6a-3b)$
c) $27 \cdot (54x-12)$
d) $(23v+64) \cdot 19$

80 Löse die Klammern auf.

a) $(40a+28b):4$
b) $(35-49z):7$
c) $(60x+18):6$
d) $(33y-45x):3$

81 Fasse so weit wie möglich zusammen.

a) $2(3x-5y)+3(8y-7x)$
b) $27a-(2a-b-2c) \cdot 6+3(b-c)$
c) $2(1{,}5x-7{,}5y)-6(0{,}5x-y-2{,}5)$
d) $133a-7(32a-18b)+105b$

82 Fasse so weit wie möglich zusammen.

a) $x \cdot (1+x)$
b) $y^2+y \cdot (1+y)$
c) $a^2+(1{,}2a+0{,}4) \cdot a$
d) $b^2+(1+b) \cdot 0{,}1b$

83 Faktorisiere.

a) $5x+5y+5$
b) $12u-4v+8$
c) $9z-4z-7z$
d) $4a^2+17a$
e) $ab-ac-ad$
f) $4x^2+4x-4xy$

Merke

Binomische Formeln

Mithilfe der binomischen Formeln kannst du bestimmte Terme mit Klammern schneller ausmultiplizieren.

- **1. binomische Formel:** $(a+b)^2 = (a+b)\cdot(a+b) = a^2 + 2ab + b^2$
- **2. binomische Formel:** $(a-b)^2 = (a-b)\cdot(a-b) = a^2 - 2ab + b^2$
- **3. binomische Formel:** $(a+b)\cdot(a-b) = a^2 - b^2$

Beispiele

Wende jeweils die binomischen Formeln an.

Lösung:

1. $(u+3)^2 = u^2 + 2\cdot u\cdot 3 + 3^2 = u^2 + 6u + 9$

   1. binomische Formel: Setze für $a = u$ und für $b = 3$ in die Formel ein.

2. $(x - \mathbf{2y})^2 = x^2 - 2\cdot x\cdot \mathbf{2y} + (\mathbf{2y})^2 = x^2 - 4xy + 4y^2$

   2. binomische Formel: Setze für $a = x$ und für $b = \mathbf{2y}$ in die Formel ein.

3. $(\mathbf{2x} + y)\cdot(\mathbf{2x} - y) = (\mathbf{2x})^2 - y^2 = 4x^2 - y^2$

   3. binomische Formel: Setze für $a = \mathbf{2x}$ und für $b = y$ in die Formel ein.

Aufgaben

84 Multipliziere aus.

a) $(x-3y)^2$
b) $(4x+3y)^2$
c) $(2{,}5x-y)\cdot(2{,}5x+y)$
d) $(2x-1)^2$
e) $(7{,}5a+2b)\cdot(7{,}5a-2b)$
f) $(0{,}5a-5b)^2$
g) $(14s-2t)^2$
h) $(4d-13c)\cdot(4d+13c)$
i) $(12z+x)^2$
j) $(r-8u)^2$
k) $(1{,}5a+4b)\cdot(1{,}5a-4b)$
l) $(9+20v)^2$

85 Wende die binomischen Formeln an.

a) $\left(\frac{1}{4}-x\right)\cdot\left(\frac{1}{4}+x\right)$
b) $\left(\frac{1}{2}s-3t\right)^2$
c) $\left(\frac{1}{3}r+\frac{1}{5}s\right)^2$
d) $\left(\frac{2}{3}u-\frac{3}{4}v\right)\cdot\left(\frac{2}{3}u+\frac{3}{4}v\right)$

86 Forme in ein Binom um.

a) $49a^2 + 112ab + 64b^2$
b) $1{,}21x^2 - 1{,}44y^2$
c) $0{,}16u^2 + 0{,}56uv + 0{,}49v^2$
d) $1{,}69a^2 - 15{,}6ab + 36b^2$

87 Ergänze die Lücken so, dass eine binomische Formel entsteht.

a) $100 + \_\_\_\_\_\_ + 36a^2$
b) $\_\_\_\_\_\_ - 8xy + 4x^2$
c) $25x^2 - \_\_\_\_\_\_ + 4$
d) $49y^2 - 70y + \_\_\_\_\_\_$

Lineare Gleichungen

Merke

> **Lineare Gleichungen lösen**
> Um eine lineare Gleichung zu lösen, musst du sie umstellen, bis die **gesuchte Zahl x allein** auf einer Seite steht.
> Du kannst eine Gleichung mit einer Waage vergleichen. Damit die Waage im Gleichgewicht bleibt, musst du **auf beiden Seiten** des Gleichheitszeichens **dieselben Rechenoperationen** durchführen. Diese heißen auch **Äquivalenzumformungen**.

Beispiel

Löse die Gleichung und mache anschließend die Probe.

$10x + 19 = 69$

Lösung:

$10x + 19 = 69 \quad | -19$ — Ziehe auf beiden Seiten der Gleichung 19 ab.

$10x = 50 \quad | :10$ — Teile dann beide Seiten der Gleichung durch 10, damit x allein steht.

$x = 5$

Probe:

$10x + 19 = 69$ — Setze x = 5 in die Ausgangsgleichung ein.

$10 \cdot 5 + 19 = 69$

$50 + 19 = 69$

$69 = 69$ — Wahre Aussage, also ist die Lösung richtig.

Aufgabe

88 Löse die Gleichungen.

a) $2x + 52 = 146$ b) $46 + 2x = 104$

c) $108 = 45 + 3x$ d) $52 = 20 + 16x$

e) $6x - 20 = 100$ f) $48 - 16x = 16$

g) $30 = 57 - 3x$ h) $28 = 15x - 92$

89 Fasse zusammen und berechne x.

a) $\frac{3}{8}x - 12 = 15$ b) $\frac{3}{4}x + 28 = 49$

c) $\frac{7}{5}x - 60 = 24$ d) $\frac{8}{3}x + 40 = 120$

e) $\frac{4}{5}x - 8 = 40$ f) $\frac{5}{6}x - 43 = 12$

TIPP

Bei schwierigen Gleichungen musst du zunächst auf jeder Seite der Gleichung zusammenfassen und gegebenenfalls Klammern ausmultiplizieren.

Beispiel

Fasse zusammen und löse die Gleichung. Vergiss die Probe nicht.

$-15 - 2(x - 4) + 7x = 5x - 2 - 2x + 3$

Lösung:

$-15 - (2x - 8) + 7x = 5x - 2 - 2x + 3$ — Löse zuerst die Klammer auf. Achte dabei auf die Vorzeichen.

$-15 - 2x + 8 + 7x = 5x - 2 - 2x + 3$ — Fasse alle Zahlen mit Variablen zusammen und alle Zahlen ohne Variablen.

$-7 + 5x = 3x + 1 \quad | -3x$ — Bringe dann x auf eine Seite und die Zahlen auf die andere Seite.

$-7 + 2x = 1 \quad | +7$

$2x = 8 \quad | :2$

$x = 4$

Probe:

$-15-2(x-4)+7x=5x-2-2x+3$ Setze x = 4 in die Ausgangsgleichung ein.

$-15-2(4-4)+7\cdot 4=5\cdot 4-2-2\cdot 4+3$

$-15-2\cdot 0+28=20-2-8+3$

$13=13$ Wahre Aussage, also ist die Lösung richtig.

Aufgaben

90

Fasse zusammen und bestimme x.

a) $10x-40-2x+10=130$
b) $136=35x-40+13x+32$
c) $9x-72-3x+18=42$
d) $179=36x+38-24x-27$
e) $5x-4+4x=87-4x$
f) $x-29+7x=2x+61$

91

Stelle eine Gleichung auf und berechne die Länge der Seiten.

a) u = 14 cm

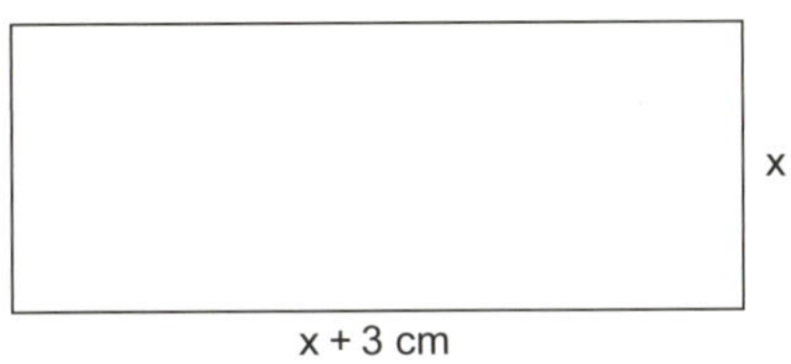

b) u = 25 m

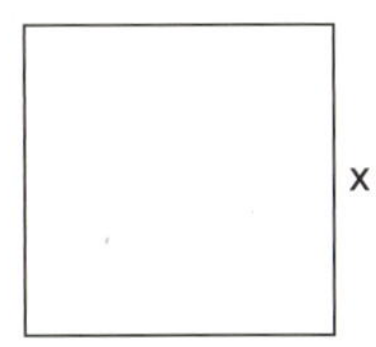

c) u = 64 dm

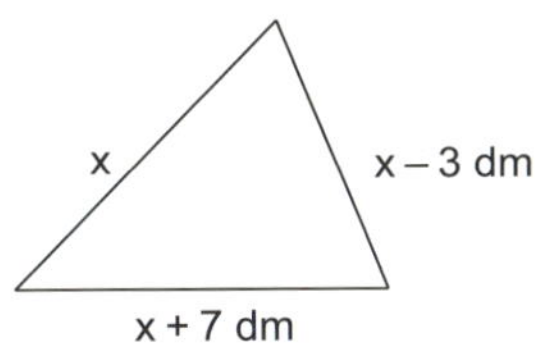

d) u = 27 km

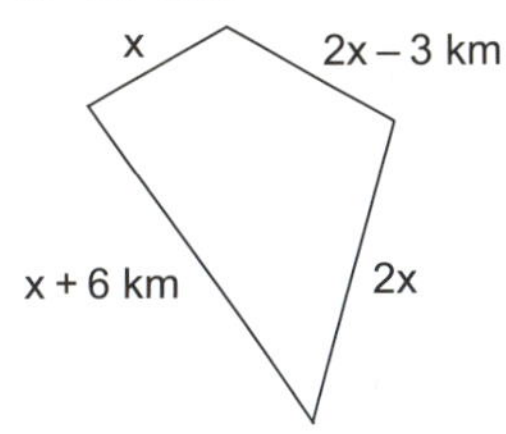

92

Bestimme jeweils die Lösung.

a) $14x-3(2x-9)=4(4x-16)+11$
b) $7(2x+15)-28=35(1-x)-7$
c) $5x-(9-2x)\cdot 6=5(5x+12)-4x$
d) $-9(1-x)+15x=8(2x+9)-65$

93

Gib die Lösungen an.

a) $21x-(31+x)=-52-3(13+6x)-8(-x-15)$
b) $52-13(5-11x)+4(6x-21)=-8(17-16x)$
c) $-25(2x+1)+28=14(11-3x)+61-2(15x-37)$
d) $-8(14x+2)=19(5-5x)-35x+(14x-21)\cdot 3$

Merke

Von der Textform in die Zahlenform

„Zahlenrätsel“ (Terme und Gleichungen in Textform) musst du zuerst in die Sprache der Mathematik übersetzen, bevor du sie lösen kannst.

TIPP

Folgendes „Wörterbuch" hilft dir sicher bei der Lösung der Aufgaben. Hier wird jeweils mit 5 gerechnet.

Variable, x	eine Zahl, eine unbekannte Zahl, eine bestimmte Zahl, eine gedachte Zahl
Addition, addieren, +	eine Zahl um 5 vermehren, eine Zahl um 5 vergrößern, die Summe aus einer Zahl und 5 bilden
Subtraktion, subtrahieren, –	eine Zahl um 5 vermindern, eine Zahl um 5 verkleinern, die Differenz aus einer Zahl und 5 bilden
Multiplikation, multiplizieren, ·	eine Zahl mit 5 vervielfachen, das Vielfache von 5, das Produkt aus einer Zahl und 5 bilden
Division, dividieren, :	eine Zahl durch 5 teilen, ein Fünftel einer Zahl, der fünfte Teil einer Zahl, der Quotient aus einer Zahl und 5

Beispiele

1. Subtrahierst du vom Vierfachen einer Zahl 8, so erhältst du 20.
   Lösung:
   $$4x - 8 = 20 \quad |+8$$
   $$4x = 28 \quad |:4$$
   $$x = 7$$
   … vom Vierfachen ⇒ **4 ·**
   … einer Zahl ⇒ **x**
   Subtrahierst … 8 ⇒ **−8**
   … erhältst … 20 ⇒ **= 20**

2. Wenn man vom Sechsfachen einer Zahl 5 subtrahiert und diese Differenz mit 3 multipliziert, so erhält man 75.
   Lösung:
   $$(6x - 5) \cdot 3 = 75$$
   $$18x - 15 = 75 \quad |+15$$
   $$18x = 90 \quad |:18$$
   $$x = 5$$
   … vom Sechsfachen ⇒ **6 ·**
   … einer Zahl ⇒ **x**
   … 5 subtrahiert ⇒ **−5**
   … mit 3 multipliziert ⇒ **· 3**
   … erhält man 75 ⇒ **= 75**

3. Addierst du zum vierten Teil einer Zahl 10, so erhältst du das Produkt aus 5 und 11.
   Lösung:
   $$\frac{1}{4}x + 10 = 5 \cdot 11$$
   $$\frac{1}{4}x + 10 = 55 \quad |-10$$
   $$\frac{1}{4}x = 45 \quad |\cdot 4$$
   $$x = 180$$
   … zum vierten Teil ⇒ $\frac{1}{4}\cdot$
   … einer Zahl ⇒ **x**
   Addierst … 10 ⇒ **+10**
   … erhältst ⇒ **=**
   … Produkt aus 5 und 11 ⇒ **5 · 11**

Aufgaben

94 Löse die Textgleichungen.

a) Wenn du zum dritten Teil einer Zahl 12 addierst, erhältst du das Dreifache der Zahl.
b) Addiert man zur Hälfte einer Zahl die Zahl 12, bekommt man das Doppelte der Zahl.
c) Addiert man zum Siebenfachen einer Zahl 3, so erhält man das Achtfache der Zahl vermindert um 4.
d) Subtrahiert man von 150 das Zwanzigfache einer Zahl und addiert dann das Sechsfache der Zahl, so erhält man das Produkt aus 6 und 11.

95 Wie lauten die gesuchten Zahlen?

a) Wenn man zum Zehnfachen einer Zahl die Hälfte dieser Zahl addiert, so erhält man um 6 weniger als das Zwölffache dieser Zahl.

b) Subtrahiert man vom Fünffachen einer Zahl 6 und multipliziert die Differenz mit 4, so erhält man dreimal so viel, wie wenn man die um 1 vermehrte Zahl mit 3 multipliziert.

c) Wenn man das Dreifache einer Zahl um 7 vermehrt und die Summe durch 3 dividiert, erhält man um 1 mehr als das Doppelte der gesuchten Zahl.

96 Löse die Aufgaben.

a) Von zwei Zahlen ist die zweite halb so groß wie die erste. Ihre Summe beträgt 15. Wie lauten die zwei Zahlen?

b) Die Summe dreier Zahlen ist 100. Die erste ist um 9, die zweite um 7 größer als die dritte Zahl.
Wie heißen die drei Zahlen?

c) Von drei Zahlen ist die erste doppelt so groß wie die dritte, die zweite um 5 kleiner als die erste.
Wie heißen die Zahlen, wenn ihre Summe 500 beträgt?

Merke

Sachaufgaben mit Gleichungen lösen

- Um Sachaufgaben mit einer Gleichung zu lösen, legst du zuerst eine Variable x fest.
- Versuche dann, die übrigen Größen mithilfe dieser Variablen auszudrücken.
- Stelle die Gleichung auf und löse nach x auf.

Beispiel

Bei einer Wahl mit den Bewerbern A, B und C waren von den 123 617 abgegebenen Stimmen 1 046 ungültig. Auf A entfielen 41 608 Stimmen weniger als auf B. Auf C entfielen 18 436 Stimmen mehr als auf B. Wie viele Stimmen erhielt jeder?

Lösung:

Vorüberlegungen

Anzahl der gültigen Stimmen:
$123\,617 - 1\,046 = 122\,571$

$$\left.\begin{array}{ll}\text{Kandidat A:} & x - 41\,608 \\ \text{Kandidat B:} & x \\ \text{Kandidat C:} & x + 18\,436\end{array}\right\} 122\,571$$

Lege die Variable x (hier: Stimmen von Kandidat B) fest.
Überlege dir, wie viele Stimmen die anderen Kandidaten bekommen.

Gleichung aufstellen und lösen

Insgesamt wurden 122 571 gültige Stimmen abgegeben.

$$\begin{aligned} x - 41\,608 + x + x + 18\,436 &= 122\,571 && \text{zusammenfassen} \\ 3x - 23\,172 &= 122\,571 && |+23\,172 \\ 3x &= 145\,743 && |:3 \\ x &= 48\,581 \end{aligned}$$

Ergebnis

Kandidat A: $48\,581 - 41\,608 = 6\,973$ Stimmen
Kandidat B: $48\,581 = 48\,581$ Stimmen
Kandidat C: $48\,581 + 18\,436 = 67\,017$ Stimmen

Aufgaben

97 Bei einer Bürgermeisterwahl wurden 98 024 Stimmen abgegeben. Davon waren 209 ungültig. Frau Bayer erhielt 11 906 Stimmen mehr als Herr Adam. Herr Carlo erhielt 29 327 weniger als Herr Adam.
Berechne jeweils die Anzahl der erhaltenen Stimmen.

98 In einem Kino werden von den 1. Plätzen 65 weniger verkauft als von den 2. Plätzen. Von den 3. Plätzen werden 48 mehr verkauft als von den 2. Plätzen.
Gib an, wie viele der 370 verkauften Karten auf die einzelnen Plätze entfallen.

99 Drei Freunde, Herr Anderson, Herr Barosch und Herr Carlsen, schließen sich zusammen, um ein Geschäft zu eröffnen. Dazu benötigen sie ein Startkapital von 128 000 €.
Herr Anderson kann dreimal soviel wie Herr Barosch und zusätzlich noch 12 000 € aufbringen. Herr Carlsen steuert halb so viel wie Herr Anderson zur Geschäftsgründung bei.
Berechne, wie viel jeder der drei zum Startkapital beiträgt.

Quadratische Gleichungen

Merke

Quadratische Gleichungen lösen

Eine quadratische Gleichung in der **Normalform** $\mathbf{x^2 + px + q = 0}$ kannst du entweder durch die **quadratische Ergänzung** oder mithilfe folgender **Lösungsformel** lösen:

$$x_{1,2} = -\frac{p}{2} \pm \sqrt{\left(\frac{p}{2}\right)^2 - q}$$

Den Term $\left(\frac{p}{2}\right)^2 - q$ unter der Wurzel nennt man auch **Diskriminante D**.

Beispiel

Löse die quadratische Gleichung $x^2 + 6x - 16 = 0$.

Lösung:

Quadratische Ergänzung

$$x^2 + 6x - 16 = 0 \quad | +16$$

$$x^2 + 6x = 16$$

$$x^2 + 2 \cdot 3 \cdot x + 3^2 = 16 + 3^2$$

Quadratische Ergänzung

$$(x+3)^2 = 25 \quad | \sqrt{}$$

Wende die 1. binomische Formel an und fasse zusammen.

$$x + 3 = \pm\sqrt{25} \quad | -3$$

$$x_{1,2} = -3 \pm 5$$

$$\mathbf{x_1 = +2} \qquad \mathbf{x_2 = -8}$$

Lösungsformel

$x_{1,2} = -\frac{p}{2} \pm \sqrt{\left(\frac{p}{2}\right)^2 - q}$ p = 6 und q = −16

$x_{1,2} = -3 \pm \sqrt{3^2 - (-16)}$

$x_{1,2} = -3 \pm \sqrt{25}$

$x_{1,2} = -3 \pm 5$

$\mathbf{x_1 = +2}$ $\mathbf{x_2 = -8}$

Aufgaben

100 Löse die quadratischen Gleichungen.

a) $x^2 - 10x + 24 = 0$
b) $x^2 + 14x + 48 = 0$
c) $x^2 - 5x - 84 = 0$
d) $x^2 - 4x + 4 = 0$

101 Bringe zunächst in die Normalform $x^2 + px + q = 0$ und löse die Gleichungen nach x auf.

a) $3x^2 - 18x + 15 = 0$
b) $6x^2 - 28x + 100 = 4x^2 + 10$
c) $28 - 22x = 3x^2 + 20x - 17$
d) $x(x-3) = 2x(x-1) - 2$

TIPP

Die Anzahl der Lösungen einer quadratischen Gleichung hängt vom Wert der Diskriminante D ab:

- $D > 0$: Es existieren zwei Lösungen.
- $D = 0$: Es existiert genau eine Lösung.
- $D < 0$: Es existiert keine Lösung.

Beispiel

Welche Werte kann q in der Gleichung $x^2 - 18x + q = 0$ annehmen, damit die Gleichung keine Lösung, eine Lösung bzw. zwei Lösungen hat?

Lösung:

$D = \left(\frac{p}{2}\right)^2 - q$ Benutze zur Berechnung von q die Diskriminante.

$D = \left(\frac{-18}{2}\right)^2 - q$ Setze p = −18 in die Formel zur Berechnung der Diskriminante ein.

$D = (-9)^2 - q$

$D = 81 - q$

- $D > 0$ für $81 - q > 0 \quad | + q$
  $81 > q$
- $D = 0$ für $81 - q = 0 \quad | + q$
  $81 = q$
- $D < 0$ für $81 - q < 0 \quad | + q$
  $81 < q$

Überprüfe wann der Wert der Diskriminante größer, gleich bzw. kleiner als 0 ist.

Für $q < 81$ gibt es zwei Lösungen, für $q = 81$ gibt es genau eine Lösung und für $q > 81$ gibt es keine Lösung.

Aufgaben

102 Wie viele Lösungen hat die Gleichung? Begründe.

a) $x^2+10x+40=0$
b) $x^2+4x+4=0$
c) $x^2+7x-4=0$
d) $x^2-16x+64=0$

103 Gib für die Gleichung $x^2+6x+q=0$ den Bereich an, indem q liegen muss, sodass die Gleichung keine Lösung, genau eine Lösung bzw. zwei Lösungen hat. Begründe.

104 Welche Werte kann q in der Gleichung $x^2-8x-q=0$ annehmen, damit die Gleichung keine Lösung, genau eine Lösung bzw. zwei Lösungen hat? Begründe.

105 Die Kantenlängen eines Rechtecks haben als Maßzahlen zwei aufeinanderfolgende natürliche Zahlen. Der Flächeninhalt des Rechtecks beträgt 156 cm^2.
Berechne die Kantenlängen.

106 Verdoppelt man eine Zahl und addiert drei, erhält man eine zweite Zahl. Addiert man die Quadrate beider Zahlen, beträgt die Summe 194.
Wie heißen die Zahlen?

107 Die Länge eines rechteckigen Spielplatzes ist um 4,5 m länger als die Breite.
Die 243 m^2 große Spielfläche soll eingezäunt werden.
Wie viele Meter Zaun sind dafür erforderlich?

Fit für die Zentrale Prüfung?

108 Bestimme die Lösung der beiden Gleichungen.

a) $-(11x-13)+45-x=3(6-9x)+17x+10$
b) $8x+31-2(6-5x)=18(4-5x)+27x+28$

109 Addiere 9 zum Siebenfachen einer Zahl. Wenn du nun diese Summe mit 5 multiplizierst und vom Produkt 200 subtrahierst, so erhältst du den Quotienten aus dem Achtfachen der Zahl und 2.

110 Etwa 61 000 Fußballfans kommen zu den Heimspielen von Schalke 04. Dabei haben auf der Haupttribüne in etwa dreimal so viele Fans Platz wie im Gästeblock. Auf die restlichen Sitzplätze passen so viele Zuschauer wie auf die Haupttribüne und in den Gästeblock zusammen. Etwa 16 000 Schalker können das Spiel von Stehplätzen aus verfolgen.
Berechne die Anzahl der jeweiligen Plätze mit einer Gleichung.

111 Bestimme die gesuchten Zahlen.

a) Addiert man zum Quadrat einer Zahl das Sechsfache der Zahl, so erhält man 315.
b) Das Produkt zweier benachbarter Zahlen ist gleich dem Zehnfachen der kleineren Zahl.

4 Funktionaler Zusammenhang

Proportionale Zuordnungen

Merke

Proportionale Zuordnungen

Wenn bei einer Zuordnung zwischen zwei Größen gilt:

- das **Doppelte** der einen Größe → das **Doppelte** der anderen Größe
- das **Dreifache** der einen Größe → das **Dreifache** der anderen Größe
- das **Vierfache** der einen Größe → das **Vierfache** der anderen Größe

usw.

- die **Hälfte** der einen Größe → die **Hälfte** der anderen Größe
- ein **Drittel** der einen Größe → ein **Drittel** der anderen Größe
- ein **Viertel** der einen Größe → ein **Viertel** der anderen Größe

usw.

dann liegt eine **proportionale** Zuordnung vor.

Beispiel

Für 12 € bekommt man am Obststand 4,5 kg Apfelsinen.
Wie viele kg bekommt man für 8 €?

Lösung:

	Preis (€)	Menge (kg)	
: 12	12 €	4,5 kg	: 12
· 8	1 €	0,375 kg	· 8
	8 €	3 kg	

Für 8 € erhält man 3 kg.

Aufgaben

112 5 kg Kartoffeln kosten 4,50 €. Fülle die Tabelle aus.

Menge (kg)	1	2	3	4	5	6	7	8	9	10
Preis (€)					4,50					

113 Für drei Arbeitsstunden berechnet ein Elektromeister 127,50 €. Fülle die Tabelle aus.

Zeit (h)	1	2	3	4	5	6	7	8	9	10
Lohn (€)			127,50							

114 50 Pflastersteine kosten 75 €.

a) Wie viel kosten 420 Pflastersteine?

b) Wie viele Pflastersteine kann man für 1 794 € kaufen?

115 Sieben Schokoladenriegel kosten 3,15 €.
Berechne den Preis für fünf Schokoladenriegel der gleichen Sorte.

116 Fülle die Tabellen aus.

Stück	Preis (€)
4	
	4,50
15	6,75
	7,20
18	
	9,45

Menge (kg)	Preis (€)
5	
6	20,40
8	
	37,40
13	
	57,80

Liter	Preis (€)
15	
	11,25
30	37,50
	56,25
75	
	35,00

117 Vier Eintrittskarten für das Spiel Borussia Dortmund gegen Bayern München kosten 60 €. Wie viel kosten sieben Karten?

118 25 Kugeln Eis kosten 30 €.
a) Wie viel kosten 40 Kugeln Eis?
b) Wie viele Kugeln Eis bekommt man für 16,80 €?

119 Im Sonderangebot kosten vier CDs 23,96 €.
a) Anatol hat 42 €. Wie viele CDs kann er sich dafür kaufen?
b) Sabrina kauft drei CDs. Berechne den Kaufpreis.

120 Sonja und Heike füllen in einem Verbrauchermarkt Regale auf.
a) Vergangene Woche hat Sonja sieben Stunden gearbeitet und 61,25 € verdient. Diese Woche bekam sie 78,75 €. Wie viele Stunden hat sie diese Woche gearbeitet?
b) Heike hat letzte Woche fünf Stunden gearbeitet. Berechne ihren Verdienst.
c) Diese Woche hat Heike 56,88 € verdient. Wie viele Arbeitsstunden hat sie geleistet?

121 Ein Obstgeschäft hat nebenstehende Angebote.
a) Peter kauft 3,5 kg Bananen. Berechne, wie viel er bezahlen muss.
b) Wie viel kosten 4 kg Äpfel?
c) Simone kauft Erdbeeren für 8,91 €. Wie viele Erdbeeren hat sie bekommen?
d) Kemal bezahlt 4,25 € für 1,5 kg Bananen und 700 g Erdbeeren. Überprüfe, ob der Preis korrekt ist.

122 Eine Bäckerei wirbt mit einem Angebot für Brezeln.
a) Es kommen 46 Kunden in die Bäckerei und kaufen jeweils eine Brezel. Wie hoch sind die Einnahmen?
b) Frau Müller kauft 8 Brezeln. Sie bezahlt 7,35 €. Prüfe den Betrag.
c) Wie viel Brezeln kann man für 12,80 € kaufen? Achte auch auf das Angebot.

Antiproportionale Zuordnungen

Merke

Antiproportionale Zuordnungen
Wenn bei einer Zuordnung zwischen zwei Größen gilt:
- das **Doppelte** der einen Größe → die **Hälfte** der anderen Größe
- das **Dreifache** der einen Größe → ein **Drittel** der anderen Größe
- das **Vierfache** der einen Größe → ein **Viertel** der anderen Größe

usw.
- die **Hälfte** der einen Größe → das **Doppelte** der anderen Größe
- ein **Drittel** der einen Größe → das **Dreifache** der anderen Größe
- ein **Viertel** der einen Größe → das **Vierfache** der anderen Größe

usw.
dann liegt eine **antiproportionale** Zuordnung vor.

Beispiel

Für die Erneuerung der Schulhausfassade benötigen sechs Maler zehn Tage. Die Firma kann nur vier Maler einsetzen. Wie lange dauern die Malerarbeiten nun?
Lösung:

	Arbeiter	Tage	
:6	6	10	·6
·4	1	60	:4
	4	15	

oder:
6 Arbeiter · 10 Tage = 60 Arbeitstage (Gesamtgröße)
1 Arbeiter braucht 60 Tage.
4 Arbeiter brauchen 60 : 4 = 15 Tage.

Aufgaben

123 Berechne zuerst die Gesamtgröße. Berechne dann die fehlenden Werte in den Tabellen.

a) Zur Aufschüttung eines Lärmschutzwalls benötigen drei Radlader zwölf Arbeitstage.

Radlader	1	2	3	4	9	12	18	36
Tage			12					

b) Acht Bagger heben einen Teilabschnitt eines Kanals in 30 Tagen aus.

Bagger	4	10	12	24	6					
Tage						6	24	12	10	8

c) Zwölf Planierraupen ebnen ein Gelände für eine neue Startbahn in 30 Tagen ein.

Raupen	5		20		30		9		8	
Tage		15		10		18		12		36

124 Zur Umgestaltung einer Parkanlage brauchen drei Gärtner acht Tage.

a) Wie lange brauchen zwei Gärtner?

b) Die Arbeiten sollen nach sechs Tagen abgeschlossen sein.
Wie viele Gärtner müssen eingesetzt werden?

125 Berechne die fehlenden Werte. Es handelt sich um antiproportionale Zuordnungen.

Anzahl der Lkw	Fahrten je Lkw
6	15
	45
9	
	30
5	

Täglicher Ölverbrauch (ℓ)	Anzahl der Tage
40	75
30	
	60
20	
	120

Anzahl der Raten	Höhe je Rate (€)
36	180
24	
	540
20	
	216

126 Ein Futtervorrat für 24 Pferde reicht 25 Tage.
a) Wie lange reicht der Futtervorrat für 30 Pferde?
b) Für wie viele Pferde reicht der Futtervorrat 40 Tage?

127 Um das Spielzimmer aufzuräumen, brauchen Lisa und ihre Schwester zwei Stunden.
Wie lange brauchen sie, wenn ihnen ihr Cousin hilft?

128 Drei Bagger ziehen einen Graben in 60 Stunden.
In welcher Zeit verrichten fünf Bagger die Arbeit?

129 Wenn Anja im Urlaub täglich 7,50 € von ihrem Taschengeld ausgibt, reicht es für 14 Tage.
Das Taschengeld ist allerdings bereits nach 10 Tagen ausgegeben.
Berechne, wie viel Geld Anja täglich im Durchschnitt ausgegeben hat.

130 Sabine und Heike wollen gemeinsam im Urlaub drei Wochen lang zelten. Sie wissen von einem früheren Urlaub, dass das Gas im Campingkocher 14 Tage ausreicht, wenn sie den Campingkocher jeden Tag 2,5 Stunden brennen lassen.
Sie überlegen, wie viele Stunden und Minuten sie den Campingkocher jeden Tag benutzen können, damit das Gas für die gesamten drei Wochen ausreicht.

131 Damit das Frauenregionalligaspiel FC Gütersloh gegen SC Fortuna Köln angepfiffen werden kann, muss zuerst das Feld vom Schnee befreit werden. Die neun Arbeiter, die den Schnee räumen, versprechen, in vier Stunden fertig zu sein. Nico und seine zwei Freunde, die zum Zuschauen kommen möchten, überlegen:
Wann wäre die Spielfläche frei, wenn sie mithelfen würden?

132 In einem Wohnhaus werden im Winter täglich 60 Liter Heizöl verbraucht. Bei diesem Verbrauch reicht der Vorrat für 140 Tage.
a) Wie lange reicht der Vorrat, wenn täglich 75 Liter verbraucht werden?
b) Wie viele Liter dürfen täglich verbraucht werden, wenn der Vorrat 150 Tage reichen soll?

133 Eine Bootsfahrt auf dem Rhein kostet bei 28 Schülern für jeden 2,50 €.
a) Es nehmen nur 20 Schüler an der Bootsfahrt teil.
Wie viel muss jeder bezahlen, wenn der Gesamtpreis gleich bleibt?
b) Die Schüler der Klasse 10b bezahlen 2,80 € pro Person.
Wie viel Schüler nehmen an der Fahrt teil?

Lineare Funktionen

Merke

Lineare Funktion

- Eine **lineare Funktion** hat die **Funktionsgleichung** $\mathbf{y = mx + t}$.
  Der Graph einer linearen Funktion ist eine **Gerade**.
- Die **Steigung m** gibt an, ob die Gerade steigt oder fällt:
  Für $\mathbf{m > 0}$ **steigt** die Gerade von links nach rechts.
  Für $\mathbf{m = 0}$ ist die Gerade eine **Parallele zur x-Achse**.
  Für $\mathbf{m < 0}$ **fällt** die Gerade von links nach rechts.
- Der **y-Abschnitt t** besagt, dass die Gerade die y-Achse bei $y = t$ schneidet.

Beispiel

Ordne den Graphen jeweils die richtige Funktionsgleichung zu.

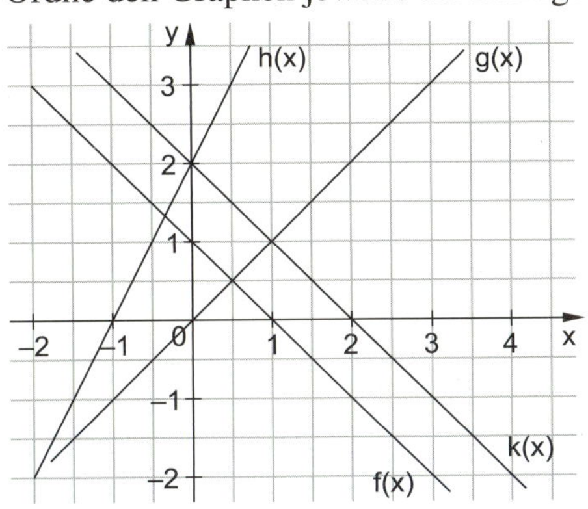

I $y = 2x + 2$
II $y = x$
III $y = -x + 2$
IV $y = -x + 1$

Lösung:

$f(x) = -x + 1$	IV	Der Graph fällt. $\Rightarrow$ $m < 0$ Schnittpunkt mit der y-Achse bei 1 $\Rightarrow$ $t = 1$
$g(x) = x$	II	Der Graph steigt. $\Rightarrow$ $m > 0$ Die Gerade verläuft durch den Ursprung. $\Rightarrow$ $t = 0$
$h(x) = 2x + 2$	I	Der Graph steigt. $\Rightarrow$ $m > 0$ Schnittpunkt mit der y-Achse bei 2 $\Rightarrow$ $t = 2$
$k(x) = -x + 2$	III	Der Graph fällt. $\Rightarrow$ $m < 0$ Schnittpunkt mit der y-Achse bei 2 $\Rightarrow$ $t = 2$

Merke

Graph einer linearen Funktion

Du kannst den Graphen einer linearen Funktion entweder mithilfe einer **Wertetabelle** oder mithilfe der Steigung $m = \frac{\Delta y}{\Delta x}$ über ein **Steigungsdreieck** zeichnen.

Beispiel

Zeichne die Graphen mit den Funktionsgleichungen $y = -2x + 3$ und $y = \frac{1}{4}x$.

Lösung:

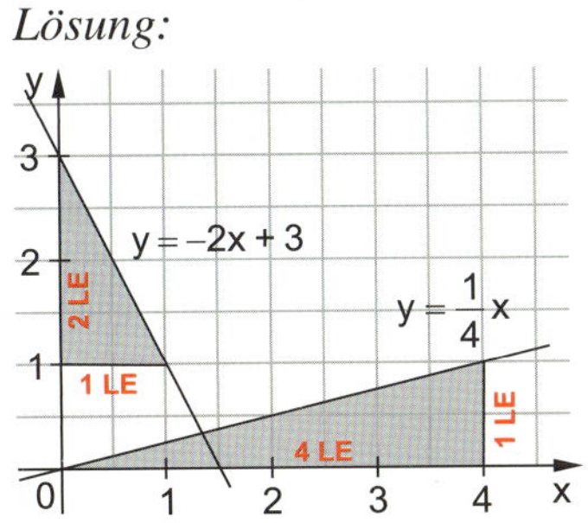

Funktion	**t**	**m**	**Steigungs-dreieck**	**LE**
$y = -2x + 3$	3	–2	$m = \frac{\Delta y}{\Delta x} = \frac{-2}{1}$	2 LE nach unten 1 LE nach rechts
$y = \frac{1}{4}x$	0	$\frac{1}{4}$	$m = \frac{\Delta y}{\Delta x} = \frac{1}{4}$	1 LE nach oben 4 LE nach rechts

Merke

Steigung einer linearen Funktion

- Bei zwei gegebenen Punkten $A(x_A | y_A)$ und $B(x_B | y_B)$ lässt sich die Steigung m einer Geraden durch die beiden Punkte folgendermaßen **berechnen:** $m = \frac{y_B - y_A}{x_B - x_A}$
- Die Graphen zweier linearer Funktionen, die die gleich Steigung m haben, sind **parallel** zueinander.

Beispiel

Bestimme die Funktionsgleichung der Geraden, die durch die Punkte $A(0 | -2)$ und $B(3 | 4)$ geht.

Lösung:

$A(\overset{x_A}{0} | \overset{y_A}{-2});\ B(\overset{x_B}{3} | \overset{y_B}{4})$ — Beschrifte die Koordinaten zur besseren Übersicht.

$m = \frac{y_B - y_A}{x_B - x_A} = \frac{4-(-2)}{3-0} = \frac{6}{3} = 2$ — Setze die Werte in die Formel ein. Achte dabei auf die Vorzeichen.

$4 = 2 \cdot 3 + t$
$4 = 6 + t \quad | -6$
$t = -2$

Setze die berechnete Steigung m und die Koordinaten von einem der beiden Punkte (hier: B) in die Geradengleichung $y = mx + t$ ein, um t zu berechnen.
Alternativ kann hier t auch direkt aus dem Punkt A abgelesen werden, da A auf der y-Achse liegt.

$y = 2x - 2$ — Stelle die Gleichung auf.

Aufgaben

134 Fülle die Tabelle aus (wie im Beispiel vorne) und zeichne zu jeder Funktion den Graphen.

	Funktion	t	m	Steigungs-dreieck	LE
a)	$y = -\frac{1}{3}x + 5$				
b)	$y = 2x - 4$				
c)		4	$\frac{1}{4}$		
d)		–2	–3		
e)	$y = 3x - 2{,}5$				

135 Bestimme die Punkte der Funktion f: $y = 2x + 4$ mithilfe der Wertetabelle und zeichne den Graphen.

x	–2	–1	0	1	2
y					

136 Zeichne zu jedem Graphen jeweils ein Steigungsdreieck ein und bestimme die Funktion.

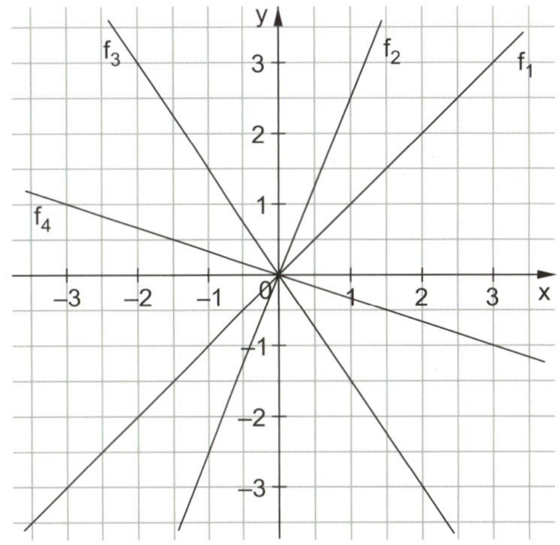

f_1: y = ______________

f_2: y = ______________

f_3: y = ______________

f_4: y = ______________

137 Welche Funktionsgleichung passt zum abgebildeten Graphen?
Kreuze an und begründe, warum es keine der anderen Gleichungen sein kann.

☐ $y=-3x+1$ ☐ $y=x+3$

☐ $y=-\frac{1}{3}x+1$ ☐ $y=x-\frac{1}{3}$

☐ $y=\frac{1}{3}x+1$ ☐ $y=3x+1$

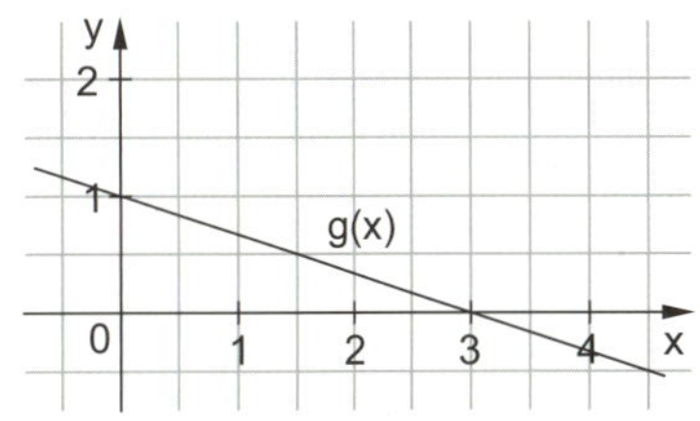

138 Lege ein Koordinatensystem an und zeichne durch folgende Punkte jeweils eine Gerade. Bestimme die Steigungen und anschließend die dazugehörigen Funktionsgleichungen.

a) A(–1|–4,5); B(2|0) b) C(–1|3); D(1|–3)

139 Überprüfe rechnerisch, ob der Punkt jeweils auf dem Graphen der Funktion liegt.

a) f: $y=2x-3$; P(–2|–7) b) g: $y=-\frac{3}{2}x+3$; Q(2|–1)

140 Ordne jeder Funktionsgleichung den entsprechenden Graphen aus der Abbildung auf der rechten Seite zu.

a) $y=-\frac{1}{3}x+1$

b) $y=\frac{3}{4}x-3$

c) $y=\frac{1}{6}x+3,5$

d) $y=-\frac{1}{2}x-4$

e) $y=-x+3$

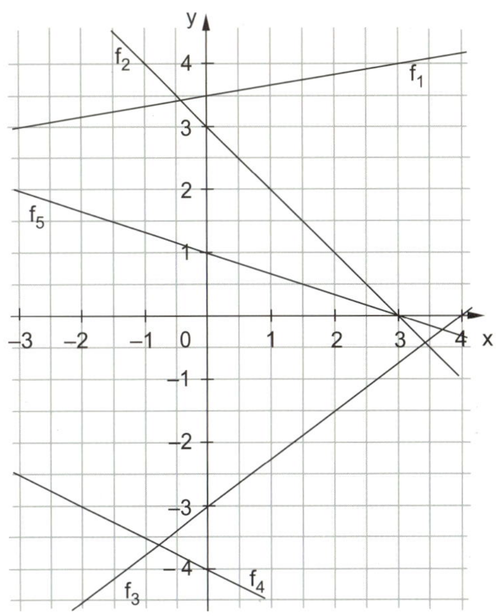

141 Gegeben ist die Funktion f: $y=2,5x+6$.

a) Bestimme die Schnittpunkte des Graphen mit der x- und der y-Achse.

b) Lege ein Achsenkreuz an und zeichne die Gerade.

142 Zeichne die Geraden in ein Achsenkreuz ein und gib die Funktionsgleichungen an.

a) $m = \frac{1}{4}$; $P_1(5|2)$

b) $m = -\frac{2}{3}$; $P_2(6|2)$

c) $m = -2$; $P_3(0|2)$

d) $m = 3$; $P_4(-0{,}5|-0{,}5)$

143 Bestimme jeweils die Funktionsgleichung der Geraden, die durch die beiden angegebenen Punkte verläuft.

a) $A(-4|-2)$; $B(6|8)$

b) $A(2|-2)$; $B(8|6)$

144 Ein Sendemast ist mit zwei Seilen befestigt (siehe Abbildung). Die Lage von Seil 1 kann durch die Funktionsgleichung $f(x) = -0{,}5x + 5$ beschrieben werden.

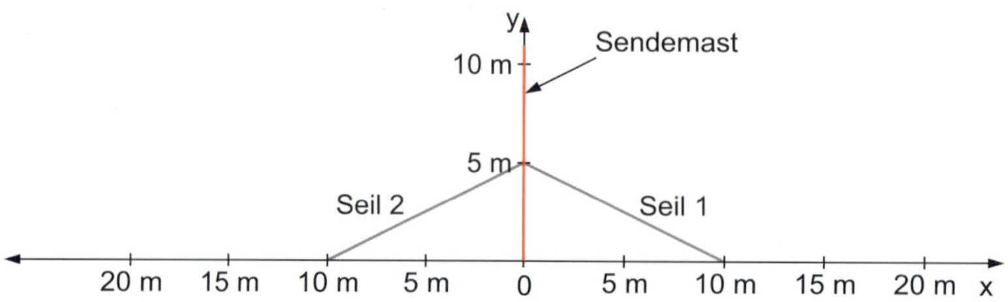

a) Bestimme die Funktionsgleichung zu Seil 2.

b) In 10 m Höhe werden zwei zusätzliche Halteseile angebracht. Seil 3 verläuft parallel zu Seil 1 und Seil 4 parallel zu Seil 2. Zeichne die Seile ein und gib an, wie weit entfernt vom Sendemast sie am Boden befestigt werden müssen.

c) Ordne den beiden neuen Seilen jeweils eine passende Funktionsgleichung zu. Begründe deine Wahl.

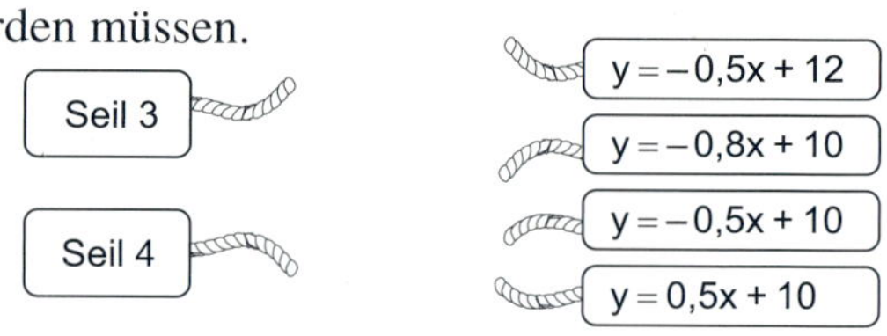

145 Ein Öltank enthält noch 500 Liter Öl. Ein Tankwagen der Firma Roth-Öl pumpt 3 000 Liter Öl nach. Dabei fließen pro Minute 250 Liter in den Tank.

a) Mit welchem der folgenden Terme könnte man die Ölmenge, die sich im Tank befindet, berechnen? Kreuze an und erkläre, wofür die Variablen x und y stehen.

☐ $y = 250 \cdot x$ ☐ $y = 500 + 250 \cdot x$ ☐ $y = 500 \cdot x + 250$ ☐ $y = 500 \cdot x$

b) Zeichne den dazugehörigen Graphen. (x-Achse: 1 cm ≙ 2 min, y-Achse: 1 cm ≙ 500 ℓ)

146 Betrachte folgende Preistabelle des Taxiunternehmens Müller in Düsseldorf.

	Wochentag	Preis pro km	Grundpreis
Tarif 1	Mo – Fr	0,80 €	4,00 €
Tarif 2	Sa	1,20 €	2,00 €
Tarif 3	So	1,30 €	3,50 €

a) Stelle für alle drei Tarife eine passende Funktionsgleichung auf, um den Preis (y) für x Kilometer zu berechnen.

b) Zeichne die dazugehörigen Graphen in ein Koordinatensystem.

c) Jürgen fährt am Samstag und Sonntag jeweils 18 Kilometer. Wie viel muss er an den beiden Tagen bezahlen?

d) Maria zahlt für eine Taxifahrt am Dienstag zwölf Euro. Wie weit ist sie gefahren?

e) Ab wie vielen gefahrenen Kilometer bezahlt man am Samstag mehr als unter der Woche? Lies aus dem Koordinatensystem ab.

Lineare Gleichungssysteme

Merke

Lineares Gleichungssystem

Ein lineares Gleichungssystem mit den **zwei Unbekannten x und y** besteht aus **zwei Funktionsgleichungen**:

I $y = m_1x + t_1$
II $y = m_2x + t_2$

Zur **Lösung** eines solchen Gleichungssystems kannst du eines der folgenden drei rechnerischen Verfahren nutzen, die prinzipiell bei jedem Gleichungssystem zum Ziel führen.

- **Einsetzungsverfahren:** Löse eine Gleichung nach einer Variablen auf. Setze den Ausdruck für diese Variable in die andere Gleichung ein.
- **Gleichsetzungsverfahren:** Löse beide Gleichungen nach derselben Variablen auf. Setze dann die beiden erhaltenen Terme gleich.
- **Additionsverfahren:** Forme beide Gleichungen so um, dass bei der anschließenden Addition der beiden Gleichungen eine der beiden Variablen wegfällt.

Beispiel

Löse das lineare Gleichungssystem mit einem rechnerischen Lösungsverfahren.

I $x + y = 10$
II $2x + 4y = 28$

Lösung:

Einsetzungsverfahren

I $x + y = 10$
$y = 10 - x$

Löse die Gleichung I nach y auf.

in II
$2x + 4(\mathbf{10 - x}) = 28$
$2x + 40 - 4x = 28$
$-2x + 40 = 28$
$-2x = -12$
$x = 6$

Setze den Term für die Variable y aus Gleichung I in Gleichung II ein. Setze dabei Klammern.

Löse dann nach x auf.

in I
$y = 10 - \mathbf{6}$
$y = 4$

Setze das Ergebnis für x in eine der beiden Gleichungen (hier: die umgeformte Gleichung I) ein und berechne y.

Gleichsetzungsverfahren

I $x + y = 10$
$x = 10 - y$

II $2x + 4y = 28$
$2x = 28 - 4y$
$x = 14 - 2y$

Löse beide Gleichungen nach x auf.

I = II
$10 - y = 14 - 2y$
$10 + y = 14$
$y = 4$

Setze die Terme gleich und berechne y.

in I
$x = 10 - \mathbf{4}$
$x = 6$

Setze das Ergebnis für y in eine der beiden Gleichungen (hier: die umgeformte Gleichung I) ein und berechne x.

Additionsverfahren

I $x + y = 10$
$-2x - 2y = -20$

Multipliziere die Gleichung I mit –2, damit in beiden Gleichungen vor der Variable x der gleiche Faktor, aber mit unterschiedlichem Vorzeichen, steht.

II $2x + 4y = 28$

I + II
$-2x - 2y + (2x + 4y) = -20 + 28$
$2y = 8$
$y = 4$

Addiere die beiden Gleichungen auf der rechten und auf der linken Seite. Die Variable x fällt weg.
Löse die Gleichung nun nach y auf.

in I
$x + 4 = 10$
$x = 6$

Setze das Ergebnis für y in eine der beiden Gleichungen (hier: Gleichung I) ein und berechne x.

Aufgaben

147 Löse die Gleichungssysteme durch das Einsetzungsverfahren. Vergiss die Probe nicht.

a) I $2x + y = 12$
II $y = -3 + x$

b) I $y = 4 - x$
II $2x + y = 4$

148 Wende das Additionsverfahren an und mache anschließend die Probe.

a) I $4x + 2y = 22$
II $6x - 2y = 3$

b) I $12x - 8y = 104$
II $3x + 8y = 76$

149 Löse die Gleichungssysteme durch das Gleichsetzungsverfahren. Mache auch die Probe.

a) I $y = 6x + 18$
II $y = 10x + 14$

b) I $y = 12x + 10$
II $y = 6x + 34$

150 Bestimme die Lösungen rechnerisch. Wähle jeweils ein vorteilhaftes Verfahren.

a) I $x = 2 + 8y$
II $x + 4y = 8$

b) I $y = 35x - 5$
II $y = 5x + 55$

TIPP

Du kannst ein lineares Gleichungssystem auch **grafisch lösen**. Dazu musst du die zwei Geraden, die den Funktionsgleichungen entsprechen, in ein Koordinatensystem eintragen. Die **Koordinaten des Schnittpunktes** bilden die Lösung des Gleichungssystems. **Umgekehrt** können die Koordinaten eines Schnittpunktes zweier Funktionen mithilfe eines linearen Gleichungssystems **berechnet** werden.

Beispiele

1. Bestimme die Lösung des Gleichungssystems grafisch. Vergiss die Probe nicht.

I $y = -\frac{1}{4}x + 3$

II $y = x - 2$

Lösung:

Schnittpunkt bei $S(4|2)$

$\Rightarrow\ x = 4;\ y = 2$

Probe:

I $2 = -\frac{1}{4} \cdot 4 + 3$
$2 = 2$ (wahr)

II $2 = 4 - 2$
$2 = 2$ (wahr)

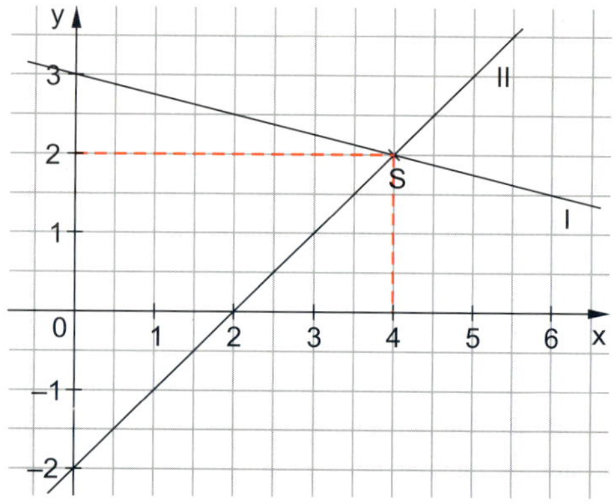

2. Löse folgendes lineares Gleichungssystem grafisch.

I $y = x - 0{,}5$
II $y = x + 1$

Lösung:
Die Geraden sind parallel und haben keinen Schnittpunkt. Es gibt keine Lösung für dieses Gleichungssystem.

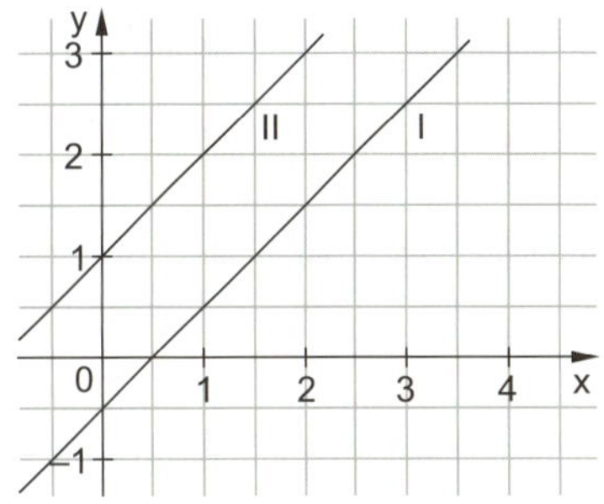

Aufgaben

151 Gegeben sind folgende Funktionen. Ermittle zeichnerisch den Schnittpunkt der Graphen und gib die Lösung an. Mache auch die Probe.

a) g_1: $y = -x + 3$; g_2: $y = \frac{3}{2}x - 2$

b) g_1: $y = -3x + 3$; g_2: $y = -3 - 1{,}5$

c) g_1: $y = 3x - 3$; g_2: $y = 3x + 1$

d) g_1: $y = -x + 1$; g_2: $y = -\frac{1}{2}x + 2{,}5$

152 Löse die Gleichungssysteme zeichnerisch. Wandle die Gleichungen dazu zuerst in die Normalform $y = mx + t$ um.

a) I $x - 2y = 2$
II $x - 2y = 4$

b) I $y + x = 4$
II $3y - x = -6$

153 Bestimme jeweils den Schnittpunkt der Geraden mit den folgenden Funktionsgleichungen rechnerisch.

a) g_1: $y = -x + 4$; g_2: $y = 2x - 2$

b) g_1: $y = \frac{1}{2}x - 1$; g_2: $y = -\frac{1}{6}x + 4$

154 Bestimme die gesuchten Zahlen mithilfe eines linearen Gleichungssystems. Wähle ein geeignetes Lösungsverfahren.

a) Die Summe zweier Zahlen beträgt 35, ihre Differenz ist 17.
b) Die Summe zweier Zahlen ergibt –1. Die Differenz beider Zahlen ist 7.
c) Die Summe zweier Zahlen ist 49, ihr Quotient ist 6.

155 Axel wird von einem Arbeitskollegen nach den Eintrittspreisen für Erwachsene und Kinder im Tierpark gefragt. Er kann sich nur noch an folgende Situationen erinnern: „Einmal war ich mit meiner Frau, meiner Tochter und meinem Sohn dort und musste 15 € Eintritt bezahlen. Das andere Mal war ich mit meinem Bruder, dessen Frau und dessen zwei Kindern im Tierpark und musste 20 € bezahlen.“
Löse mithilfe eines linearen Gleichungssystems.

156 Svenja möchte gerne das Alter ihres Lehrers wissen. Er stellt ihr folgendes Rätsel: „Ich bin heute dreimal so alt wie meine Tochter Ella. In acht Jahren bin ich 24 Jahre älter als sie.“ Wie alt ist Svenjas Lehrer? Löse mithilfe eines linearen Gleichungssystems.

Weg-Zeit-Diagramme

Merke

Weg-Zeit-Diagramm
Aus einem Weg-Zeit-Diagramm kannst du die benötigte **Zeit**, die zurückgelegte **Strecke** und die **Geschwindigkeit** ablesen.

Beispiel

Betrachte das nebenstehende Weg-Zeit-Diagramm.

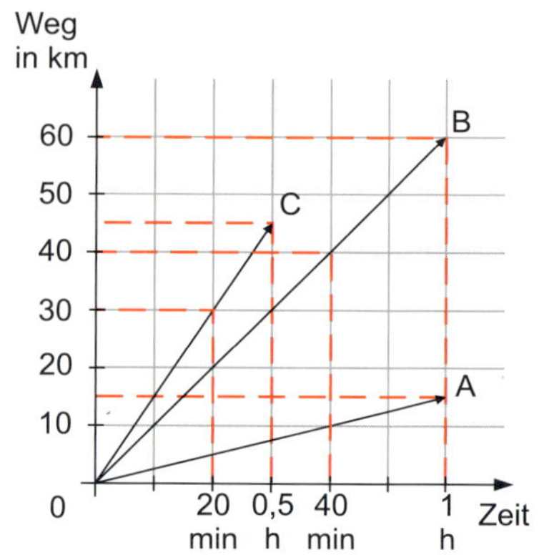

a) Welche Strecke legt Fahrzeug C in 20 Minuten zurück?
Lösung:
Fahrzeug C legt in 20 Minuten 30 km zurück.

b) Wie lange braucht Fahrzeug B für eine Strecke von 40 km?
Lösung:
Fahrzeug B braucht für 40 km 40 Minuten.

c) Mit welcher Geschwindigkeit fahren die Fahrzeuge jeweils?
Lösung:
Fahrzeug A legt in einer Stunde 15 km zurück. Die Geschwindigkeit beträgt $15\,\frac{\text{km}}{\text{h}}$.
Fahrzeug B legt in einer Stunde 60 km zurück. Die Geschwindigkeit beträgt $60\,\frac{\text{km}}{\text{h}}$.
Fahrzeug C legt in 0,5 Stunden 45 km zurück, in einer Stunde als 90 km.
Die Geschwindigkeit beträgt $90\,\frac{\text{km}}{\text{h}}$.

Aufgaben

157

Welche Geschichte passt zu diesem Diagramm?

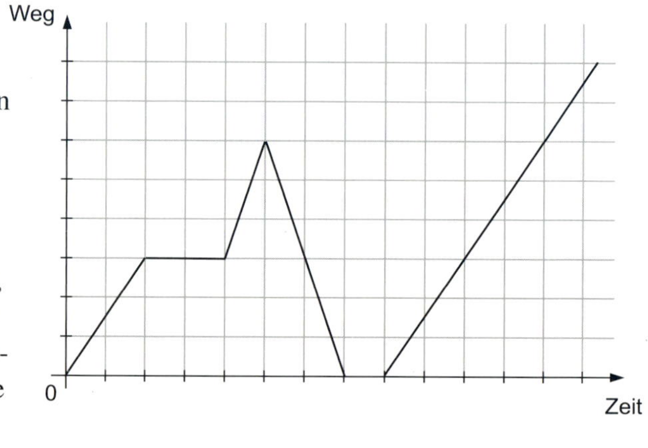

a) Sabine macht sich zu Fuß auf den Weg zu ihrer Freundin Petra. An der Ampel trifft sie Manuel und bleibt kurz stehen, um sich zu unterhalten. Nachdem Sabine weitergegangen ist, stellt sie fest, dass sie ihr Handy an der Ampel verloren hat. Schnell rennt sie zurück und kann nach kurzer Suche den Spaziergang zu Petra fortsetzen.

b) Sabine macht sich zu Fuß auf den Weg zu ihrer Freundin Petra. An der Ampel trifft sie Manuel und bleibt kurz stehen, um sich zu unterhalten. Da Sabine jetzt schon spät dran ist, rennt sie los, stellt aber nach kurzer Zeit fest, dass sie ihr Handy zu Hause vergessen hat. Schnell läuft sie zurück und kann sich nach kurzer Suche erneut auf den Weg zu Petra machen.

c) Sabine macht sich zu Fuß auf den Weg zu ihrer Freundin Petra, die auf einem Hügel wohnt. Zuerst muss sie dazu ein Stück bergauf gehen bevor der Weg eben verläuft. Nach einer weiteren Steigung geht es zunächst steil bergab. Es folgt ein kurzes Stück im Tal. Das letzte lange Stück geht es wieder bergauf.

158 Beantworte folgende Fragen zu nebenstehendem Diagramm.

a) Welche Fahrzeuge fahren im gleichen Ort ab?
b) Wie viele Minuten nach C fährt A ab?
c) Gib die Geschwindigkeiten der Fahrzeuge an.
d) Welche Strecke legen die Fahrzeuge jeweils zurück?
e) Nach welcher Zeit hat B 40 km zurückgelegt?
f) Wie weit ist B von C 15 Minuten nach der Abfahrt entfernt?

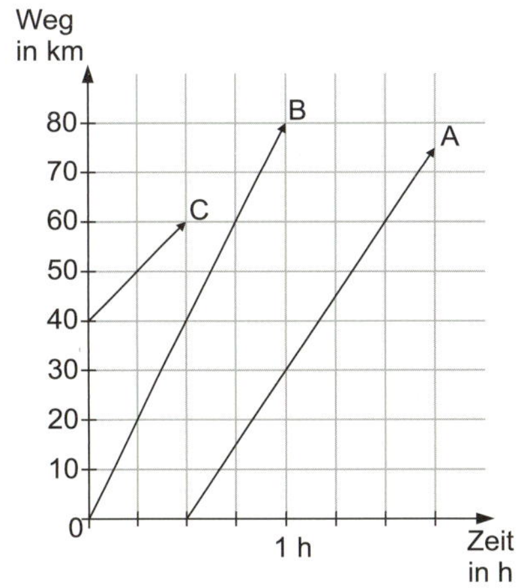

159 Kurt bricht um 8.00 Uhr zu einer Radtour zu seiner Großmutter auf. Er radelt zunächst 1,5 Stunden lang mit einer durchschnittlichen Geschwindigkeit von $20\,\frac{\text{km}}{\text{h}}$. Dann legt er eine Pause von 30 Minuten ein und fährt anschließend mit einer Durchschnittsgeschwindigkeit von $15\,\frac{\text{km}}{\text{h}}$ weiter.

a) Zeichne der Verlauf der Radtour in ein Koordinatensystem:
Zeitachse: 4 cm ≙ 1 h Wegachse: 1 cm ≙ 10 km
b) Kurts Mutter bemerkt, dass er das Geschenk für seine Großmutter vergessen hat, und folgt ihm deshalb um 10.00 Uhr mit dem Auto. Sie kann mit einer durchschnittlichen Geschwindigkeit von $45\,\frac{\text{km}}{\text{h}}$ fahren. Um wie viel Uhr holt die Mutter ihren Sohn ein?
c) Wie viele Kilometer von zu Hause entfernt liegt der Einholort?

160 Beantworte zu diesem Diagramm folgende Fragen:

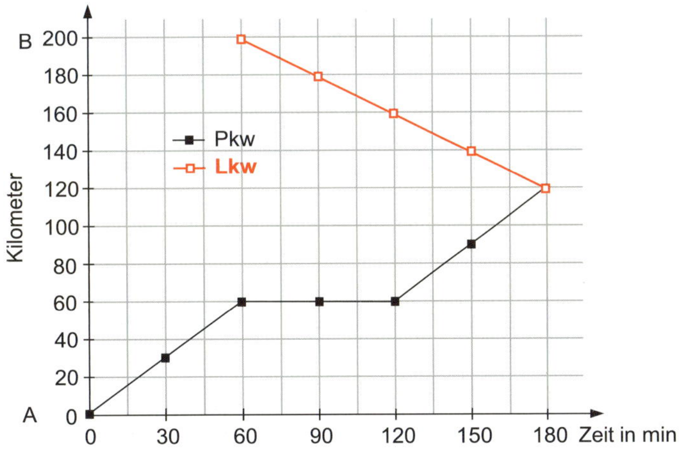

a) Der Pkw verlässt Ort A um 15.00 Uhr. Nach einer Stunde Fahrzeit hat er eine Panne.
– Gib seine Geschwindigkeit vor der Panne an.
– Um wie viel Uhr fährt der Pkw wieder weiter?
– Mit welcher Geschwindigkeit fährt der Pkw nach dem Aufenthalt weiter?

b) Der Lkw startet in Ort B und fährt dem Pkw entgegen.
– Um wie viel Uhr fährt der Lkw ab?
– Mit welcher Geschwindigkeit fährt der Lkw?
– Um wie viel Uhr begegnen sich Pkw und Lkw?
– Wie viele Kilometer von Ort B entfernt begegnen sich Lkw und Pkw?

Quadratische Funktionen

Merke

Quadratische Funktionen

- Funktionen mit der Funktionsgleichung $\mathbf{y = ax^2 + bx + c}$ heißen (wegen des quadratischen Terms ax^2) **quadratische Funktionen**.
- Den (symmetrischen) Graphen einer quadratischen Funktion nennt man **Parabel**.
- Die einfachste Form einer quadratischen Funktion lautet **f:** $\mathbf{y = x^2}$. Der Graph dieser Funktion ist eine **Normalparabel** und hat den **Scheitelpunkt** $\mathbf{S(0\,|\,0)}$ im Ursprung.

Beispiel

Zeichne die Parabel der Funktion f: $y = x^2$.

Lösung:

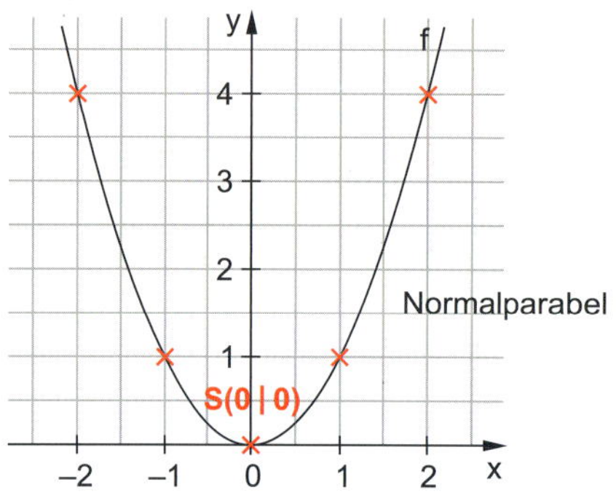

Wertetabelle:

x	–2	–1	0	1	2
y	4	1	0	1	4

Die Parabel ist nach oben geöffnet.

Aufgabe 161

Trage folgende Punkte in die Parabel des Beispiels ein.

a) $P_1(1{,}5\,|\,2{,}25)$

b) $P_2(-1{,}5\,|\,2{,}25)$

Merke

Quadratische Funktionen der Form f: $\mathbf{y = ax^2}$

- Die Graphen der Funktionen f: $y = ax^2$ sind Parabeln mit dem Scheitel $\mathbf{S(0\,|\,0)}$, die durch **Streckung** ($a > 1$ oder $a < -1$) oder **Stauchung** ($-1 < a < 1$) aus der **Normalparabel** entstehen.
- Für **negative Werte von a** ist die Parabel an der **x-Achse gespiegelt** und somit **nach unten geöffnet**.

Beispiele

1. Zeichne die gestreckte Parabel der Funktion g: $y = 3x^2$.

   Lösung:

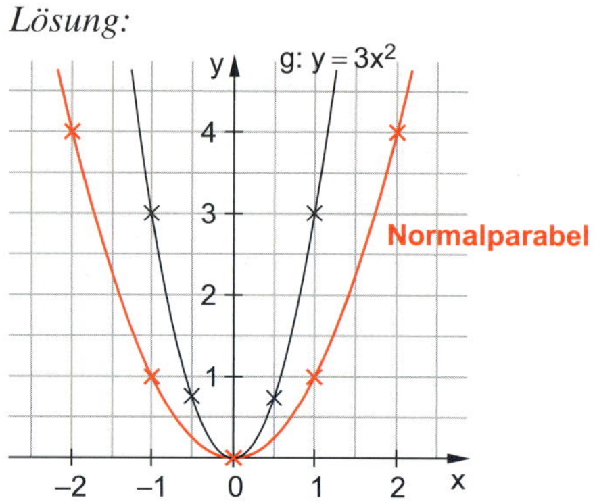

$a > 1$

Die Parabel verengt sich.

Wertetabelle:

x	–1	–0,5	0	0,5	1
y	3	0,75	0	0,75	3

2. Zeichne die gestauchte Parabel der Funktion h: $y = 0{,}3x^2$.
Lösung:

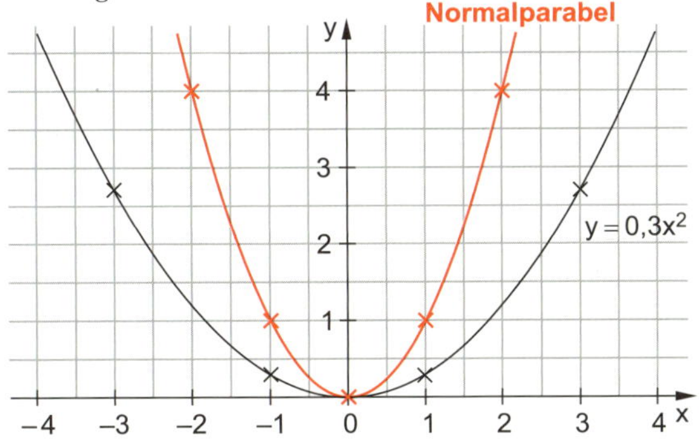

$a < 1$
Die Parabel öffnet sich.

Wertetabelle:

x	–3	–1	0	1	3
y	2,7	0,3	0	0,3	2,7

Aufgaben

162

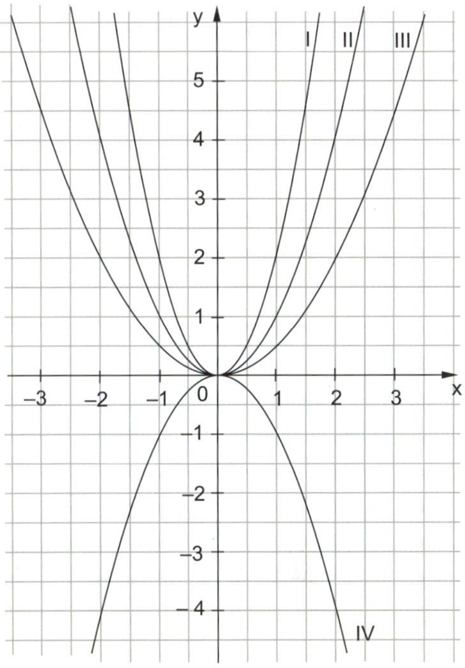

a) Entscheide für jede Parabel, ob sie gestreckt, gespiegelt oder gestaucht ist.

b) Ordne den Funktionsgleichungen jeweils die entsprechende Parabel zu.

☐ $y = x^2$ ☐ $y = -x^2$

☐ $y = 2x^2$ ☐ $y = 0{,}5x^2$

c) Zeichne folgende Koordinatenpunkte ein:
A(–1 | 2); A'(1 | 2); B(–1,5 | 4,5); B'(1,5 | 4,5)
Auf welcher Parabel liegen die Punkte?

d) Berechne jeweils die y-Werte und zeichne die Graphen in das Koordinatensystem ein.

x	–2	–1	0	1	2
$y = -2x^2$					
$y = -0{,}5x^2$					

163 Lege eine Wertetabelle an und zeichne die Graphen der folgenden Funktionen in ein Koordinatensystem.

a) f: $y = 1{,}5x^2$
b) g: $y = -1{,}5x^2$
c) h: $y = 3x^2$
d) k: $y = -3x^2$

164 Welchen Wert muss a jeweils annehmen, damit die Punkte auf einer Parabel der Form $y = ax^2$ liegen?

a) A(–1 | 2)
b) B(3 | 6)
c) C(2 | –4)
d) D(3 | –13,5)

165 Ordne jeder Funktionsgleichung den richtigen Buchstaben zu.

☐ $y = 0{,}02x^2$ ☐ $y = -1{,}75x^2$ ☐ $y = 2{,}5x^2$ ☐ $y = -0{,}025x^2$

A gestreckt, oben offen	**B** gestaucht, unten offen	**C** gestreckt, unten offen	**D** gestaucht, oben offen

Merke

Quadratische Funktionen der Form f: $y = ax^2 + n$

- Die Graphen der Funktion f: $y = ax^2 + n$ erhält man, indem man die Parabel der Funktion $y = ax^2$ **längs der y-Achse um n** verschiebt.
- Der Scheitelpunkt dieser Graphen liegt bei **S(0 | n)**.

Beispiel

Zeichne die Graphen der Funktionen g: $y = -2x^2 + 4$ und h: $y = x^2 - 3$.

Lösung:

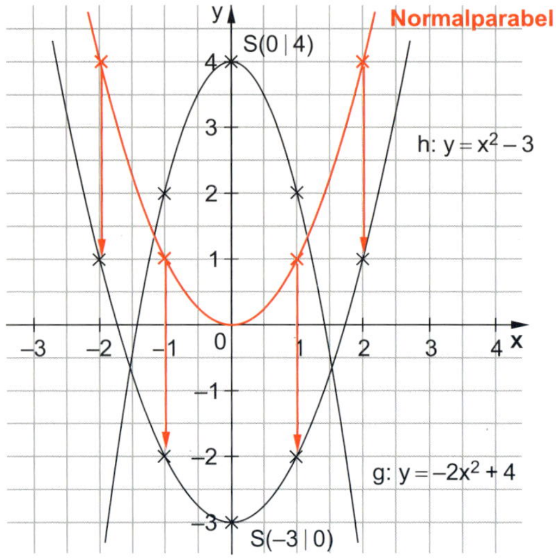

Funktion	Scheitelpunkt	a	Form
g: $y = -2x^2 + 4$	S(0 | 4)	–2	gestreckt, nach unten geöffnet
h: $y = x^2 - 3$	S(0 | –3)	1	Normalparabel

Aufgaben

166 Ergänze die Tabelle.

	Funktion	Scheitelpunkt	a	Form
a)	$y = 0{,}5x^2 + 4$			
b)	$y = -4x^2 + 7$			
c)		S(0 | –5)	–2	
d)		S(0 | –2,4)	0,4	

167 Zeichne die Graphen der Funktionen in ein Achsenkreuz. Erstelle dazu eine Wertetabelle.

a) $y = -x^2 + 3$
b) $y = 2x^2 - 3$
c) $y = -2x^2 + 5$
d) $y = -0{,}5x^2 + 2{,}5$

168 Die beiden Bilder zeigen Graphen von Funktionen der Form $y = ax^2 + n$.
Bestimme jeweils die Koeffizienten a und n und gib die Funktionsgleichung an.

a)

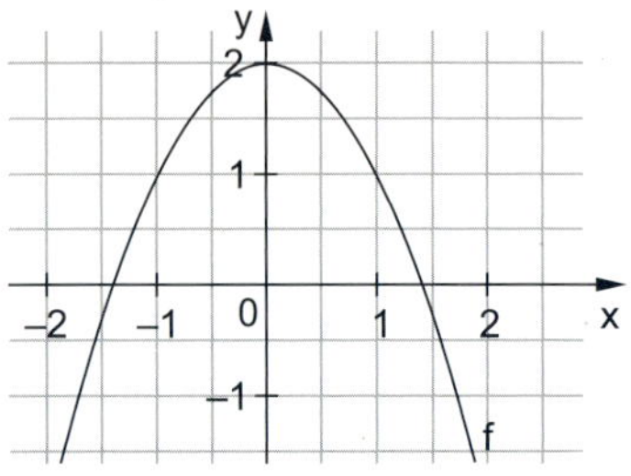

b)

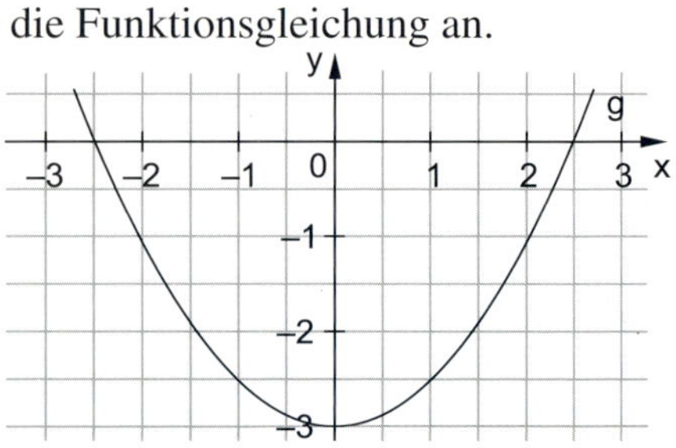

Merke

Quadratische Funktionen der Form f: $y = a(x - m)^2$

- Die Graphen der Funktion f: $y = a(x - m)^2$ erhält man, indem man die Parabel der Funktion $y = ax^2$ **längs der x-Achse um m** verschiebt.
- Der Scheitelpunkt dieser Graphen liegt bei **S(m | 0)**.

Beispiel

Zeichne die Graphen der Funktionen f: $y = (x - 1)^2$ und g: $y = -0{,}5(x + 0{,}5)^2$.

Lösung:

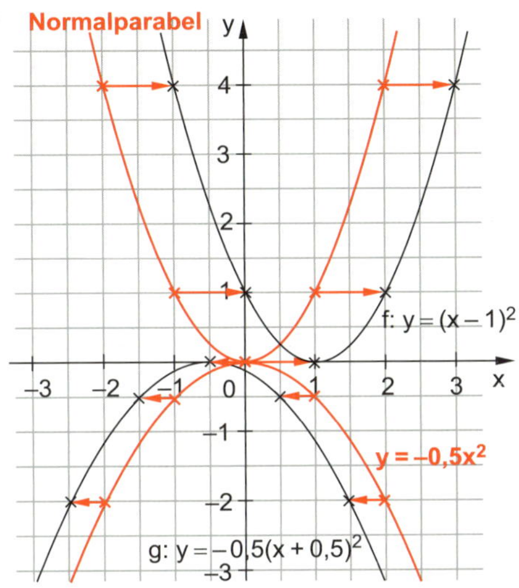

Funktion	Scheitelpunkt	a	Form
f: $y = (x - 1)^2$	S(1 | 0)	1	Normalparabel
g: $y = -0{,}5(x + 0{,}5)^2$	S(–0,5 | 0)	–0,5	gestaucht, nach unten geöffnet

Aufgaben

169 Ergänze die Tabelle.

	Funktion	Scheitelpunkt	a	Form
a)	$y = -5(x + 7)^2$			
b)		S(3 | 0)	–0,7	
c)		S(–2,5 | 0)	1,8	
d)	$y = 2{,}7(x + 1{,}23)^2$			

170 Zeichne die Graphen der Funktionen in ein Achsenkreuz. Bestimme dazu zuerst jeweils Scheitelpunkt und Form der Parabel und lege dann eine geeignete Wertetabelle an.

a) $y = (x - 2)^2$
b) $y = -(x - 2)^2$
c) $y = -0{,}5(x + 1)^2$
d) $y = 1{,}5(x + 1)^2$

171 Lege jeweils eine Wertetabelle an und zeichne die Graphen der Funktionen.

a) $y = -2(x - 1)^2$
b) $y = 0{,}5(x + 1)^2$
c) $y = -(x + 1)^2$
d) $y = 1{,}5(x - 1)^2$

172 Eine Parabel ist ein symmetrischer Graph, dessen Symmetrieachse eine Gerade ist, die durch den Scheitelpunkt verläuft.
Gib für folgende Funktionen jeweils die Lage der Symmetrieachse an.

a) $y = -7{,}2(x - 8)^2$
b) $y = 3{,}6(x + 4{,}2)^2$

Merke

Quadratische Funktionen der Form f: $y = a(x-m)^2+n$

- Die Funktionen der Form f: $y=a(x-m)^2+n$ nennt man **Scheitelpunktform**, da man den Scheitelpunkt des Graphen direkt aus der Funktionsgleichung ablesen kann.
- Der Scheitelpunkt des dazugehörigen Graphen liegt bei **S(m | n)**.

Beispiel

Zeichne die Graphen der Funktionen g: $y=2(x-4)^2+1$ und h: $y=-2(x-1{,}5)^2+5{,}5$.

Lösung:

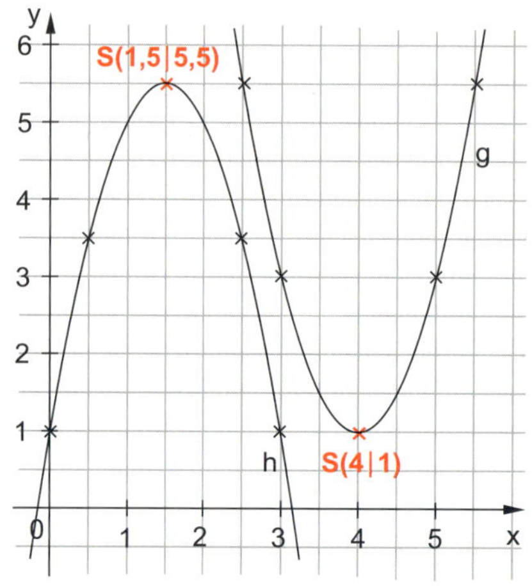

Funktion	Scheitelpunkt	a	Form
g: $y=2(x-4)^2+1$	S(4 | 1)	2	gestreckt, nach oben geöffnet
h: $y=-2(x-1{,}5)^2+5{,}5$	S(1,5 | 5,5)	–2	gestreckt, nach unten geöffnet

Aufgaben

173 Ergänze die Tabelle.

	Funktion	Scheitelpunkt	a	Form
a)	$y=3(x+7)^2-5$			
b)	$y=-0{,}6(x+2)^2+1$			
c)		S(2 | 8)	0,5	
d)		S(–1,4 | –11)	–0,12	

174 Bestimme Scheitelpunkt und Form der Parabel.

a) $y=-0{,}8(x+4)^2-6$
b) $y=2{,}5(x+0{,}5)^2+10$

175 Zeichne die Parabeln jeweils mithilfe einer Wertetabelle in ein Achsenkreuz ein. Wähle für die Achsen des Koordinatensystems eine geeignete Einteilung.

a) $y=-(x-4)^2+9$
b) $y=-2(x+3)^2+4$
c) $y=2(x+3)^2-6$
d) $y=2(x-6)^2-5$

176 Berechne jeweils die y-Werte der Punkte.

a) $y=2x^2$; $P_1(6\,|\,\square)$
b) $y=(x+3)^2$; $P_2(7\,|\,\square)$
c) $y=(x+6)^2$; $P_3(2\,|\,\square)$
d) $y=2(x+6)^2+2$; $P_4(-8\,|\,\square)$

TIPP

Multipliziert man das Binom in der Scheitelpunktform einer quadratischen Funktion (ohne Vorfaktor a) aus und fasst zusammen, so erhält man die Funktion in der **Normalform $y=x^2+px+q$**.
Umgekehrt kann man jede quadratische Funktion, die in der Normalform gegeben ist, **durch quadratisches Ergänzen** in die Scheitelpunktform bringen.

Beispiele

1. Gib die Funktionsgleichung $y=(x-6)^2+5$ in Normalform an.
   Lösung:

$y=(x-6)^2+5$	Scheitelpunktform
$y=x^2-12x+36+5$	Multipliziere das Binom aus und fasse zusammen.
$y=x^2-12x+41$	Normalform

2. Bringe die Funktion $y=x^2-10x+28$ durch quadratische Ergänzung in die Scheitelpunktform und bestimme den Scheitel.
   Lösung:

$y=x^2-10x+28$	Normalform
$y=\underbrace{x^2-10\cdot x+\left(\frac{10}{2}\right)^2}_{\text{Binom}}+28-\left(\frac{10}{2}\right)^2$	Quadratische Ergänzung: $y=x^2-px+\left(\frac{p}{2}\right)^2+q-\left(\frac{p}{2}\right)^2$
$y=\overbrace{\left(x-\frac{10}{2}\right)^2}^{\text{Binom}}+28-\left(\frac{10}{2}\right)^2$	$y=\left(x+\frac{p}{2}\right)^2+q-\left(\frac{p}{2}\right)^2$
$y=(x-5)^2+3$	Scheitelpunktform
$S(5\mid 3)$	$S\left(-\frac{p}{2}\,\middle|\,q-\left(\frac{p}{2}\right)^2\right)$

Aufgaben

177 Wandle die Funktionsgleichungen von der Scheitelpunktform in die Normalform um.

a) $y=(x-3)^2+7$
b) $y=(x+5)^2+2{,}5$
c) $y=(x+2{,}4)^2-3$
d) $y=(x-4)^2-2$

178 Wandle die Funktionsgleichungen von der Normalform in die Scheitelpunktform um und bestimme jeweils den Scheitelpunkt.

a) $y=x^2+8x+10$
b) $y=x^2+6x+18$
c) $y=x^2-2x-6$
d) $y=x^2+14x-7$

179 Von den quadratischen Funktionen der Form $y=(x-m)^2+n$ sind jeweils die Scheitelpunkte gegeben. Bestimme die Funktionsgleichung.

a) $S(3\mid 4)$
b) $S(-5\mid -6)$

180 Bestimme die Nullstellen der Funktionen.

a) $y=3x^2+9x+6$
b) $y=\frac{1}{2}x^2-4x+8$
c) $y=(x-9)^2-144$
d) $y=(x-7)^2-1$

181 Verbinde die Graphen mit den dazugehörigen Kärtchen.

a)
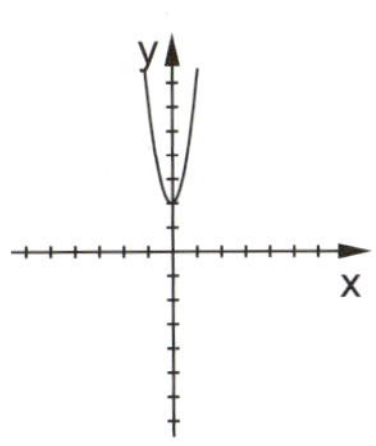

b)
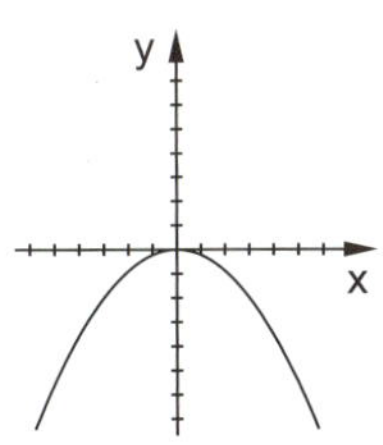

c)
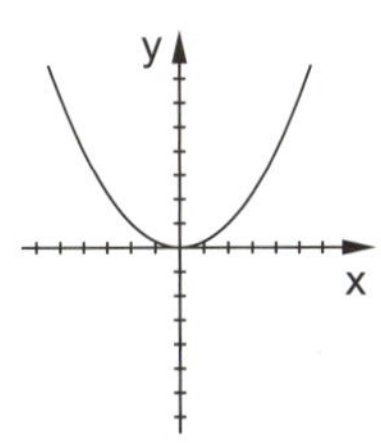

d)
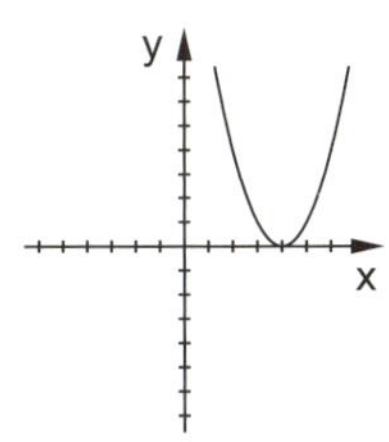

gestaucht, nach oben geöffnet	Normalparabel, verschoben	gestreckt verschoben, nach oben geöffnet	gestaucht, nach unten geöffnet

182 Ordne den Funktionsgleichungen jeweils den dazugehörigen Graphen zu.

a)

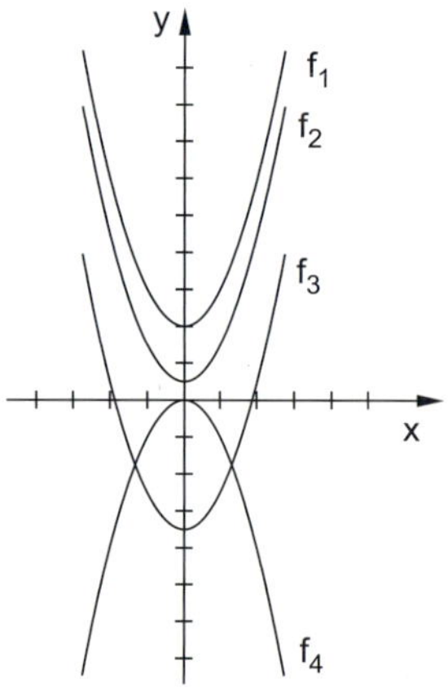

- ☐ $y=-x^2$
- ☐ $y=x^2+2$
- ☐ $y=x^2-3{,}5$
- ☐ $y=x^2+0{,}5$

b)

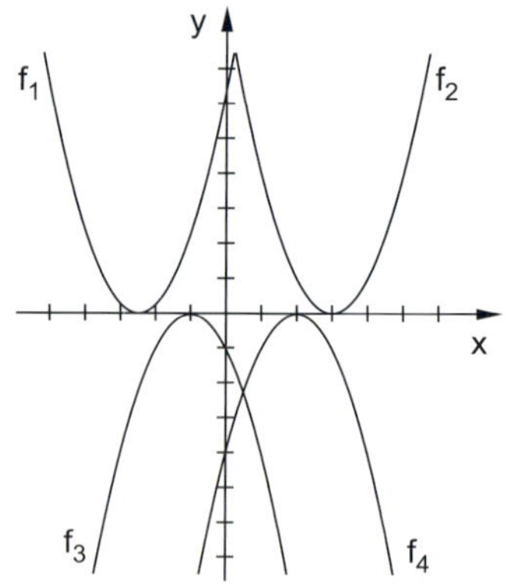

- ☐ $y=-(x-2)^2$
- ☐ $y=-(x+1)^2$
- ☐ $y=(x-3)^2$
- ☐ $y=(x+2{,}5)^2$

183 Eine Halfpipe beschreibt annähernd die Form einer Parabel.

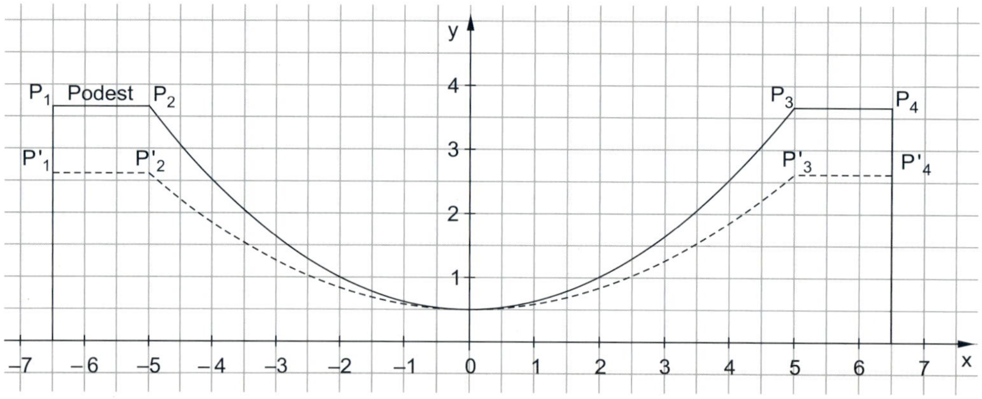

1 LE ≙ 1 m

a) Bestimme den tiefsten Punkt der Halfpipe.

b) Wie lang ist die Strecke $\overline{P_1P_2}$ des Podests?

c) Welche Funktionsgleichung beschreibt die parabelförmige Bahn der großen Halfpipe? Kreuze an und begründe deine Wahl.

☐ $y=-0{,}125x^2+0{,}5$ ☐ $y=0{,}125x^2+0{,}5$ ☐ $y=1{,}125x^2-0{,}5$

d) Begründe deine Wahl in Teilaufgabe c, indem du die Parameter a und n bestimmst. Lies dazu einen geeigneten Punkt aus der Zeichnung ab.

Die Halfpipe ist zu gefährlich. Deshalb wird die Höhe des Podests auf 2,7 m abgesenkt. Die Länge des Podests bleibt gleich.

e) Bestimme die Koordinaten des Punkts P_3'.

f) Bestimme die Funktion der Form $y=ax^2+n$ so, dass der Graph der kleineren Halfpipe durch den Punkt P_3' verläuft.

184 Im Fußballtraining üben die Torhüter Mirko, Paul und Kevin Abschläge von der Grundlinie. Mit einem Computerprogramm wird die Flugbahn des Balles, die einer Parabel gleicht, dargestellt.

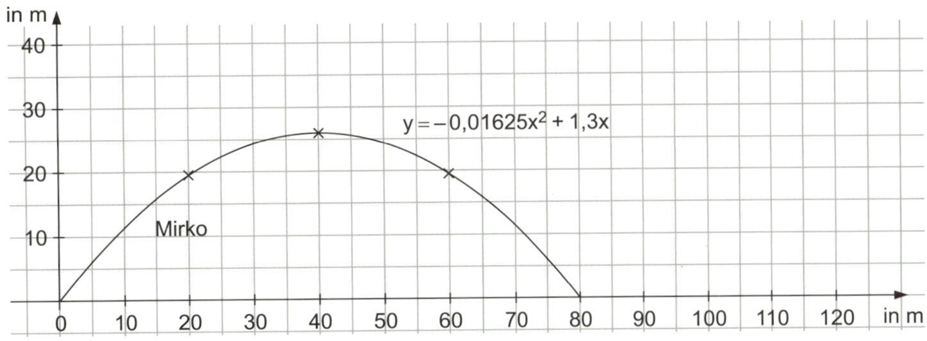

a) Welche Weite erzielt Mirko?

b) Die maximale Flughöhe erreicht der Ball nach 40 Metern.
Berechne, wie hoch der Ball an dieser Stelle fliegt.

c) Der Abschlag von Paul landet nach 95 Metern.
Welche der folgenden Funktionen beschreibt die Flugbahn des Fußballs?
Begründe deine Entscheidung.

☐ $y = 0{,}02x^2 + 1{,}9x$ ☐ $y = -0{,}02x^2 + 1{,}9x$ ☐ $y = -2x^2 + 1{,}9x$

d) Der Abschlag von Kevin wird mit der Funktion $y = -0{,}014x^2 + 1{,}15x$ dargestellt.
Nach wie vielen Metern landet der Ball wieder auf dem Rasen?

e) Nach wie vielen Metern hat der Ball von Kevin seine maximale Flughöhe erreicht?

185 Der Anhalteweg eines Autos lässt sich mit einer „Faustformel“ berechnen:

Anhalteweg (m) = Reaktionsweg + Bremsweg

↓ ↓ ↓

$$\text{Anhalteweg} = \left(\frac{\text{Geschwindigkeit}}{10}\right) \cdot 3 + \left(\frac{\text{Geschwindigkeit}}{10}\right)^2$$

Diese „Faustformel“ führt zu einer quadratischen Gleichung der Form: $y = 0{,}3 \cdot x + \left(\frac{x}{10}\right)^2$
Dabei steht x für die Geschwindigkeit in $\frac{km}{h}$, y steht für den Anhalteweg in m.

a) Vervollständige die Wertetabelle:

x	Geschwindigkeit in $\frac{km}{h}$	0	25	50	75	100
y	Anhalteweg in m					

b) Skizziere den Anhalteweg in Abhängigkeit von der Geschwindigkeit mithilfe eines Graphen.

c) Yvonne fährt mit dem Auto auf einer Landstraße. Plötzlich läuft in einer Entfernung von 70 m ein Reh auf die Straße. Wie schnell darf Yvonne höchstens fahren, damit der Anhalteweg ausreicht, um einen Zusammenstoß zu verhindern?
Berechne zuerst und kontrolliere dein Ergebnis am Diagramm.

Exponentielle Funktionen

Merke

Exponentielles Wachstum

Wird ein **Anfangswert c** in gleichen **Zeitspannen x** jeweils mit dem **gleichen Faktor a** multipliziert, liegt **exponentielles Wachstum** vor. Der Anfangswert vermehrt oder vermindert sich dabei um die gleiche prozentuale **Wachstumsrate p %**. Es gilt:

$y = c \cdot a^x$ mit $a = 1 + \frac{p}{100}$ (positives Wachstum)

$a = 1 - \frac{p}{100}$ (negatives Wachstum)

Beispiele

1. Eine Bakterienkultur vervierfacht sich in jeder Stunde. Lege eine Wertetabelle an und zeichne einen passenden Graphen.
Lösung:
Wertetabelle:

Stunden	0	1	2	3	4
Anzahl	1	4	16	64	256

$\cdot 4$ $\cdot 4$ $\cdot 4$ $\cdot 4$

$c = 1$; $a = 4$
x = Anzahl der Stunden

Graph:

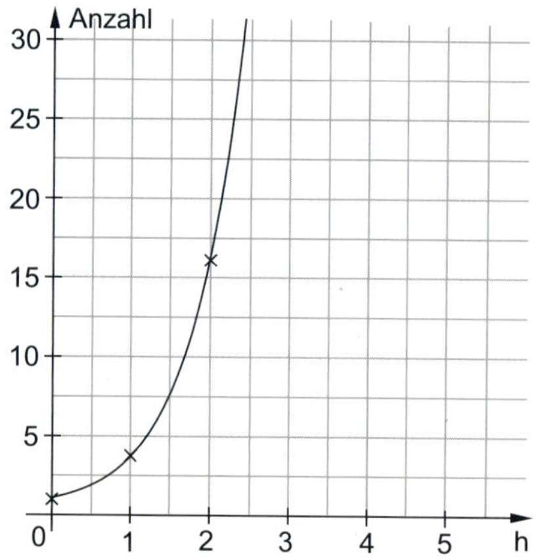

Es gilt:
$y = 1 \cdot 4^x = 4^x$
Der Graph einer exponentiellen Funktion ist immer eine **Kurve**.

2. Eine Tierpopulation nimmt jährlich um 25 % zu. Zu Beginn der Untersuchung zählt man 320 Tiere. Wie viele Tiere sind es nach vier Jahren und nach wie vielen Jahren ist die Population auf über 1 000 Tiere angewachsen?
Lösung:

$c = 320$
$p\,\% = 25\,\% \Rightarrow a = 1 + \frac{25}{100} = 1{,}25$

Es handelt sich um positives Wachstum.

Anzahl der Tiere nach vier Jahren:
$y_4 = 320 \cdot 1{,}25^4$
$y_4 \approx 781$

Setze die gegebenen Werte in die Wachstumsformel ein.

Nach vier Jahren sind es 781 Tiere.

Anzahl der Jahre für über 1 000 Tiere:
$y_5 = 320 \cdot 1{,}25^5 \approx 977$
$y_6 = 320 \cdot 1{,}25^6 \approx 1\,221$

Löse die Aufgabe durch geschicktes Probieren.

Nach sechs Jahren ist die Population auf über 1 000 Tiere angewachsen.

TIPP

- Auch die Zinsrechnung mit Zinseszinsen (siehe Kapitel „Prozent- und Zinsrechnung") ist ein Beispiel für exponentielles Wachstum.

Aufgaben

186

Der Rasen im Garten der Familie Goetze muss pro Jahr 35-mal gemäht werden. Fabian will pro Mähen 5 € von seinem Vater. Theresa will für das erste Mähen des Rasens 10 Cent, für das zweite Mähen 20 Cent, für das dritte Mähen 40 Cent und danach wieder das Doppelte usw.

a) Lege für Theresa und Fabian jeweils eine Tabelle wie hier an.

Mähen	1.	2.	3.	4.	5.	6.
Verdienst						
Gesamtverdienst						

b) Welche Aussagen sind richtig? Kreuze an.

A Mit der Funktionsgleichung $y = 5 \cdot x$ wird der jeweilige Verdienst Fabians berechnet.

B Mit der Funktionsgleichung $y = 5 \cdot x$ wird der gesamte Verdienst Fabians berechnet.

C Mit der Funktionsgleichung $y = 0{,}10 \cdot 2^{x-1}$ wird der jeweilige Verdienst Theresas berechnet.

D Mit der Funktionsgleichung $y = 0{,}10 \cdot 2^{x-1}$ wird der gesamte Verdienst Theresas berechnet.

c) Wie viel Geld will Fabian insgesamt?

d) Wie viel Geld bekäme Theresa alleine für das letzte Mähen?

187

Eine Großgemeinde hat derzeit 24 520 Einwohner. In den letzten sechs Jahren stieg die Bevölkerungszahl jährlich durchschnittlich um 2,1 %, in den nächsten zehn Jahren wird sie voraussichtlich nur um 0,85 % pro Jahr anwachsen.

a) Wie viele Einwohner hatte die Gemeinde vor sechs Jahren?

b) Wie viele Einwohner wird die Gemeinde in zehn Jahren haben?

c) Erstelle ein aussagekräftiges Diagramm.

d) Nach wie vielen Jahre wird die Bevölkerung auf über 28 000 Einwohner angestiegen sein, wenn das Wachstum weiterhin bei 0,85 % liegt?

188

Herr Stadler kauft einen Neuwagen im Wert von 45 500 €. Der jährliche Wertverlust für diesen Typ liegt bei 16,5 %.

a) Wann muss Herr Stadler das Auto wieder verkaufen, wenn er nicht mehr als 15 000 € verlieren will? Rechne schrittweise.

b) Wie hoch wäre der prozentuale Wertverlust pro Jahr, wenn der Wagen nach vier Jahren noch 25 000 € Wert wäre?

189

Von einem Antibiotika-Wirkstoff (eine Tablette enthält 325 mg Wirkstoff) ist bekannt, dass er im Körper nach sechs Stunden um 75 % abgebaut wird. Welche Menge Wirkstoff ist nach 15 Stunden noch im Körper vorhanden?

Fit für die Zentrale Prüfung?

190 Löse die beiden linearen Gleichungssysteme.

a) I $3x + 6y = 18$
II $x - y = 3$

b) I $10x + 5y = 40$
II $-32x + 16y = 64$

191 Hier siehst du das Schaubild einer 6,4 cm hohen Geburtstagskerze, die sich in einer Minute Brennzeit um 0,7 cm verkürzt.

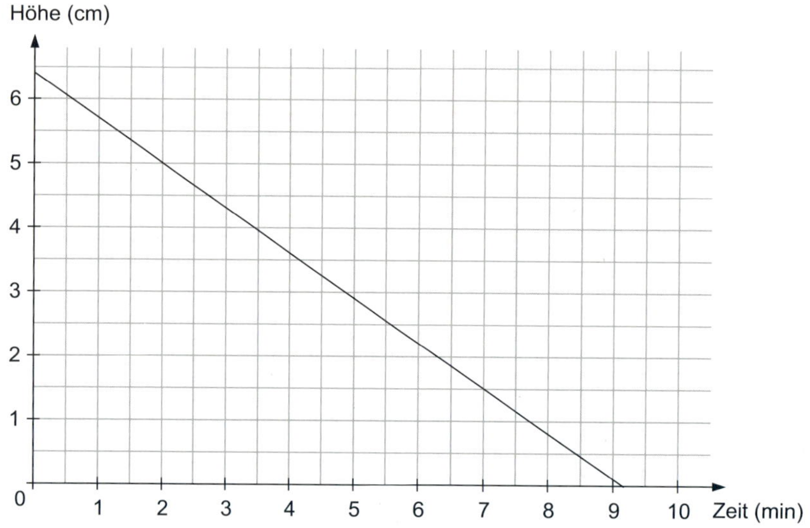

a) Mit welchem Term kann man die aktuelle Höhe der Kerze berechnen? Kreuze an und erkläre, wofür die Variablen x und y stehen.

☐ $y = 6{,}4 - x$ ☐ $y = 6{,}4 + 0{,}7 \cdot x$ ☐ $y = 0{,}7 \cdot x$ ☐ $y = 6{,}4 - 0{,}7 \cdot x$

b) Nach wie vielen Minuten ist die Kerze noch 5 cm hoch?

c) Eine 5 cm hohe Kerze wird pro Minute Brennzeit um 0,5 cm kürzer.
Fülle die Tabelle aus und zeichne den Graphen in das abgebildete Koordinatensystem.

Zeit (min)	0	2	4	6	8	10
Höhe (cm)						

d) Nach wie vielen Minuten sind beide Kerzen gleich hoch, wenn man sie zeitgleich anzündet? Berechne und überprüfe deine Lösung in der Zeichnung.

192 Bei einem Versuch wird die Vermehrung von Bakterien beobachtet. Nimm an, dass sich die Bakterien jede Stunde um 50 % vermehren. Begonnen wird mit 200 Bakterien.

a) Welche Bedeutung haben die Variablen der Exponentialfunktion $y = c \cdot a^x$ in diesem Zusammenhang? Erkläre mit den unten stehenden Begriffen.

Anfangswert — Wachstumsfaktor — Anzahl der vergangenen Stunden — Endwert

b) Zeige durch eine Rechnung, dass nach drei Stunden 675 Bakterien vorhanden sind.

c) Lege eine Wertetabelle über einen Zeitraum von fünf Stunden an und stelle die Vermehrung der Bakterien in einem Koordinatensystem dar.

d) Paul behauptet, dass die Population nach acht Stunden auf über 4 000 Bakterien angewachsen ist. Hat Paul recht? Begründe deine Antwort.

193 Auf einem Spielplatz soll eine parabelförmige Hängebrücke zwischen zwei Hügeln gespannt werden. In einer ersten Skizze beginnt der Planer mit folgender Zeichnung:

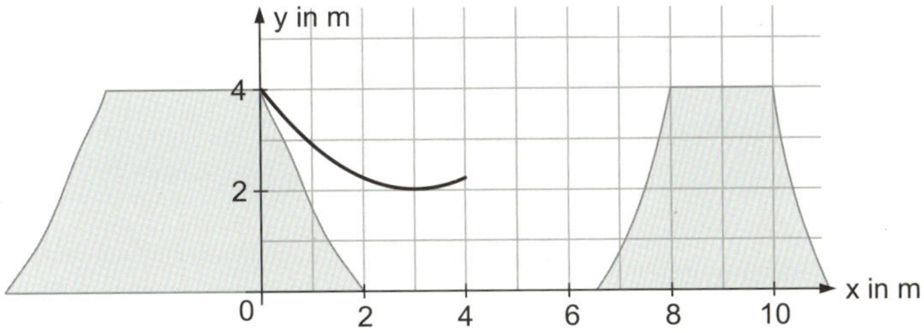

a) Erreicht man mit diesem Verlauf den gegenüberliegenden Hügel? Begründe.

b) Bei der weiteren Planung einigen sich die Konstrukteure auf einen Verlauf, der mit der Funktionsgleichung $f(x) = \frac{1}{8}(x-4)^2 + 2$ beschrieben werden kann. Zeichne den Graphen in das Koordinatensystem ein.

c) Lies aus der Zeichnung ab, an welcher Stelle die Brücke dem „Tal" am nächsten ist. Kontrolliere dein Ergebnis mithilfe der Funktionsgleichung.

194 Dieter und Anne springen zeitgleich aus zwei verschiedenen Flugzeugen mit dem Fallschirm ab. Das Flugzeug von Dieter befindet sich in 5 000 m Höhe, das Flugzeug von Anne befindet sich in einer Höhe von 4 000 m. Die folgende Grafik zeigt die Höhe der beiden Springer in Abhängigkeit der Zeit.

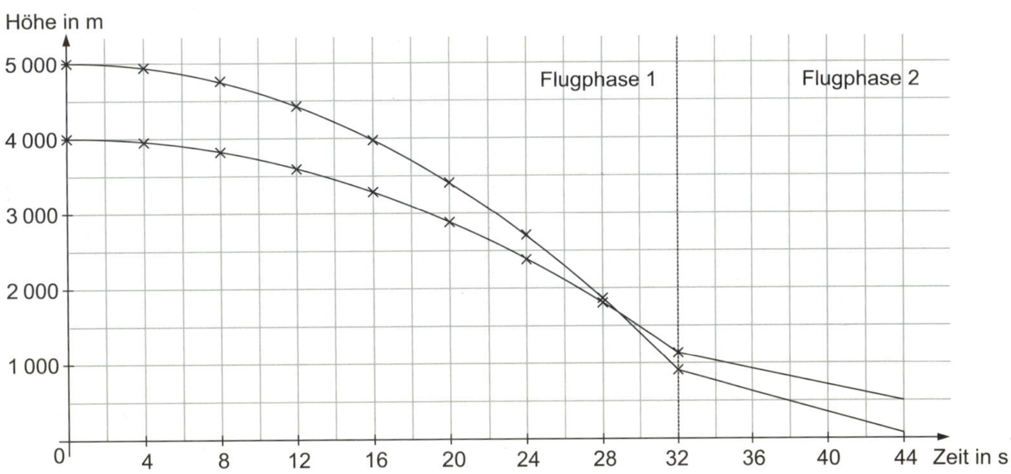

Für die Funktionsgleichungen der beiden Graphen in Flugphase 1 gilt:

$y_1 = 5\,000 - 4t^2$

$y_2 = 4\,000 - 2{,}8t^2$

a) Bestimme, welche Funktionsgleichung zu welchem Graphen und zu welcher Person gehört. Begründe deine Entscheidung.

b) Lies aus der Grafik ab, in welcher Höhe sich Dieter und Anne zwölf Sekunden nach dem Absprung befinden.

c) Berechne, in welcher Höhe sich Dieter nach 14 s befindet.

d) Berechne, nach wie vielen Sekunden Anne 500 m weit gefallen ist.

e) Bestimme den genauen Zeitpunkt, ab dem Dieter der Erde näher ist als Anne.

f) Kreuze an, mit welcher durchschnittlichen Geschwindigkeit Anne zwischen 12 s und 16 s nach dem Absprung fällt.

☐ $65{,}7\,\frac{\text{m}}{\text{s}}$ ☐ $78{,}5\,\frac{\text{m}}{\text{s}}$ ☐ $26{,}4\,\frac{\text{km}}{\text{h}}$

5 Prozent- und Zinsrechnen

Prozentrechnen

Merke

Prozentrechnung

Beim Prozentrechnen benötigst du drei Begriffe:

- Der **Grundwert G** ist der Ausgangswert. Er entspricht immer 100 %.
- Der **Prozentwert P** ist ein Teil des Grundwerts.
- Der **Prozentsatz p %** bestimmt die Größe des Anteils.

Die Berechnung der einzelnen Werte erfolgt über den Dreisatz, mit dem Faktor oder mithilfe folgender Formeln:

$G = \frac{P \cdot 100}{p}$ $\quad P = \frac{G \cdot p}{100}$ $\quad p\,\% = \frac{P \cdot 100}{G}\,\%$

Beispiele

1. **Prozentwert P berechnen**
   Ein Pkw kostet 21 500 €. Bei Barzahlung gibt der Händler 4 % Rabatt.
   Wie viel Euro kann der Kunde sparen?
   Lösung:

	Prozent	Preis	
: 100	100 %	21 500 €	: 100
· 4	1 %	215 €	· 4
	4 %	860 €	

Formel: $P = \frac{G \cdot p}{100} = \frac{21\,500\,€ \cdot 4}{100} = 860\,€$

Faktor: $4\,\% = 0{,}04$

$P = 21\,500\,€ \cdot 0{,}04 = 860\,€$

Der Kunde kann 860 € bei Barzahlung sparen.

2. **Grundwert G berechnen**
   Ein Auszubildender spart jeden Monat 42,00 €. Das sind 12 % seines Lohns.
   Wie hoch ist sein Monatslohn?
   Lösung:

	Prozent	Lohn	
: 12	12 %	42,00 €	: 12
· 100	1 %	3,50 €	· 100
	100 %	350,00 €	

Formel:

$G = \frac{P \cdot 100}{p} = \frac{42{,}00\,€ \cdot 100}{12} = 350{,}00\,€$

Er hat einen Monatslohn von 350,00 €.

3. **Prozentsatz p % berechnen**
   Bei einer Fahrt ins Schullandheim können von 24 Schülern drei Schüler wegen Krankheit nicht teilnehmen.
   Wie viel Prozent sind das?
   Lösung:

	Schüler	Prozent	
: 24	24	100 %	: 24
· 3	1	4,16... %	· 3
	3	12,5 %	

Formel:

$p\,\% = \frac{P \cdot 100}{G}\,\% = \frac{3 \cdot 100}{24}\,\% = 12{,}5\,\%$

Es können 12,5 % der Schüler nicht an der Fahrt teilnehmen.

Aufgaben

195 Berechne die fehlenden Werte im Kopf.

	a)	b)	c)	d)	e)	f)	g)	h)	i)	j)	k)
G	140		1 600	720		2 000	50	80		500	150
p %	10 %	10 %	25 %		60 %	75 %		150 %	3 %	500 %	
P		60		360	300		250		12		750

196 Frau Kling kauft eine Waschmaschine für 999 €. Bei Barzahlung gewährt der Händler 3 % Skonto. Frau Kling bezahlt bar.
a) Wie viel € spart Frau Kling?
b) Wie teuer kommt die Waschmaschine?

197 Für einen Roller bezahlt ein Zweiradhändler im Einkauf 2 624 €. Er kann ihn für 3 621,12 € verkaufen.
Berechne den Preisaufschlag in € und Prozent.

198 Herr Schuster bekommt eine Zahnarztrechnung über 3 840 €.
Die Krankenversicherung übernimmt 80 % der Kosten.
Wie viel € muss Herr Schuster selbst aufbringen?

199 Eine Gärtnerei hat eine Anbaufläche von 160 a. Auf 40 a werden Blumen gezogen, auf 50 a wird Gemüse angebaut. Auf der restlichen Fläche stehen Gewächshäuser.
Wie viel Prozent betragen die einzelnen Teilflächen?

200 Bernd möchte sich eine Digitalkamera kaufen. Der Preis der Kamera, die ihm am besten gefällt, beträgt 288 €. Da Bernd noch zögert, sagt der Verkäufer:
„Ich verkaufe Ihnen die Kamera für 279 €, dann haben Sie 3,5 % gespart."
Stimmt die Aussage des Verkäufers? Begründe die Antwort.

201 Franko erhält auf ein Fahrrad im Schlussverkauf 18 % Rabatt und zahlt 389,50 €.
Wie teuer war das Fahrrad ursprünglich?

202 Ein Laptop kostet 926,40 €. In diesem Preis sind 19 % Mehrwertsteuer enthalten.
a) Wie viel kostet der Laptop ohne Mehrwertsteuer?
b) Wie hoch ist die Mehrwertsteuer in €?

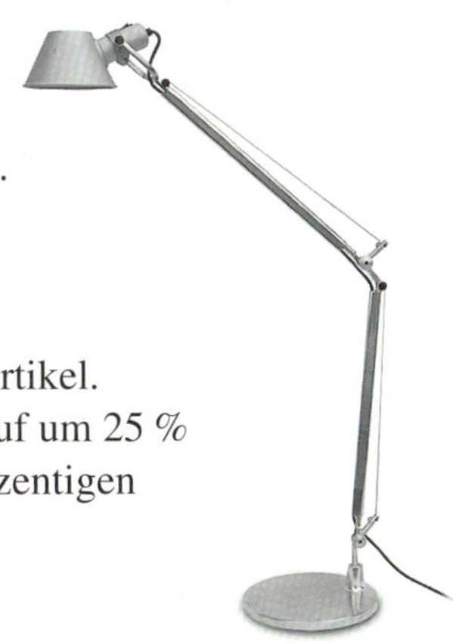

203 Die Reparaturkosten für das Auto von Herrn Kölle betragen 1 456 €.
Auf den Rechnungsbetrag werden noch 19 % Mehrwertsteuer erhoben.
Danach erhält Herr Kölle 2 % Skonto.
Wie viel muss er bezahlen?

204 Elena erhält als Angestellte eines Warenhauses 12 % Rabatt auf alle Artikel.
Sie kauft eine Lampe, die regulär 39,80 € kostet und im Schlussverkauf um 25 % reduziert wird. Auf den reduzierten Preis erhält sie noch den zwölfprozentigen Mitarbeiterrabatt.
Wie viel muss Elena nun für die Lampe bezahlen?

205 Auf der Otto-Wels-Schule wurden die Schüler nach ihren Herkunftsländern befragt.

a) Wie viele Schüler besuchen die Otto-Wels-Schule insgesamt?

b) Berechne die prozentuale Verteilung der Staatsangehörigkeiten.

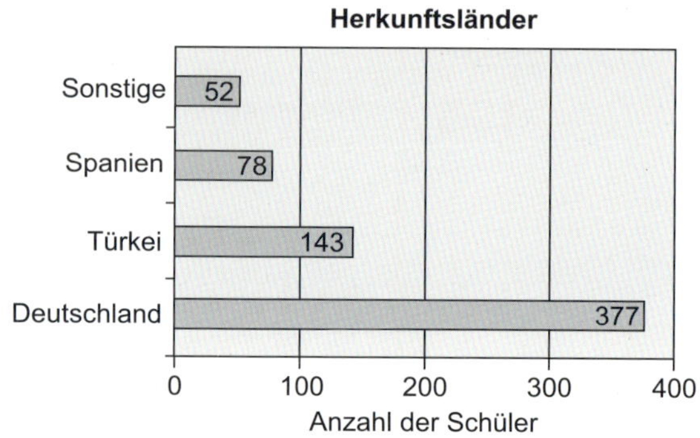

206

Fast 5 000 Wohnwagen in die Niederlande exportiert

WIESBADEN – Wie das Statistische Bundesamt (Destatis) zu Beginn der diesjährigen Messe „Caravan Salon Düsseldorf" am 29. August mitteilt, wurden im ersten Halbjahr des Jahres 19 027 Wohnwagen im Wert von 250 Millionen Euro aus Deutschland ausgeführt. Die vorläufigen Ergebnisse der Außenhandelsstatistik zeigen zudem, dass erneut die Niederlande mit 4 941 Wohnwagen (%) Hauptabnehmer war, gefolgt von Norwegen mit 2 670 Fahrzeugen (%) und Dänemark mit 2 404 Wohnwagen (%).

Besonders gefragt waren wie in den Vorjahren die Anhänger zum Wohnen und Campen in der Gewichtsklasse von 750 bis 1 600 Kilogramm: 82% der insgesamt für das Ausland bestimmten Wohnwagen gehörten in diese Kategorie.

a) Aaron hat Flecken auf seine Zeitung bekommen.
Kannst du die fehlenden Prozentangaben berechnen? Runde auf ganze Prozent.

b) Wie viele Wohnwagen gingen nicht in die drei im Zeitungsartikel genannten Länder? Gib auch in Prozent an.

c) Welches der unten abgebildeten Diagramme passt zum Zeitungsartikel? Begründe.

d) Wie viele für das Ausland bestimmte Wohnwagen waren zwischen 750 kg und 1 600 kg schwer?

e) Die Niederlande haben circa 16 Millionen Einwohner und etwa 450 000 Wohnwagen. Berechne, wie viel Prozent der Bevölkerung einen Wohnwagen besitzen.

Aufteilung der exportierten Wohnwagen nach Ländern

I

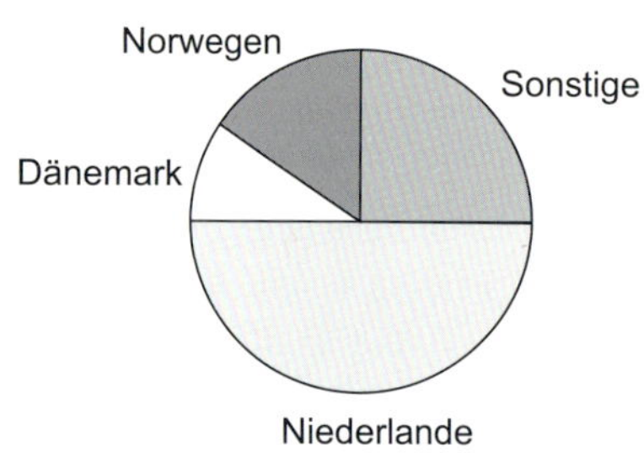

II

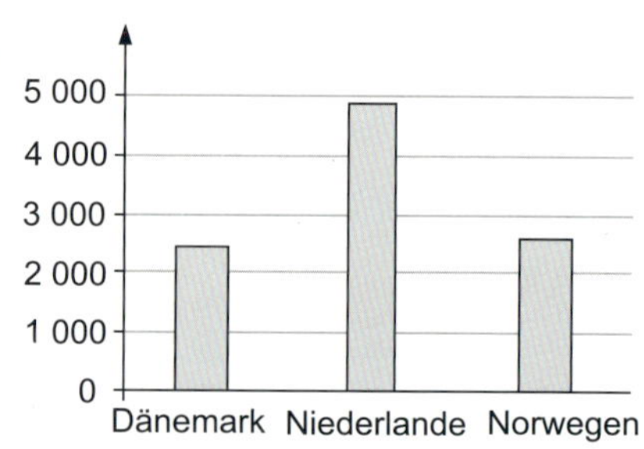

III

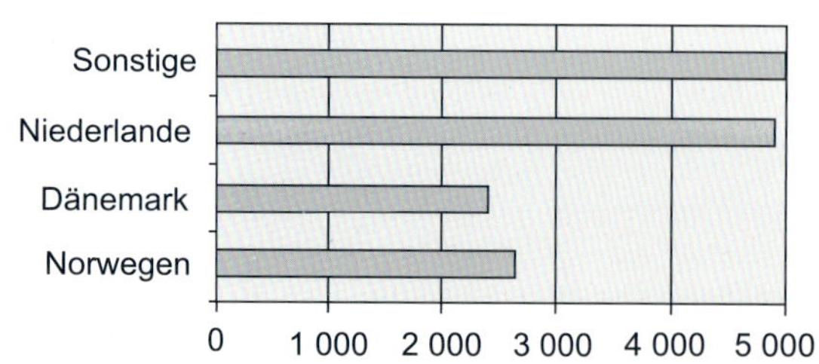

207 An den Bürgermeisterwahlen beteiligten sich 70 % der 4 800 wahlberechtigten Bürger.

a) Wie viele Bürger gingen zur Wahl?
b) Berechne die Anzahl der ungültigen Stimmen.
c) Wie viel Prozent der gültigen Stimmen entfielen auf die einzelnen Kandidaten?
Runde die Ergebnisse auf eine Dezimalstelle.
d) Vor sechs Jahren waren in der Gemeinde 5 100 Bürger wahlberechtigt. Davon gingen 3 825 zur Wahl.
Berechne die damalige Wahlbeteiligung in Prozent.

Wahlergebnis:
Kandidat A: 1 350 Stimmen
Kandidat B: 750 Stimmen
Kandidat C: 1 100 Stimmen
Reststimmen ungültig

208 Das Schaubild zeigt die Umsatzentwicklung einer Handelskette für Unterhaltungselektronik.

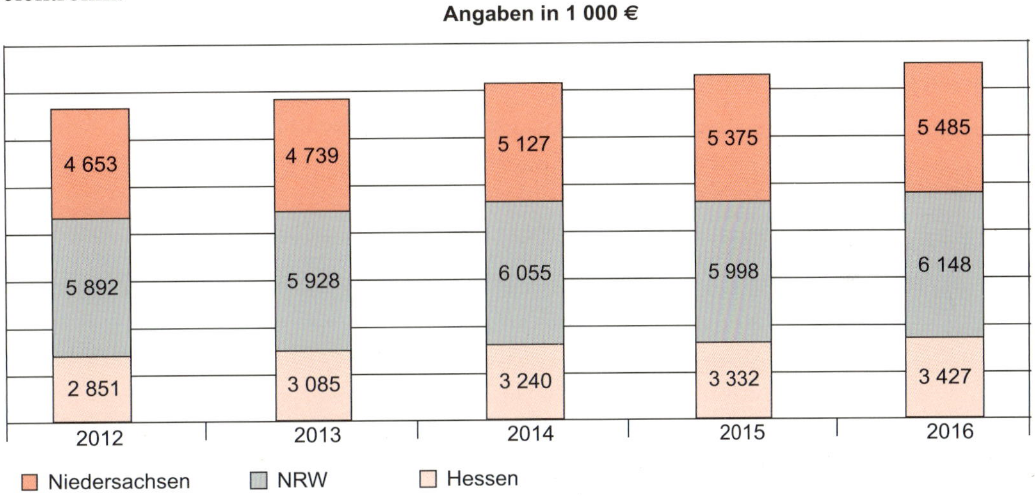

a) Berechne den Gesamtumsatz der Handelskette für das Jahr 2016.
b) Berechne für die Jahre 2012 bis 2016 jeweils den prozentualen Anteil NRWs am Gesamtumsatz. Runde die Prozentsätze auf eine Dezimalstelle.
c) Stelle das Ergebnis aus Teilaufgabe b in einem Säulendiagramm dar.

209 Die Aufgabe der Bundesversammlung ist es, den Bundespräsidenten zu wählen.
Das Diagramm zeigt die Zusammensetzung der Bundesversammlung 2017.

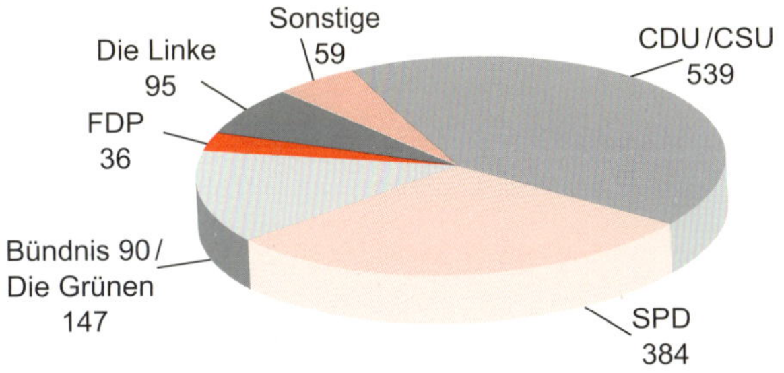

a) Wie viele Mitglieder waren im Jahr 2017 insgesamt in der Bundesversammlung vertreten?
b) Berechne jeweils den prozentualen Anteil der Parteien.
c) Bei der Wahl stimmten 74,3 % der Mitglieder für Frank-Walter Steinmeier, 10,2 % für Christoph Butterwegge, 8,2 % enthielten sich.
Berechne jeweils die Anzahl der Personen.

Zinsrechnen

Merke

Zinsrechnung

Die Zinsrechnung ist eine Anwendung der Prozentrechnung:

- Der **Grundwert G** heißt **Kapital K** und entspricht 100 %.
- Der **Prozentwert P** wird zu den **Zinsen Z**.
- Der **Prozentsatz p %** ist der **Zinssatz p %**. Er bezieht sich immer auf ein Jahr.

Die Berechnung der einzelnen Werte erfolgt wieder über den Dreisatz, mit dem Faktor oder mit den entsprechenden Formeln:

$K = \frac{Z \cdot 100}{p}$ $Z = \frac{K \cdot p}{100}$ $p\,\% = \frac{Z \cdot 100}{K}\,\%$

Beispiel

Herr Becker kauft ein Auto zum Preis von 31 500 €. Er zahlt 20 000 € an und finanziert den Restbetrag über die Autofinanzbank. Der Zinssatz der Autofinanzbank beträgt 4,9 %.

Wie viele Zinsen muss er nach einem Jahr bezahlen?

Lösung:

$K = 31\,500\text{ €} - 20\,000\text{ €} = 11\,500\text{ €}$

	Prozent	Zinsen	
: 100	100 %	11 500 €	: 100
· 4,9	1 %	115 €	· 4,9
	4,9 %	563,50 €	

Zinsformel: $Z = \frac{11\,500\text{ €} \cdot 4{,}9}{100} = 563{,}50\text{ €}$

Faktor: $4{,}9\,\% = 0{,}049$

$P = 11\,500\text{ €} \cdot 0{,}049 = 563{,}50\text{ €}$

Er muss nach einem Jahr 563,50 € Zinsen bezahlen.

Aufgaben

210 Fülle die Tabelle aus. Runde die Zinssätze und die Eurobeträge auf zwei Dezimalstellen.

	a)	b)	c)	d)	e)	f)
Kapital	45 785 €	37 855 €		25 897 €	450 000 €	
Zinssatz	2,5 %		3,75 %	8,25 %		6,27 %
Jahreszinsen		852,25 €	582,25 €		47 589 €	2 250 €

211 Bei Bank A erhält Lukas für ein Jahr 4,5 % Zinsen, Bank B bietet 2,8 % an.
Berechne jeweils die Zinsen für ein Kapital von 2 800 €.

212 Herr Götze nimmt bei seiner Hausbank ein Darlehen in Höhe von 25 000 € zu einem Zinssatz von 9,8 % auf. Bei der Kreditbank hätte er für das gleiche Darlehen in einem Jahr 2 437,50 € Zinsen zahlen müssen.

a) Wie viel € Zinsen muss Herr Götze nach einem Jahr an seine Hausbank zahlen?

b) Welchen Zinssatz hätte Herr Götze bei der Kreditbank bekommen?

213 Welches Angebot ist günstiger? Begründe.
50 000 € Darlehen, Rückzahlung 55 000 € nach einem Jahr oder 50 000 € zu einem Zinssatz von 9,75 %?

214 Katrin bekommt für ihr Sparguthaben bei einem Zinssatz von 2,25 % jährlich 85,50 € Zinsen. Wie hoch ist ihr Sparguthaben?

215 Herr Berger erhält ein Darlehen in Höhe von 12 000 € zu einem Zinssatz von 8,25 %. Nach einem Jahr zahlt er das Darlehen und die Zinsen zurück. Wie hoch ist die gesamte Rückzahlung?

216 Carina bekommt zu ihrem 18. Geburtstag 800 €, die sie für ein Jahr anlegen möchte. Bei folgenden Angeboten wird die Bearbeitungsgebühr jeweils am Ende des Jahres fällig.

Hyperbank
Zinssatz: 6,5 %
Bearbeitungsgebühr: 15 €

Konsumbank
Zinssatz: 8,5 %
Bearbeitungsgebühr: 5 %

Landsparkasse
800 € einzahlen,
890 € bekommen!
Bearbeitungsgebühr: 50 €

Inter-Bank
800 € einzahlen,
842 € bekommen!
0 € Bearbeitungsgebühr!

Welches Angebot sollte Carina annehmen? Begründe.

217 Sonja hat ein Kapital von 6 200 € und möchte es für die nächsten fünf Jahre anlegen. Die Beraterin der Bank legt ihr zwei Angebote vor, bei denen die Zinsen mitverzinst werden.

Angebot 1
1. Jahr: 3,5 %
2. Jahr: 3,75 %
3. Jahr: 4,0 %
4. Jahr: 6,8 %
5. Jahr: 4,5 %

Angebot 2
1. Jahr: 4,0 %
2. Jahr: 4,25 %
3. Jahr: 4,5 %
4. Jahr: 5 %
5. Jahr: 5,5 %

a) Zu welchem Angebot würdest du Sonja raten? Begründe.
b) Welches Angebot ist das bessere, wenn Sonja ihr Geld bereits nach vier Jahren wieder benötigt?

218 Betrachte folgende Angebote aus den Kleinanzeigen.

Rufen Sie heute noch an!
Sofort
Kredit
2 000 €
zurück in
12 kleinen Raten zu
nur 209,90 €
– sofort – sofort – sofort – sofort – sofort –

Super Angebot
5 000 €
Auto – Wohnung – Urlaub
zurück in 12 bequemen Raten
zu *nur 475 €*
jetzt anrufen: 021-623[redacted]

Billiger Kredit
500 €
DVD, Handy, MP3
Wünsche
werden wahr
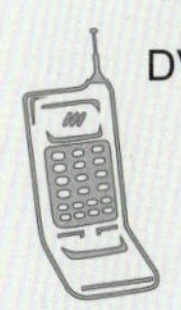
Tel: 021-333
12 Raten:
nur 48 €

a) Wie hoch ist jeweils der Rückzahlungsbetrag?
b) Berechne den Unterschied zwischen dem Kredit und dem Rückzahlungsbetrag.
c) Berechne jeweils den Zinssatz.
d) Wie sollte man mit diesen Angeboten umgehen?

Merke

Monats- und Tageszinsen

Bei der Berechnung der Monats- und Tageszinsen gilt folgende Vereinbarung:
1 Monat = 30 Tage
1 Jahr = 12 Monate = 360 Tage

Zur Berechnung kannst du wieder den Dreisatz oder folgende Formeln verwenden:

$$K = \frac{Z \cdot 100 \cdot 360}{p \cdot t} \qquad p\,\% = \frac{Z \cdot 100 \cdot 360}{K \cdot t}\,\% \qquad Z = \frac{K \cdot p \cdot t}{100 \cdot 360} \qquad t = \frac{Z \cdot 100 \cdot 360}{K \cdot p}$$

Die Zeit t wird in der Regel in Tagen angegeben. Wenn die Zeit in Monaten gegeben ist, musst du die Zahl 360 in der Formel durch 12 (Monate) ersetzen.

Beispiel

Frau Ziegler zahlt auf ein Sparkonto 7 200 € ein. Die Sparkasse bietet für Sparguthaben einen Zinssatz von 2 %. Nach 220 Tagen hebt Frau Ziegler das Guthaben und die angefallenen Zinsen ab.
Wie viele Zinsen erhält sie für ihr Sparguthaben?

Lösung:

Jahreszinsen:

	Prozent	Zinsen	
: 100	100 %	7 200 €	: 100
· 2	1 %	72 €	· 2
	2 %	144 €	

Zinsen für 220 Tage:

	Tage	Zinsen	
: 360	360	144 €	: 360
· 220	1	0,40 €	· 220
	220	88 €	

Frau Ziegler erhält 88 € Zinsen.

Zinsformel:

$$Z = \frac{K \cdot p \cdot t}{100 \cdot 360} = \frac{7\,200\,€ \cdot 2 \cdot 220}{100 \cdot 360} = 88\,€$$

TIPP

Die hier vorgestellte kaufmännische Berechnung von Tageszinsen ist nur eine von vielen Möglichkeiten. Bei manchen Zinsmodellen wird das Jahr zu 365 Tagen (bzw. 366 Tagen, falls es sich um ein Schaltjahr handelt) gerechnet und die Tage werden genauso wie im Kalender gezählt. Bei den folgenden Aufgaben solltest du so rechnen, wie du es in der Schule gelernt hast. Je nach Berechnungsweise können sich daher kleine Unterschiede zu den Lösungsvorschlägen ergeben.

Aufgaben

219

a) Wie viel € hat Susanne geerbt, wenn sie nach zehn Monaten 6 000 € Zinsen bei einem Zinssatz von 5 % bekommt?

b) Angela und Joanna zahlen jeweils 6 000 € auf ein Sparbuch ein. Angela bekommt nach vier Monaten 50 € Zinsen, Joanna erhält nach 100 Tagen 48 € Zinsen.
Wer hat den besseren Zinssatz?

c) Tina leiht ihrer Schwester Katrin 5 € und verlangt nach einem Tag 5,20 € zurück.
Welchen Zinssatz verlangt sie? Katrin ist sauer. Warum wohl?

d) Walter bekommt nach sieben Monaten 1,54 € Zinsen. Der Zinssatz beträgt 4 %.
Wie hoch ist sein Guthaben?

220 Kerstin hat auf ihrem Sparkonto ein Guthaben von 18 000 €. In den ersten 30 Tagen verzinst sich ihr Guthaben mit 2,5 % und in den darauffolgenden vier Monaten mit 3 %. Hätte Kerstin ihr Geld als Festgeld angelegt, wären ihr für fünf Monate 450 € an Zinsen vergütet worden.

a) Wie viele Zinsen erhält Kerstin für den ersten Zeitraum von 30 Tagen, wie viele für die vier darauffolgenden Monate?
b) Welchen Zinssatz hätte sie bei einer Anlage als Festgeld bekommen?
c) Wie viele Zinsen hätte sie auf dem Festgeldkonto mehr erhalten?

221 Franka, Dimitros, Kevin und Vera kaufen jeweils denselben Computer für 595 €. Jeder kann den Computer mit einem Kredit von 9,7 % finanzieren, der täglich rückzahlbar ist.

a) Berechne für Franka, Dimitros, Kevin und Vera die anfallenden Zinsen.
b) Wie viel muss jeder insgesamt für den Laptop bezahlen?
c) Peter hat sein Geld gespart und kann so den Laptop drei Monate später ohne Kredit kaufen. Zusätzlich erhält er 5 % Rabatt und 2 % Skonto.
Wie viel muss Peter bezahlen?
d) Wie viel spart Peter im Vergleich zu Vera?
Beurteile das Kaufverhalten von Peter und Vera.

Merke

Zinseszinsen – Zinsen über mehrere Jahre

Werden die Zinsen am Ende eines Jahres dem Guthaben (Kapital) zugerechnet und in den Folgejahren mitverzinst, spricht man von **Zinseszinsen**. Dadurch wächst ein Guthaben stärker an, als wenn man die Zinsen am Ende eines jeden Jahres abheben würde. Man kann die Zinsen entweder für jedes Jahr neu berechnen oder aber mit der **Wachstumsformel** bestimmen:

$K_t = K_0 \cdot q^t$

$q = 1 + \frac{p}{100}$ (Zinsfaktor)

K_0: Anfangskapital
K_t: Kapital nach t Jahren
t: Zeit in Jahren
p %: Zinssatz

Beispiel

Ein Kapital von 5 000 € ist für fünf Jahre zu einem Zinssatz von 4 % fest angelegt. Auf wie viel € wächst das Kapital während dieser Zeit an?

Lösung:

$K_0 = 5\,000\,€;\ p\,\% = 4\,\%;\ t = 5$ Jahre

Berechnung mit der Wachstumsformel:

$q = 1 + \frac{p}{100} = 1 + \frac{4}{100} = 1 + 0{,}04 = \mathbf{1{,}04}$

Bestimme den Zinsfaktor q.

$K_t = K_0 \cdot q^t$

$K_5 = 5\,000\,€ \cdot \mathbf{1{,}04}^5$

$K_5 \approx 6\,083{,}26\,€$

Setze die bekannten Werte in die Wachstumsformel ein.

Berechnung für jedes Jahr:

Jahre	Jahresanfang	Zinsen	Jahresende
1	5 000,00	200,00	5 200,00
2	5 200,00	208,00	5 408,00
3	5 408,00	216,32	5 624,32
4	5 624,32	224,97	5 849,29
5	5 849,29	233,97	**6 083,26**

Rechne für jedes Jahr die Zinsen und das Kapital am Ende eines jeden Jahres aus.

Nach fünf Jahren ist das Kapital auf 6 083,26 € angewachsen.

Aufgaben

222 Ein Kapital von 10 000 € wird acht Jahre lang zu einem Zinssatz von 4,5 % verzinst.

a) Auf wie viel € wächst das Kapital nach dieser Zeit an?

b) Berechne die Gesamtsumme der Zinsen nach acht Jahren.

223 Die drei Geschwister Maria, Claudio und Giovanni erben jeweils 125 000 €.

a) Maria legt ihr Geld zu einem Festzins von 3,89 % an, die Zinsen werden mitverzinst. Berechne die Zinsen nach vier Jahren.

b) Claudio legt das Erbe zu folgenden Zinssätzen (Zinsen werden mitverzinst) an:
1. Jahr 3,5 %, 2. Jahr 3,7 %, 3. Jahr 4,25 %, 4. Jahr 4,5 %
Wie hoch sind die Zinseinnahmen?

c) Giovanni kauft eine Wohnung im Wert von 125 000 €, die er vermietet. Die Mieteinnahmen betragen im 1., 2. und 3. Jahr 380 € pro Monat. Im vierten Jahr erhöht er die Miete um 4,2 %.
Berechne die Mieteinnahmen.

224 Ein Kapital wurde für acht Jahre zu einem Zinssatz von 6 % fest angelegt. Nach dieser Zeit war das Guthaben auf 19 126,18 € angewachsen.

a) Wie hoch war das Anfangskapital?

b) Um wie viel Prozent ist das Anfangskapital während dieser Zeit insgesamt angewachsen?

Fit für die Zentrale Prüfung?

225 Im Sommerschlussverkauf werden alle Artikel reduziert.

a) Berechne, wie viel die Kleidungsstücke jetzt kosten.

b) Die Hose und das Shirt wurden trotz Rabatt nicht verkauft, daher wird der Preis nochmals um 50 % gesenkt. Wie teuer sind die beiden Kleidungsstücke nun?

226 Die Anne-Frank-Schule besuchen 265 Schüler*innen. Einige engagieren sich in einer AG.

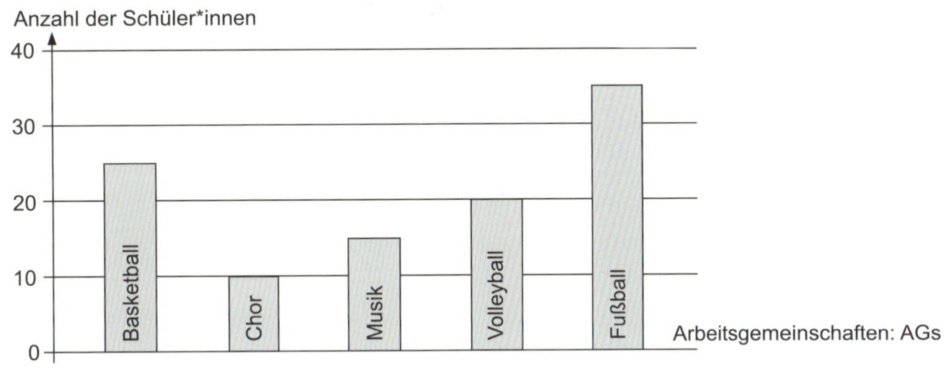

a) Gib die Anzahl der Schüler*innen an, die insgesamt die Arbeitsgemeinschaften nutzen.

b) Berechne die Schülerzahl in den einzelnen Arbeitsgemeinschaften in Prozent.

c) Wie viel Prozent aller Schüler*innen nehmen an einer sportlichen AG teil?

d) Die Teilnehmerzahl in der Fußball-AG stieg im Vergleich zum Vorjahr um 9,375 %. Wie viele Schüler*innen waren letztes Jahr in der Fußball-AG?

227 Antonia möchte ihr Guthaben bei der Landessparkasse anlegen. Zur besseren Übersicht stellt sie den Sparplan in einer Tabellenkalkulation dar.

	A	B	C	D
1	**Sparplan der Landessparkasse**			
2				
3	Sparguthaben in Euro:		5000	
4				
5	**Laufzeit**	**1. Jahr**	**2. Jahr**	**3. Jahr**
6	**Zinssatz (in %)**	2,0	2,5	2,8
7	**Guthaben in Euro**	5000	5100	
8	**Zinsen in Euro**	100		
9	**Gesamtbetrag**	5100		

a) Berechne den Gesamtbetrag nach drei Jahren.

b) Gib die Formel für Zelle B9 an.

c) Mit welchen Formeln kann der Wert in Zelle B8 berechnet werden? Kreuze an.

☐ =C3 * B6 / 100 ☐ =C3 * C6 / 100

☐ =B7 * B6 / 100 ☐ =B7 * D6 / 100

228 Als Veronika geboren wurde, haben ihre Eltern 2 000 DM auf ein Konto eingezahlt. Das Geld wurde pro Jahr mit 5,5 % verzinst.
Auf welchen Betrag ist das Geld bis zu ihrem 15. Geburtstag angewachsen?
(Beachte: 1 € ≈ 1,96 DM)

6 Stochastik

Statistische Kennwerte

Merke

Urliste, Strichliste, Häufigkeitstabelle
Bei statistischen Untersuchungen werden **Daten** in einer **Urliste** gesammelt.
Die Daten der Urliste werden mithilfe einer **Strichliste** geordnet und in einer **Häufigkeitstabelle** übersichtlich dargestellt.

Beispiel

Tina befragt die Schüler der 7 a nach ihrem monatlich verfügbaren Taschengeld. Sie legt eine **Urliste** an:

15 €	17 €	18 €	22 €	17 €	16 €	21 €	16 €	15 €	21 €
21 €	20 €	19 €	18 €	19 €	22 €	21 €	20 €	17 €	17 €
15 €	22 €	20 €	20 €	15 €	21 €	16 €	20 €	20 €	15 €

Ordne die Daten mithilfe einer Strichliste und lege eine Häufigkeitstabelle an.
Lösung:
Strichliste

Taschengeld	15 €	16 €	17 €	18 €	19 €	20 €	21 €	22 €
Anzahl der Schüler	𝍸	III	IIII	II	II	𝍸 I	𝍸	III

Häufigkeitstabelle

Taschengeld	15 €	16 €	17 €	18 €	19 €	20 €	21 €	22 €
Anzahl der Schüler	5	3	4	2	2	6	5	3

Aufgaben

229

Björn befragt für die Schülerzeitung Mitschüler nach der Länge ihres Schulwegs.

2 km	4 km	3 km	4 km	1 km	2 km	6 km	5 km	2 km	1 km	3 km	3 km	2 km	2 km	1 km	4 km
6 km	5 km	4 km	3 km	2 km	2 km	2 km	3 km	6 km	5 km	3 km	4 km	1 km	5 km	2 km	1 km

a) Wie viele Schüler wurden befragt?
b) Lege für das Umfrageergebnis eine Strichliste an.
c) Übertrage das Ergebnis der Strichliste in eine Häufigkeitstabelle.

230

Svenja befragt die 9. Klassen an ihrer Schule nach ihrem monatlichen Taschengeld.

Anja: 30 €	Björn: 40 €	Chris: 35 €	Diana: 32 €	Erik: 40 €	Frank: 34 €
Greg: 31 €	Hannes: 39 €	Ina: 36 €	Joe: 33 €	Karl: 37 €	Lena: 31 €
Maja: 32 €	Nena: 34 €	Olaf: 33 €	Pia: 30 €	Ralf: 38 €	Susi: 31 €
Tanja: 32 €	Ulf: 33 €	Verony: 34 €	Wulf: 35 €	Xenia: 30 €	Alonso: 32 €
Beate: 38 €	Carlo: 37 €	Dennis: 36 €	Emine: 35 €	Fatma: 32 €	Gina: 39 €
Heike: 40 €	Ingo: 39 €	Jens: 37 €	Klara: 38 €	Lucie: 36 €	Mike: 30 €
Nico: 35 €	Otto: 32 €	Paul: 33 €	Roman: 31 €	Steve: 37 €	Tina: 40 €

a) Wie viele Schüler wurden befragt?
b) Lege für das Umfrageergebnis eine Strichliste an.
c) Übertrage das Ergebnis der Strichliste in eine Häufigkeitstabelle.

Merke

Absolute und relative Häufigkeit

- **Absolute Häufigkeit:** Anzahl eines Wertes
- **Relative Häufigkeit:** Anzahl eines Wertes in Bezug auf die Anzahl aller Werte

$$\text{Relative Häufigkeit} = \frac{\text{Absolute Häufigkeit}}{\text{Gesamtzahl der Werte}}$$

Die relative Häufigkeit kann als Bruch, Dezimalbruch oder in Prozent angegeben werden.

Beispiel

Alter der Schüler der Klasse 8 b (25 Schüler):

Alter (Jahre)	13	14	15	16
Strichliste	II	𝍸 𝍸	𝍸 III	𝍸

Bestimme die absolute und die relative Häufigkeit des Alters der Schüler und trage die Ergebnisse in eine Häufigkeitstabelle ein.

Lösung:

Alter (Jahre)	13	14	15	16
absolute Häufigkeit	2	10	8	5
relative Häufigkeit	$\frac{2}{25} = \frac{8}{100} = 0{,}08 = 8\ \%$	$\frac{10}{25} = \frac{40}{100} = 0{,}4 = 40\ \%$	$\frac{8}{25} = \frac{32}{100} = 0{,}32 = 32\ \%$	$\frac{5}{25} = \frac{20}{100} = 0{,}2 = 20\ \%$

Aufgaben

231 Ergebnisse der letzten Mathematikarbeit in den Klassen 9 a und 9 b:

9 a

Noten	1	2	3	4	5	6
Schüler	III	IIII	𝍸 II	III	II	I

9 b

Noten	1	2	3	4	5	6
Schüler	𝍸	II	𝍸 III	𝍸 II	I	II

a) Bestimme für jede Klasse die absolute und die relative Häufigkeit der einzelnen Noten und trage die Ergebnisse in eine Häufigkeitstabelle ein.

b) Bestimme für beide Klassen zusammen die absolute und die relative Häufigkeit der einzelnen Noten und trage die Ergebnisse in eine Häufigkeitstabelle ein.

232 Schülerinnen und Schülern der 10. Klasse wurde folgende Frage gestellt: „Wie oft gehst du werktags abends weg?"

0	1	2	3	4	5
𝍸 𝍸 II	𝍸 𝍸 IIII	𝍸 IIII	𝍸 II	𝍸	III

Lege eine Häufigkeitstabelle an und berechne die absoluten und die relativen Häufigkeiten.

233 Die Antworten auf die Frage: „Wie viel Zeit verbringst du täglich vor dem Fernseher?" wurden zunächst in einer Urliste gesammelt.

Urliste (Stunden vor dem Fernseher):

4 4 3 1 2 1 5 3 2 1 1 3 2 5 4 2 2 5 4 3 2 1 4 2 2 1 3 3 5 4 4 2
2 2 5 1 1 4 3 2 1 5 4 3 2 3 2 2 1 4 5 5 2 3 3 4 2 2 2 1 3 3 1 5

a) Ordne die Daten mithilfe einer Strichliste.

b) Bestimme die absolute und die relative Häufigkeit der einzelnen Zeiten und trage die Ergebnisse in eine Häufigkeitstabelle ein.

Merke

Mittelwert

So kannst du den **Mittelwert $\overline{x}$ (arithmetisches Mittel, Durchschnitt)** berechnen:

- Addiere die Zahlenwerte.
- Dividiere die Summe durch die Anzahl der Werte.

$$\text{Mittelwert } \overline{x} = \frac{\text{Summe aller Werte}}{\text{Anzahl der Werte}}$$

Beispiel

Frau Hansen schreibt jeden Tag ihre Ausgaben auf.

Montag	Dienstag	Mittwoch	Donnerstag	Freitag	Samstag
22,80 €	31,40 €	21,50 €	36,75 €	49,25 €	72,30 €

Wie viel Euro gibt sie durchschnittlich pro Tag aus?

Lösung:

Berechne den Mittelwert der Ausgaben.

$$\overline{x} = \frac{22{,}80\,€ + 31{,}40\,€ + 21{,}50\,€ + 36{,}75\,€ + 49{,}25\,€ + 72{,}30\,€}{6}$$

$$\overline{x} = 39\,€$$

Frau Hansen gibt durchschnittlich 39 € aus.

Aufgaben

234 Sven erzielte in den letzten Englischarbeiten folgende Noten: 3; 4; 2; 2; 5
Berechne seinen Notendurchschnitt.

235 Tina hat im vergangenen Schuljahr folgende Noten in den Mathematikarbeiten erhalten:

Mathematikarbeit Nr.	1	2	3	4	5	6	7	8
Note	2	3	3	2	4	2	3	3

Berechne den Mittelwert ihrer Noten.

236 Morgens um 8 Uhr wurden innerhalb einer Woche die Außentemperaturen gemessen:

Montag	Dienstag	Mittwoch	Donnerstag	Freitag	Samstag	Sonntag
8,2 °C	10,7 °C	12,4 °C	14,1 °C	11,9 °C	12,7 °C	9,8 °C

Wie hoch war diese Woche die durchschnittliche Temperatur um 8 Uhr morgens?

237 Werchojansk in Sibirien gehört zu den kältesten Orten der Welt. Die Tabelle zeigt die monatlichen Durchschnittstemperaturen:

Monat	Jan.	Feb.	März	April	Mai	Juni	Juli	Aug.	Sep.	Okt.	Nov.	Dez.
Temp. in °C	–49	–45	–30	–13	2	12	15	11	2	–14	–37	–46

Berechne die durchschnittliche Jahrestemperatur.

238 Ein Kino ermittelte innerhalb einer Woche folgende Besucherzahlen:

Tag	Mo	Di	Mi	Do	Fr	Sa	So
Besucher	164	157	193	348	425	413	298

a) Wie viele Besucher kamen im Durchschnitt am Tag ins Kino?
Runde das Ergebnis auf eine ganze Zahl.

b) Wie viele Besucher hätten am Sonntag ins Kino kommen müssen, um eine durchschnittliche Besucherzahl von genau 300 zu erreichen?

Merke

Zentralwert

So kannst du den **Zentralwert z (Median)** bestimmen:

- Sortiere die Zahlenwerte der Größe nach.
- **Ungerade Anzahl** von Daten: z ist der Wert in der **Mitte** der Rangliste.
  Gerade Anzahl von Daten: z ist der **Mittelwert** der beiden Werte in der Mitte.

Beispiele

1. Bestimme den Zentralwert für folgende Geldbeträge:
   22,75 € 23,49 € **23,78 €** 24,26 € 25,12 €
   Lösung:
   $z = 23{,}78\ €$
   Ungerade Anzahl (5) von Daten: Der Zentralwert z ist der dritte Wert.

2. Bestimme den Zentralwert für folgende Geldbeträge:
   22,75 € 23,49 € **23,78 €** **24,26 €** 25,12 € 25,98 €
   Lösung:
   $$z = \frac{23{,}78\ € + 24{,}26\ €}{2} = 24{,}02\ €$$
   Gerade Anzahl (6) von Daten: z ist der Mittelwert der beiden in der Mitte stehenden Werte.

Aufgaben

239

Anja notiert ihre Ergebnisse über 100 m.
15,2 s 14,9 s 15,1 s 14,6 s
15,4 s 14,8 s 15,0 s 14,9 s

a) Stelle eine geordnete Rangliste auf.
b) Berechne den Mittelwert und den Zentralwert für die gemessenen Zeiten.

240

Wladimir notiert seine Ergebnisse im Weitsprung.
4,78 m 5,02 m 5,08 m 4,97 m 4,85 m 5,01 m

a) Stelle eine geordnete Rangliste auf.
b) Berechne den Mittelwert und den Zentralwert für die erzielten Weiten.

241

Auf einem Autobahnabschnitt mit einem Tempolimit von 80 $\frac{\text{km}}{\text{h}}$ kontrolliert die Verkehrsüberwachung die Geschwindigkeit der Fahrzeuge.
In einer Minute wurden folgende Geschwindigkeiten in $\frac{\text{km}}{\text{h}}$ gemessen:

105	78	80	88
79	92	85	112
102	77	78	99
80	87	93	103

a) Wie viele Fahrzeuge wurden kontrolliert?
b) Stelle eine geordnete Rangliste auf.
c) Wie viele Fahrzeuge hielten sich an die vorgeschriebene Höchstgeschwindigkeit?
d) Berechne den Mittelwert und den Zentralwert für die gemessenen Geschwindigkeiten.

Grafische Darstellungen und Diagramme

Merke

Diagramme
Die Daten einer Häufigkeitstabelle können in Diagrammen grafisch dargestellt werden. Gebräuchliche Diagrammtypen sind **Säulen-, Balken-, Streifen- und Kreisdiagramm**.

Beispiel

Das Ergebnis einer Prüfung ist in folgender Tabelle dargestellt:

Note	1	2	3	4	5	6
Anzahl	6	7	5	3	2	2

Stelle das Ergebnis in geeigneten Diagrammen dar.

Lösung:

Säulendiagramm

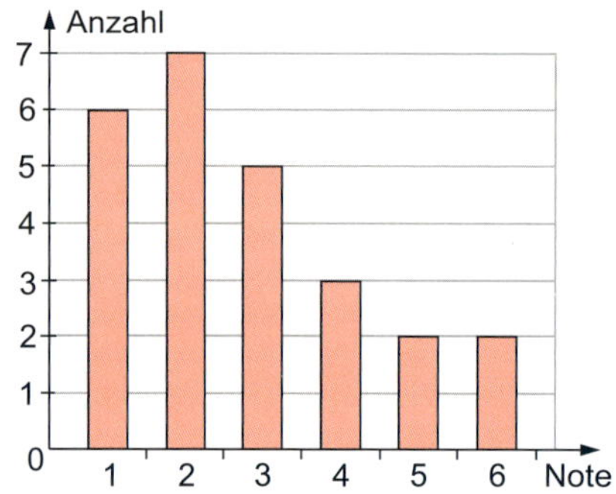

Balkendiagramm

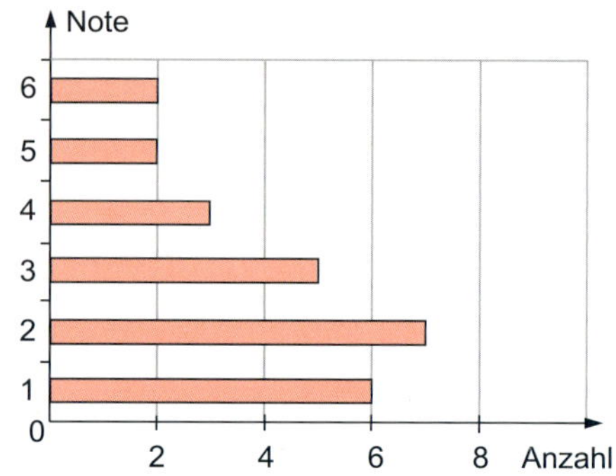

Streifendiagramm

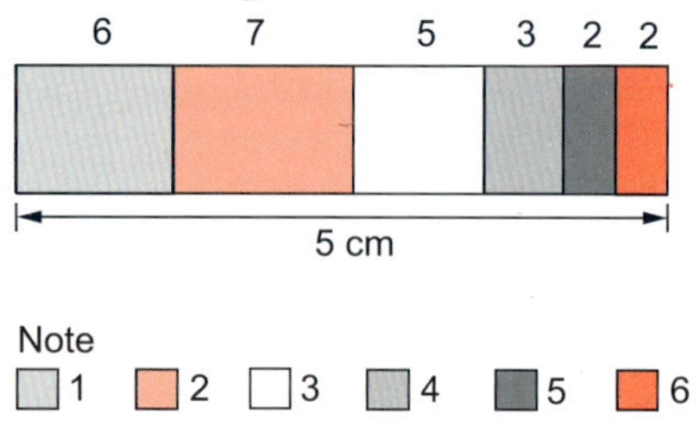

Streifenlänge:
25 Schüler $\hat{=}$ 5 cm
1 Schüler $\hat{=}$ 0,2 cm
6 Schüler $\hat{=}$ 1,2 cm Note 1
7 Schüler $\hat{=}$ 1,4 cm Note 2
5 Schüler $\hat{=}$ 1,0 cm Note 3
3 Schüler $\hat{=}$ 0,6 cm Note 4
2 Schüler $\hat{=}$ 0,4 cm Note 5, Note 6

Kreisdiagramm

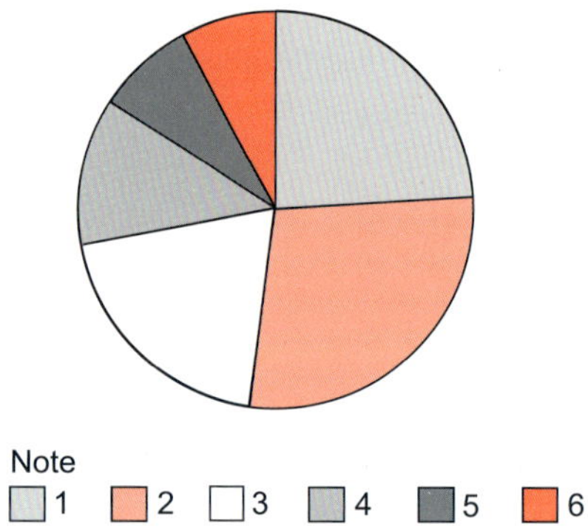

Winkel:
25 Schüler $\hat{=}$ 360°
1 Schüler $\hat{=}$ 14,4°
6 Schüler $\hat{=}$ 86,4° Note 1
7 Schüler $\hat{=}$ 100,8° Note 2
5 Schüler $\hat{=}$ 72° Note 3
3 Schüler $\hat{=}$ 43,2° Note 4
2 Schüler $\hat{=}$ 28,8° Note 5, Note 6

Aufgaben

242 Im Säulendiagramm ist das Ergebnis einer Befragung nach dem Alter der Schülerinnen und Schüler einer Hauptschule grafisch dargestellt.

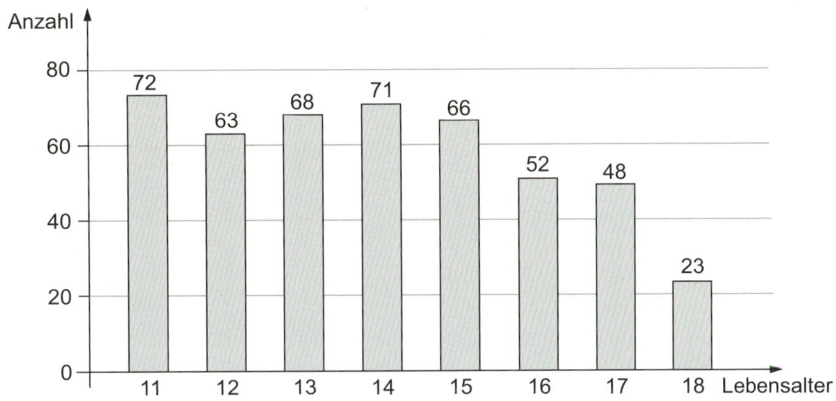

a) Wie viele Schülerinnen und Schüler besuchen die Hauptschule?
b) Berechne das Durchschnittsalter an der Hauptschule.
c) Berechne die relativen Häufigkeiten der einzelnen Altersgruppen und stelle das Ergebnis in einem Kreisdiagramm dar. Runde auf ganze Prozentsätze.

243 So kommen die Schülerinnen und Schüler einer Hauptschule zur Schule:

Verkehrsmittel	Anzahl
zu Fuß	𝍸 𝍸
Fahrrad	𝍸 𝍸 𝍸 𝍸 𝍸 𝍸 𝍸 𝍸 𝍸 𝍸 𝍸 𝍸 𝍸 𝍸 𝍸 |||
Bus/ Bahn	𝍸 ||
Mofa/Roller	𝍸 𝍸 𝍸 𝍸 𝍸 𝍸 𝍸 𝍸 𝍸 𝍸 𝍸 𝍸 𝍸 𝍸 𝍸
Pkw	𝍸 𝍸 𝍸 𝍸

a) Trage die absoluten und die relativen Häufigkeiten in eine Häufigkeitstabelle ein.
b) Stelle die relativen Häufigkeiten in einem Säulendiagramm dar.
Wähle geeignete Einheiten.

244 In der Jahrgangsstufe 8 einer Hauptschule nehmen 60 Schüler an den Wahlpflichtkursen teil.

a) Ermittle aus nebenstehendem Diagramm, wie viele Schüler die jeweiligen Kurse besuchen.
b) Gib die Anteile der Schüler auch in Prozent an.

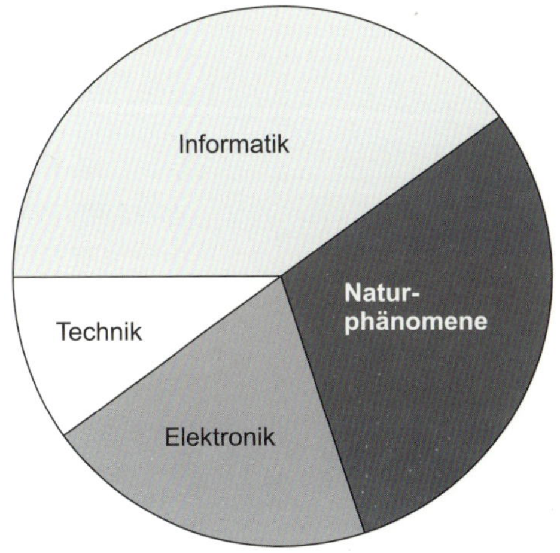

245 Im Anschluss an die Bundesjugendspiele berechnen einige Jungen der Klasse 9 c ihre sportlichen Leistungen im Vierkampf mit einem Tabellenkalkulationsprogramm.

	A	B	C	D	E	F
1	Schüler	Punkte 100 m-Lauf	Punkte Weitsprung	Punkte Kugelstoß	Punkte 1000 m-Lauf	Gesamtpunktzahl
2	Peter	231	308	384		1360
3	Malik	303	332	379	161	1175
4	Simon		446	335	340	1525
5	Franco	411	438		301	1392
6	Mike	315	313	242	291	
7						
8						

a) Berechne den fehlenden Wert aus Zelle F6 und gib die dazugehörige Formel an.
b) Berechne die fehlenden Werte von Peter, Simon und Franco.
c) Welcher Schüler sprang am weitesten?
d) Mit welcher Formel kann die durchschnittliche Gesamtpunktzahl aller Jungen berechnet werden? Kreuze die richtige Formel an und berechne.

☐ = (F2 + F3 + F4 + F5) : 4 ☐ = (F2 + F3 + F4 + F5 + F6) : 5

☐ = (B2 + C2 + D2 + E2) : 4 ☐ = (F2 + F3 + F4 + F5 + F6) · 5

e) Stelle jeweils die Punkte der Jungen im 100 m-Lauf und im 1 000 m-Lauf in einem gemeinsamen Säulendiagramm dar. Wähle geeignete Einheiten.

246 Die Klasse 10 b lässt sich verschiedene Angebote für die Abschlussfahrt erstellen.

a) Raul meint: „Das Angebot der Firma B ist nur halb so teuer wie das der Firma D.“ Maria meint: „Das Angebot der Firma A ist halb so teuer wie das der Firma D.“ Überlege, wie die beiden zu ihrer Aussage kommen. Wer hat recht?
b) Berechne den Zentralwert und den Mittelwert der Reisepreise. Lies die nötigen Informationen dazu aus dem Diagramm ab.

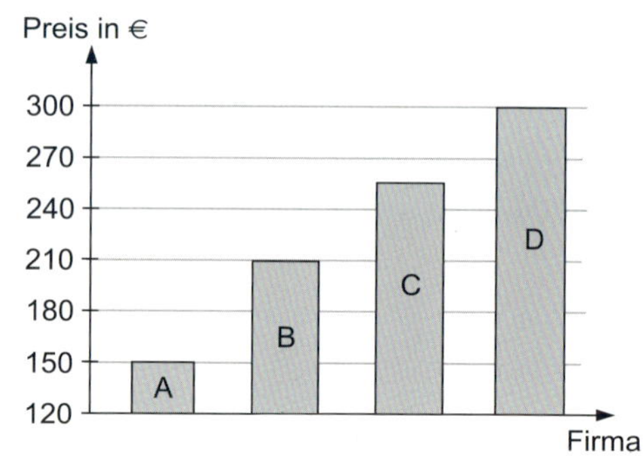

c) Die Klasse entscheidet sich für das Angebot der Firma C. Folgende Leistungen sind in diesem Angebot enthalten:
Fahrt: 65 €; Verpflegung: 60 €; Unterkunft: 110 €; Eintritt in zwei Museen: 20 €
Bestimme die jeweiligen prozentualen Anteile am Gesamtpreis und stelle sie in einem Kreisdiagramm dar.

247 Auf einer beliebten Ferieninsel verbringen jährlich 500 000 Personen unterschiedlicher Nationen ihren Urlaub.
Ermittle aus dem Streifendiagramm, wie viele Urlauber aus den jeweiligen Ländern kommen. Gib auch in Prozent an.

Merke

Darstellung als Boxplot

Ein **Boxplot (Kastenschaubild)** ist eine sehr gute Methode zur grafischen Darstellung einer statistischen Erhebung. Es ermöglicht einen schnellen Überblick, in welchem Bereich die erhobenen Daten liegen und wie sich die Daten über diesen Bereich verteilen.

Man spricht auch von einer **Fünf-Punkte-Verteilung**, bestehend aus:

a_{min}	q_u	z	q_o	a_{max}
Minimum	unteres Quartil	Median	oberes Quartil	Maximum

Beispiel

Bei einer Umfrage zur Höhe des Taschengeldes wurden folgende Angaben ermittelt:

Alex	Conny	Fabian	Maria	Mehmet	Esma	Nina	Aylin	Benny
20 €	16 €	40 €	25 €	50 €	35 €	20 €	20 €	28 €

Erstelle ein Boxplot.

Lösung:

16 € 20 € 20 € 20 € **25 €** 28 € 35 € 40 € **50 €**

a_{min} $\quad q_u = \frac{20\,€ + 20\,€}{2} = 20\,€$ $\quad z$ $\quad q_o = \frac{35\,€ + 40\,€}{2} = 37{,}50\,€$ $\quad a_{max}$

Zunächst werden die Daten in geordneter Reihenfolge herausgeschrieben. Ganz links steht der **kleinste Wert** (Minimum $\mathbf{a_{min}}$), ganz rechts der **größte Wert** (Maximum $\mathbf{a_{max}}$).
In der Mitte der geordneten Reihenfolge befindet sich der **Zentralwert z** (Median).
Das **untere Quartil** $\mathbf{q_u}$ teilt die untere Datenhälfte in zwei gleiche Teile, das **obere Quartil** $\mathbf{q_o}$ teilt die obere Datenhälfte in zwei gleiche Teile. Bei einer geraden unteren bzw. oberen Hälfte muss der Mittelwert der beiden mittleren Werte gebildet werden.

Boxplot:

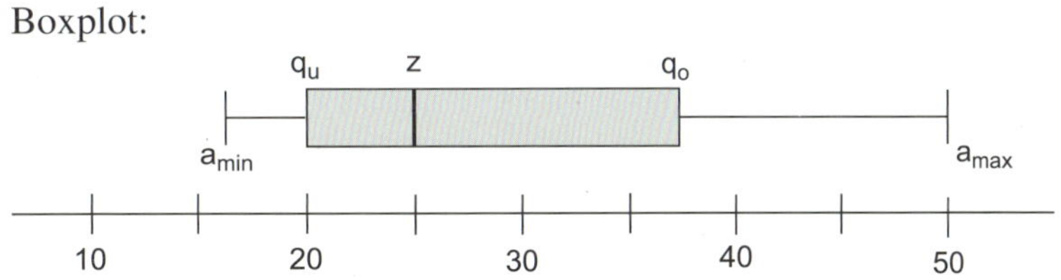

Der Kasten wird von den beiden Quartilen begrenzt. Der Zentralwert ist als (dicker) Strich im Kasten gekennzeichnet. Die Antennen werden links bis zum Minimum und rechts bis zum Maximum gezogen.

Aufgabe 248

Bei einem Autorennen wird auf einer Gerade die Geschwindigkeit der einzelnen Rennwagen gemessen und auf einer Anzeigentafel für die Zuschauer angezeigt.

Rennwagen	1	2	3	4	5	6	7	8	9	10	11	12	13
Geschwindigkeit in km/h	288	306	297	252	296	305	299	261	287	268	281	294	303

a) Bestimme a_{min} und a_{max} mithilfe einer geordneten Rangliste.
b) Ermittle den Zentralwert (Median) und berechne das arithmetische Mittel.
c) Wie groß ist der Unterschied zwischen dem Zentralwert und dem arithmetischen Mittel?
d) Bestimme das untere Quartil und das obere Quartil.
e) Zeichne einen Boxplot mit der entsprechenden Fünf-Punkte-Verteilung.

Merke

Faule Grafiken

Bei der **Auswertung von Grafiken** musst du gut aufpassen. Viele Grafiken vermitteln ein **verzerrtes Bild** der Wirklichkeit. Prüfe deshalb genau, ob die Grafik wirklich das aussagt, was sie aussagen soll. Folgende Fragen helfen dir bei der richtigen Interpretation einer grafischen Darstellung:

- Was zeigt die **Rechtsachse**, was zeigt die **Hochachse**?
- Beginnen die Achsen **bei null**? Sind sie **gleichmäßig eingeteilt**?
- Passt die **Größe der gewählten Symbole** wirklich zur Größe der dargestellten Werte?

Beispiel

Zwei Diagramme zeigen die Umsätze eines Supermarkts.
Worin unterscheiden sich die Diagramme? Was bewirken diese Unterschiede?

Diagramm 1

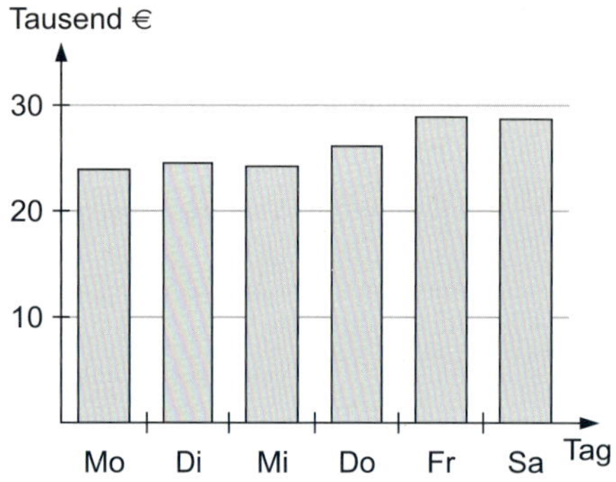

Diagramm 2

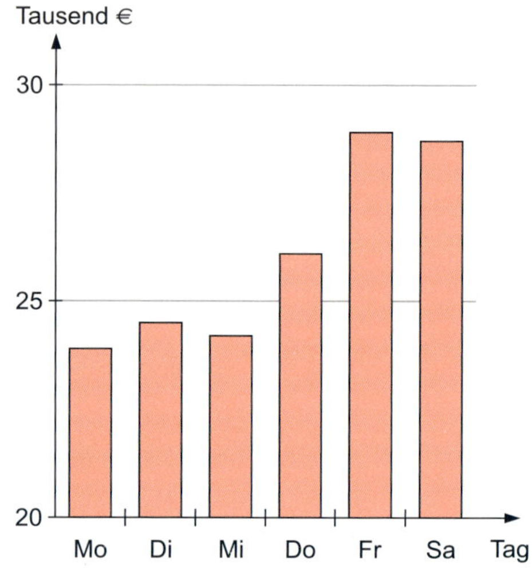

Lösung:
In Diagramm 1 beginnt die y-Achse bei 0 €, je 10 000 € wird die Säule 1 cm höher. Die Unterschiede zwischen den Werten von Montag bis Mittwoch sind kaum ersichtlich. Betont wird, dass sich der Umsatz von Montag bis Freitag zwischen 24 000 € und 29 000 € bewegt. In Diagramm 2 beginnt die y-Achse bei 20 000 €, der Abstand zwischen 20 000 € und 30 000 € beträgt 5 cm. Der Unterschied zwischen den Tagesumsätzen tritt hier deutlich hervor.

Aufgaben

249 Ein privates Geldinstitut plant eine Sonderaktion für ihre Sparer. Der Marketingleitung liegen für die Werbeaktion zwei Entwürfe vor.

Entwurf 1

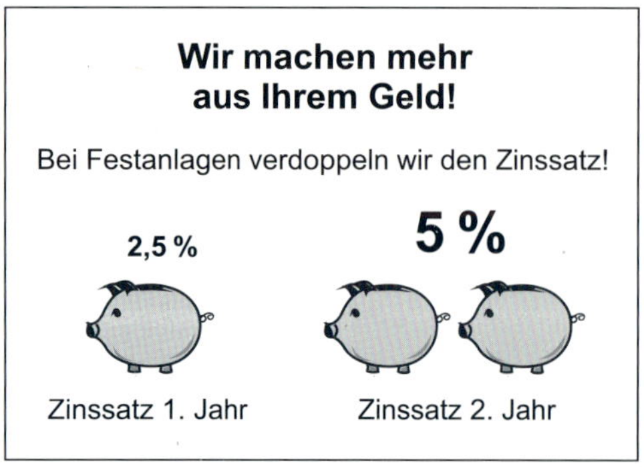

Entwurf 2

Für welchen Entwurf wird sich das Marketing wahrscheinlich entscheiden und warum?

250 Christian und Christiane machen bei einem 5-km-Lauf im Harz mit. In der Schule zeigen sie stolz das Höhenprofil ihres Laufs. Die Klassenkameradinnen und -kameraden staunen nicht schlecht. Warum?

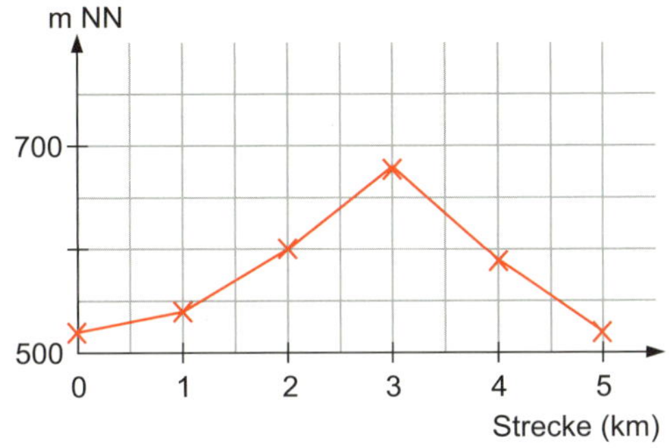

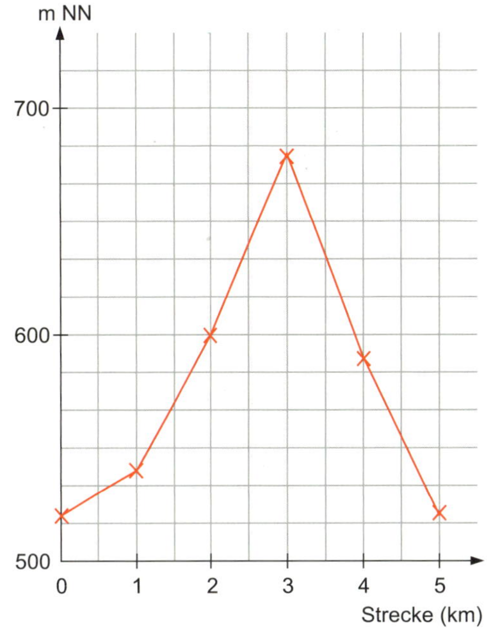

251 Vergleiche die beiden Charts der Aktie eines Sportartikelherstellers.

a) Wo liegen die Gemeinsamkeiten und Unterschiede?

b) Würdest du einem guten Freund raten, die Aktie zu kaufen? Begründe deine Meinung.

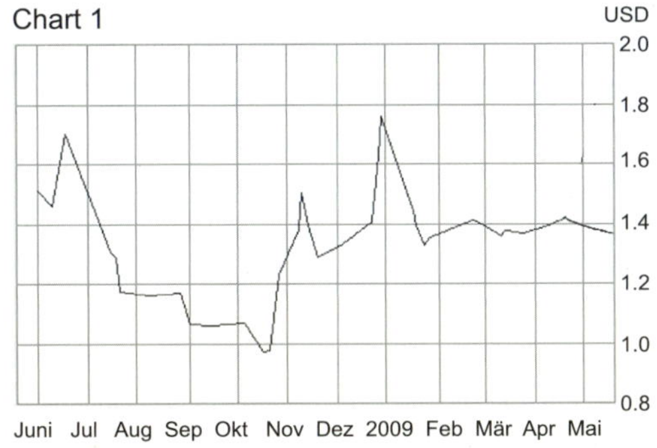

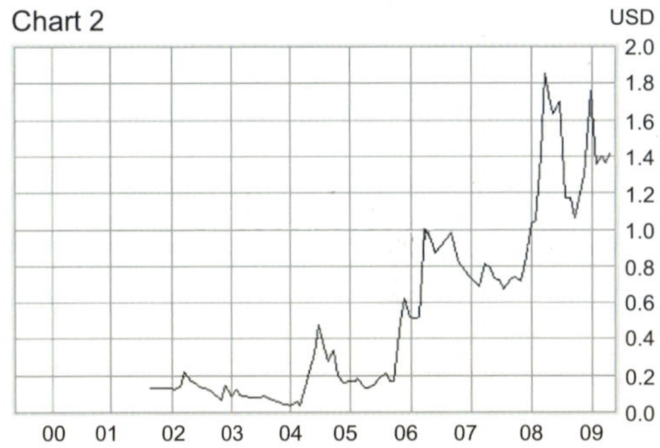

252 Dein Anlageberater möchte dich mit dem 1. Chart zum Kauf der Aktie eines Finanzunternehmens überreden. Zu Hause findest du noch einen 2. Chart der Aktie. Wie entscheidest du dich?

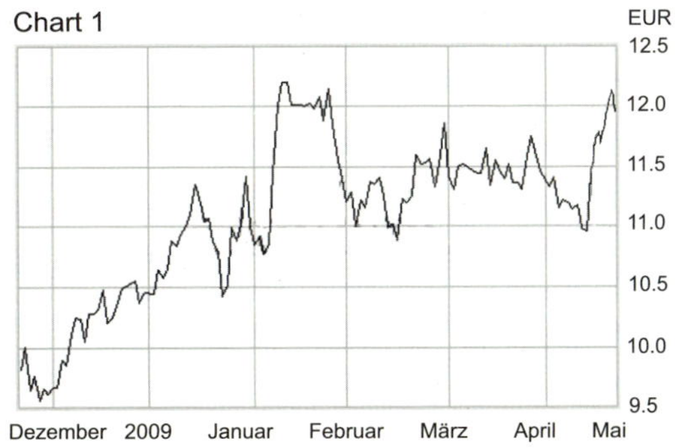

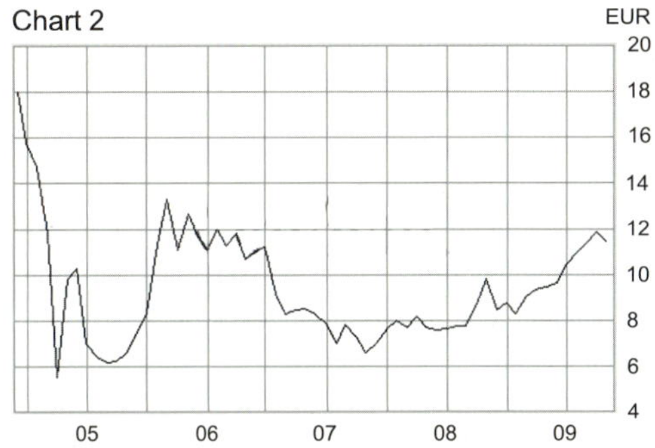

Einfacher Zufallsversuch

Merke

Zufallsversuch und Wahrscheinlichkeit

- Man spricht von einem **Zufallsversuch**, wenn sich das Ergebnis eines solchen Versuchs auch nach einer Vielzahl von Wiederholungen nicht vorhersagen lässt.
- Mehrere Ergebnisse eines Zufallsversuchs kann man zu einem **Ereignis** zusammenfassen.
- Wenn alle Ergebnisse eines Zufallsversuchs gleich wahrscheinlich sind, kann man die **Wahrscheinlichkeit P** eines Ereignisses berechnen:

$$P = \frac{\text{Anzahl der günstigen Ergebnisse}}{\text{Anzahl aller möglichen Ergebnisse}}$$

Beispiele

1. **Münze**

Beim Münzwurf sind **Zahl** und **Wappen** gleich wahrscheinlich.

Würfel

Beim Spielen mit dem Würfel sind die Augenzahlen **1**, **2**, **3**, **4**, **5** und **6** gleich wahrscheinlich.

Urne

Beim Ziehen der Lottozahlen sind die Kugeln von **1 bis 49** gleich wahrscheinlich.

Glücksrad

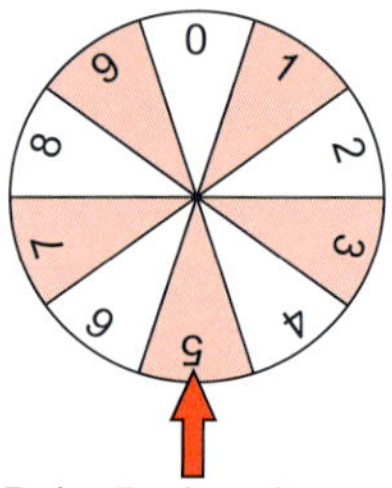

Beim Drehen des Glücksrads sind die Zahlen von **0 bis 9** gleich wahrscheinlich.

2. Julia spielt mit einem Würfel.
Wie groß ist die Wahrscheinlichkeit dafür, dass sie eine ungerade Augenzahl würfelt?
Lösung:
Anzahl der günstigen Ergebnisse: 3 (1; 3; 5)
Anzahl aller möglichen Ergebnisse: 6 (1; 2; 3; 4; 5; 6)

$$P = \frac{\text{Anzahl der günstigen Ergebnisse}}{\text{Anzahl aller möglichen Ergebnisse}} = \frac{3}{6} = \frac{1}{2} = 0,5 = 50\ \%$$

Die Wahrscheinlichkeit für das Ereignis „ungerade Zahl“ beträgt $\frac{1}{2} = 0,5 = 50\ \%$.

3. In einem Behälter (in den man nicht hineinsehen kann) befinden sich sieben schwarze und drei weiße Kugeln.
Wie groß ist die Wahrscheinlichkeit dafür, eine weiße Kugel zu ziehen?

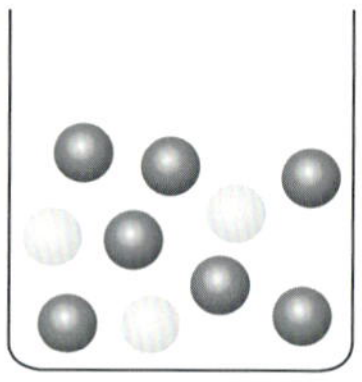

Lösung:
Anzahl der günstigen Ergebnisse: 3 (weiße Kugeln)
Anzahl aller möglichen Ergebnisse: 10 (alle Kugeln)

$$P = \frac{\text{Anzahl der günstigen Ergebnisse}}{\text{Anzahl aller möglichen Ergebnisse}} = \frac{3}{10} = 0,3 = 30\ \%$$

Die Wahrscheinlichkeit für das Ereignis „weiße Kugel“ beträgt $\frac{3}{10} = 0,3 = 30\ \%$.

Aufgaben

253 Nina spielt mit einem Würfel.
Wie groß ist die Wahrscheinlichkeit für folgende Ereignisse?
a) Die Augenzahl ist gerade.
b) Die Augenzahl ist größer als 3.
c) Nina würfelt eine Primzahl.

254 Peter und Tanja spielen mit einem Würfel. Sie vereinbaren folgende Regeln:
- Tanja erhält einen Punkt, wenn die Augenzahl kleiner als 3 ist.
- Peter erhält einen Punkt, wenn die Augenzahl größer als 3 ist.
- Gewonnen hat, wer zuerst 10 Punkte erreicht.

Wer hat die besseren Gewinnchancen? Begründe deine Antwort.

255 Auf einem Glücksrad sind die Zahlen 1 bis 24 abgebildet.
- Dennis gewinnt, wenn eine durch 3 teilbare Zahl erscheint, die größer ist als 3.
- Julia gewinnt, wenn das Glücksrad eine Primzahl anzeigt.

a) Bei welchen Zahlen gewinnt Dennis?
b) Bei welchen Zahlen gewinnt Julia?
c) Wie groß ist die Wahrscheinlichkeit dafür, dass beim Drehen des Glücksrades keiner von beiden gewinnt?

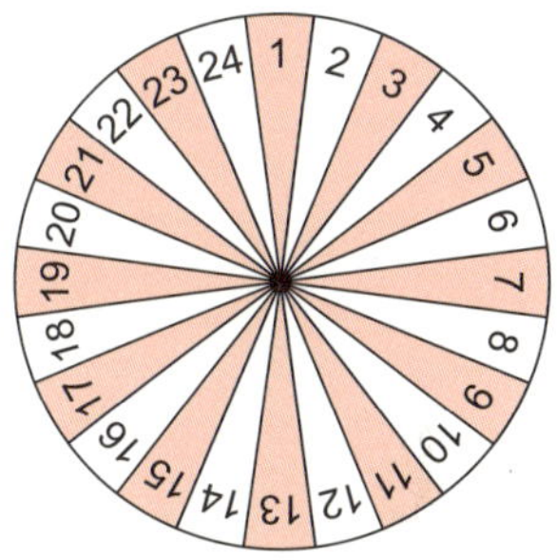

256 In einem Behälter (in den man nicht hineinsehen kann) liegen weiße und schwarze Kugeln. Zusammen sind es 48 Kugeln. Die Wahrscheinlichkeit, eine weiße Kugel zu ziehen, beträgt $\frac{2}{3}$.
Wie viele weiße und wie viele schwarze Kugeln befinden sich in dem Behälter?

257 In einem Behälter befinden sich schwarze und weiße Kugeln. Stelle dir vor, du sollst eine Kugel aus dem Behälter ziehen – ohne dabei in den Behälter hineinzusehen.
a) Wie groß ist die Wahrscheinlichkeit dafür, eine schwarze Kugel zu ziehen?
b) Wie groß ist die Wahrscheinlichkeit dafür, eine weiße Kugel zu ziehen?

Gib das Ergebnis jeweils als gekürzten Bruch, als Dezimalzahl und in Prozent an.

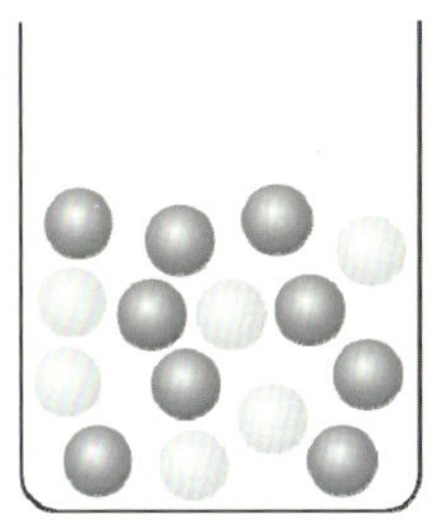

258 Cem verteilt an seinem Geburtstag Bonbons in der Klasse. In der Tüte befinden sich zwölf rote, acht blaue und vier gelbe Bonbons. Sanja darf als erste in die Tüte greifen.
a) Wie groß ist die Wahrscheinlichkeit, dass sie kein blaues Bonbon bekommt, wenn sie beim Ziehen nicht in die Tüte schaut?
b) Sanja hat ein gelbes Bonbon gezogen. Wie groß ist die Wahrscheinlichkeit, dass der Schüler, der als nächstes in die Tüte greift, ebenfalls ein gelbes Bonbon bekommt?

Mehrstufiger Zufallsversuch

Merke

Mehrstufiger Zufallsversuch
- Wird ein Zufallsversuch zweimal (dreimal, mehrmals) durchgeführt, spricht man von einem **zweistufigen (dreistufigen, mehrstufigen) Zufallsversuch**.
- Die Ergebnisse (Elementarereignisse) lassen sich in einem **Baumdiagramm** darstellen. Dabei kann ein **Ergebnis als Pfad** veranschaulicht werden.

Beispiel

Eine Münze wird zweimal geworfen.
Stelle die möglichen Ergebnisse in einem Baumdiagramm dar (Wappen = W; Zahl = Z), gib alle möglichen Spielausgänge an und veranschauliche den Pfad des Ergebnis „Es fällt zweimal Zahl“.

Lösung:

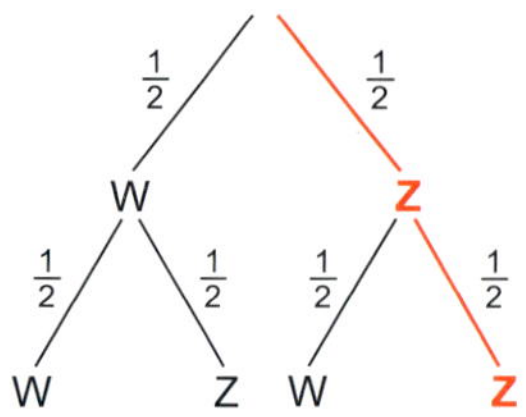

Folgende Spielausgänge sind möglich: (WW); (WZ); (ZW); (ZZ)
Der rote Pfad veranschaulicht das Ergebnis (ZZ).

Merke

Pfadregeln
- **1. Pfadregel (Produktregel):**
  Die Wahrscheinlichkeit eines **Ergebnisses** ergibt sich aus dem **Produkt** der Wahrscheinlichkeiten **entlang des Pfades**.
- **2. Pfadregel (Summenregel):**
  Gehören **mehrere Pfade** zu einem **Ereignis**, ist die Wahrscheinlichkeit für dieses Ereignis gleich der **Summe der Einzelwahrscheinlichkeiten**.

Beispiele

1. Wie groß ist beim zweimaligen Münzwurf die Wahrscheinlichkeit, dass zweimal Zahl fällt?
   Lösung:
   $$P(ZZ) = \frac{1}{2} \cdot \frac{1}{2} = \frac{1}{4} = 0{,}25 = 25\ \%$$
   Wende die 1. Pfadregel an.
   Die Wahrscheinlichkeit für das Ergebnis „zweimal Zahl“ beträgt 25 %.
2. Wie groß ist die Wahrscheinlichkeit dafür, dass beim zweimaligen Werfen einer Münze mindestens einmal Zahl fällt?
   Lösung:
   $$P(ZZ; ZW; WZ) = \frac{1}{4} + \frac{1}{4} + \frac{1}{4} = \frac{3}{4} = 0{,}75 = 75\ \%$$
   Mindestens einmal Zahl heißt entweder einmal Zahl oder zweimal Zahl. Wende die 2. Pfadregel an.
   Die Wahrscheinlichkeit dafür, dass mindestens einmal Zahl fällt, beträgt 75 %.

Merke

Ereignis und Gegenereignis

Man kann die Wahrscheinlichkeit eines **Ereignisses E** auch mithilfe des **Gegenereignisses $\bar{E}$** berechnen. Dabei gilt: $P(E) = 1 - P(\bar{E})$

Beispiel

Wie groß ist die Wahrscheinlichkeit dafür, dass beim zweimaligen Werfen einer Münze mindestens einmal Zahl fällt?

Lösung:

$$P(ZZ;\, ZW;\, WZ) = 1 - P(WW) = 1 - \frac{1}{4} = \frac{3}{4} = 75\,\%$$

Gegenereignis zum Ereignis mindestens einmal Zahl ist keinmal Zahl, also zweimal Wappen (WW).

Aufgaben

259 Ein Würfel wird zweimal geworfen (zweistufiger Zufallsversuch). Bei diesem Versuch kommt es nur darauf an, ob eine 6 gewürfelt wird oder nicht ($\not{6}$).

a) Vervollständige das Baumdiagramm.

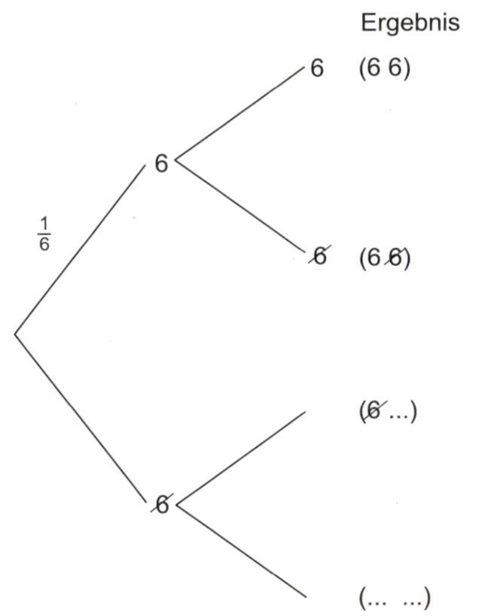

Berechne die Wahrscheinlichkeiten für folgende Ereignisse bei zwei Würfen:

b) Es werden zwei Sechsen gewürfelt.

c) Es wird mindestens eine Sechs gewürfelt.

d) Beim zweiten Wurf wird eine Sechs gewürfelt.

260 In einem Behälter befinden sich fünf schwarze (S) und drei weiße (W) Kugeln. Aus dem Behälter werden mit verbundenen Augen zwei Kugeln gezogen (mit Zurücklegen, d. h., eine gezogene Kugel wird sofort wieder in den Behälter zurückgelegt, noch bevor die nächste Kugel gezogen wird).

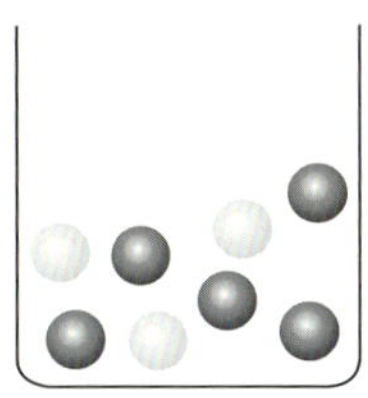

a) Stelle diesen zweistufigen Zufallsversuch in einem Baumdiagramm dar.

Bestimme die Wahrscheinlichkeit dafür, …

b) zwei schwarze Kugeln zu ziehen.

c) eine schwarze und eine weiße Kugel zu ziehen.

d) mindestens eine weiße Kugel zu ziehen.

e) höchstens eine weiße Kugel zu ziehen.

f) keine schwarze Kugel zu ziehen.

261 Eine Münze wird dreimal geworfen.

a) Veranschauliche diesen Zufallsversuch in einem Baumdiagramm.

Wie groß ist die Wahrscheinlichkeit, dass dabei …

b) dreimal hintereinander Zahl fällt?

c) genau zweimal Wappen fällt?

d) keine Zahl fällt?

e) mindestens einmal Zahl fällt?

262 Bei einer Geburtstagsfeier liegen unter einer Decke fünf rote, vier orange und drei grüne Bonbons. Ein Kind zieht blind zwei Bonbons, ohne sie zurückzulegen. Haben die beiden Bonbons dieselbe Farbe, darf das Kind sie behalten.

a) Veranschauliche diesen Zufallsversuch in einem Baumdiagramm.

b) Zeige, dass die Wahrscheinlichkeit, zwei gleichfarbige Bonbons zu ziehen, 28,8 % beträgt.

c) Berechne die Wahrscheinlichkeit, ein rotes und ein grünes Bonbon zu ziehen.

263 Durch einer Geschwindigkeitskontrolle der Polizei fuhren 41 % Frauen und 59 % Männer. 8,3 % der Frauen und 14,6 % der Männer wurden wegen überhöhter Geschwindigkeit geblitzt. Die restlichen Fahrer haben sich an die erlaubte Höchstgeschwindigkeit gehalten.

a) Stelle den Sachverhalt in folgendem Baumdiagramm dar.

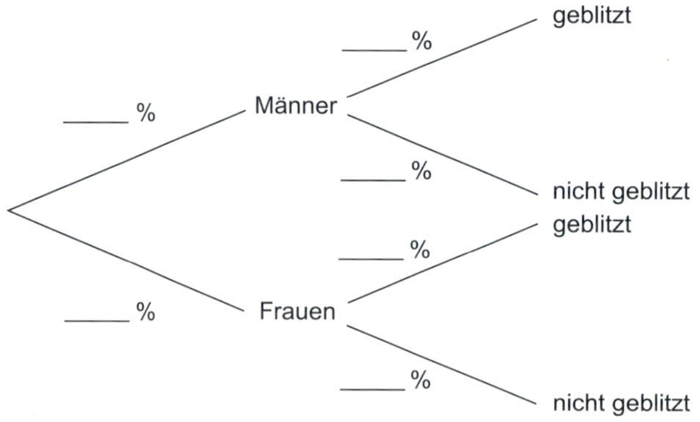

b) Wie hoch war die Wahrscheinlichkeit, dass in einem vorbeifahrenden Auto eine Frau saß, die geblitzt wurde?

c) Mit welcher Wahrscheinlichkeit wurde ein vorbeifahrendes Auto geblitzt?

264 Im Eiscafé Dolomiti ist ein Viertel aller verkauften Eiskugeln Fruchteis. Davon sind 26 % Erdbeere, 56 % Zitrone und 18 % Waldbeere. Drei Viertel der verkauften Kugeln sind Milcheis. Davon sind 40 % Schokolade, 37 % Vanille und 23 % Nuss.

a) Zeichne ein Baumdiagramm und stelle den Sachverhalt dar.

b) Mit welcher Wahrscheinlichkeit kauft der nächste Kunde eine Kugel Erdbeere (eine Kugel Schokolade)?

c) Wie hoch ist die Wahrscheinlichkeit, dass ein Kunde entweder eine Kugel Nuss oder eine Kugel Zitrone kauft?

Fit für die Zentrale Prüfung?

265 *„Unsere Tarife sind in den letzten zwei Jahren um die Hälfte gefallen."*

Erkläre, wie die Firma auf diesen Slogan kommt, und begründe, warum die Aussage nicht richtig ist.

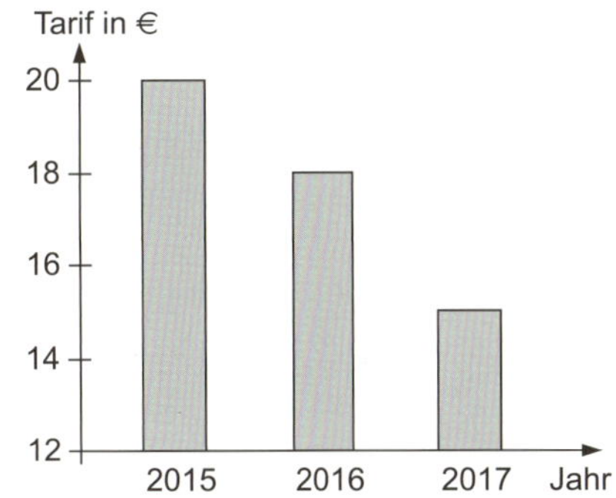

266 Auf einem Schulfest möchte die Klasse 10b ein Glücksrad aufbauen. Dreht man ein graues Feld, dann gewinnt man.

a) Schraffiere beide Glücksräder so, dass die Gewinnchance bei einem Versuch jeweils bei ca. 33 % liegt.

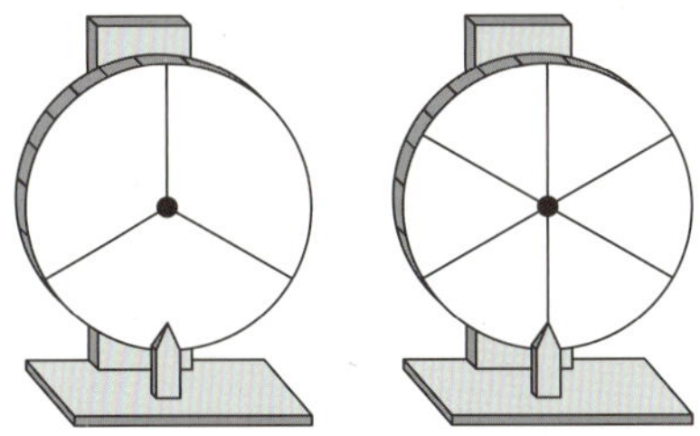

b) Wie groß ist jeweils die Wahrscheinlichkeit, beim zweimaligen Drehen kein graues Feld zu treffen? Kreuze an.

☐ 33 % ☐ 44 % ☐ 55 %

c) Simon behauptet, die Chance, dreimal hintereinander zu gewinnen, liegt bei unter 1 %. Nimm Stellung zu dieser Aussage.

267 Betrachte das Netz des abgebildeten Spielwürfels.

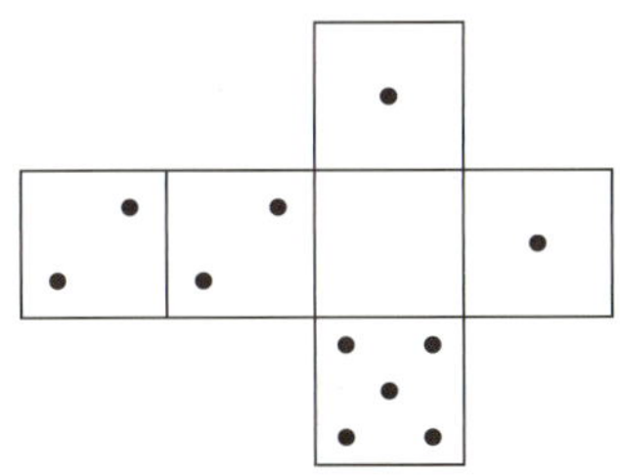

a) Wie groß ist die Wahrscheinlichkeit, mit dem Würfel eine 5 zu werfen?

b) Die Klasse 10a hat insgesamt 200-mal gewürfelt und 33-mal dasselbe Ergebnis erzielt. Welche Ergebnisse könnten das gewesen sein?

268 Die Schüler der 9. Jahrgangsstufe haben in einer Umfrage angegeben, wie lange sie pro Tag das Handy nutzen. Die Ergebnisse wurden in einem Boxplot dargestellt.

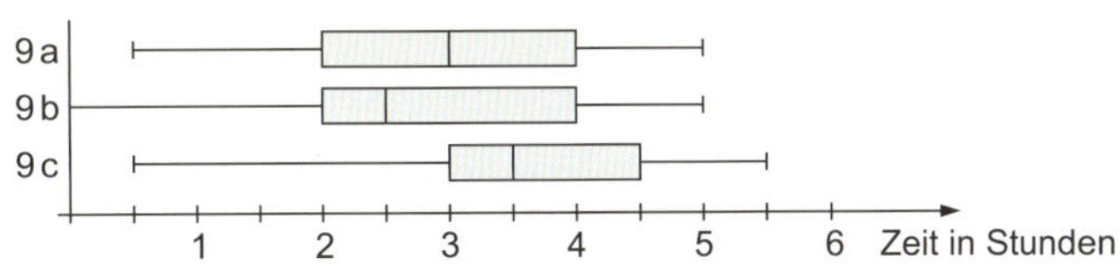

Kreuze jeweils an, ob die Aussage richtig oder falsch ist oder ob keine Aussage dazu gemacht werden kann.

	richtig	falsch	keine Aussage möglich
a) In jeder Klasse gibt es Schüler, die das Handy nicht nutzen.	☐	☐	☐
b) Es gibt Schüler, die nie das Handy nutzen.	☐	☐	☐
c) Die Schüler der Klasse 9c surfen häufiger im Internet als Schüler der Klassen 9a und 9b.	☐	☐	☐
d) Manche Schüler benutzen das Handy länger als 5 h.	☐	☐	☐
e) Im Durchschnitt nutzen die Schüler der 9b das Handy 2,5 h.	☐	☐	☐
f) Die Schüler der 9a nutzen das Handy zwischen 2 h und 4 h.	☐	☐	☐

7 Geometrie der Ebene

Dreiecke

Merke

Allgemeines Dreieck

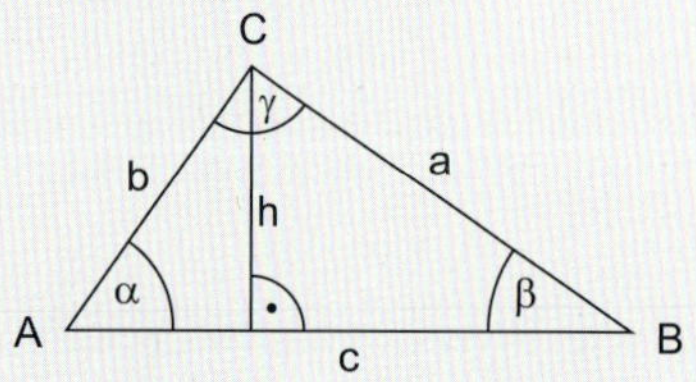

Umfang: $u = a + b + c$

Flächeninhalt: $A = \frac{g \cdot h}{2}$

$A = \frac{a \cdot h_a}{2} = \frac{b \cdot h_b}{2} = \frac{c \cdot h_c}{2}$

Winkelsumme: $\alpha + \beta + \gamma = 180°$

Gleichschenkliges Dreieck

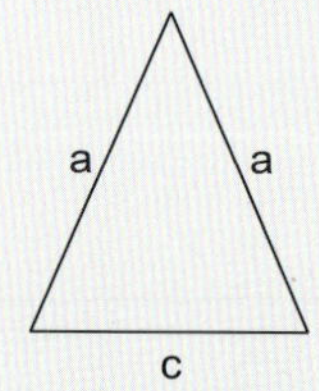

Gleichseitiges Dreieck

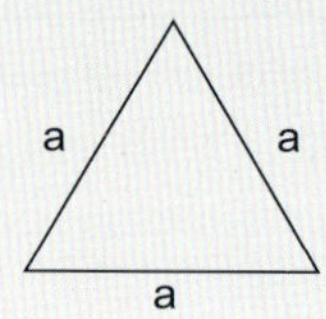

Beispiele

1. Die Grundseite eines Dreiecks ist 4,5 cm lang. Die Höhe beträgt 5 cm. Berechne den Flächeninhalt des Dreiecks.
   Lösung:
   $A = \frac{4{,}5\ \text{cm} \cdot 5\ \text{cm}}{2}$ $\qquad A = \frac{g \cdot h}{2}$
   $A = 11{,}25\ \text{cm}^2$

2. Ein Dreieck hat einen Flächeninhalt von 50 cm^2. Seine Grundseite ist 12,5 cm lang. Berechne die Höhe des Dreiecks.
   Lösung:
   $50\ \text{cm}^2 = \frac{12{,}5\ \text{cm} \cdot h}{2} \quad | \cdot 2$ $\qquad A = \frac{g \cdot h}{2}$
   $100\ \text{cm}^2 = 12{,}5\ \text{cm} \cdot h \quad | : 12{,}5\ \text{cm}$
   $8\ \text{cm} = h$

Aufgaben

269

Markiere die zusammengehörigen Grundseiten und Höhen jeweils in der gleichen Farbe. Berechne danach den Flächeninhalt auf drei unterschiedliche Weisen. Die benötigten Maße kannst du aus der Zeichnung entnehmen. Runde auf eine Dezimalstelle, falls nötig.

a)

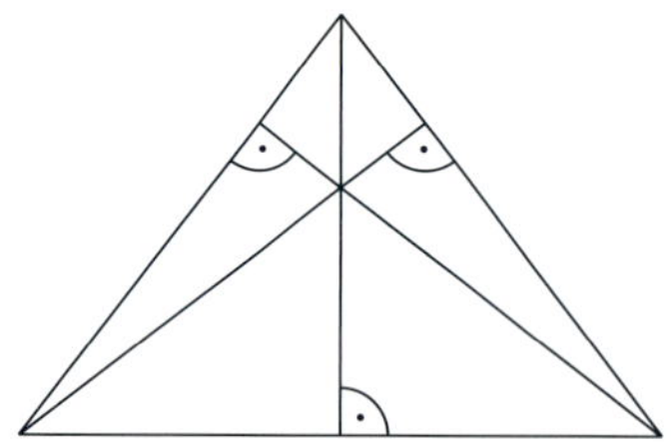

b)

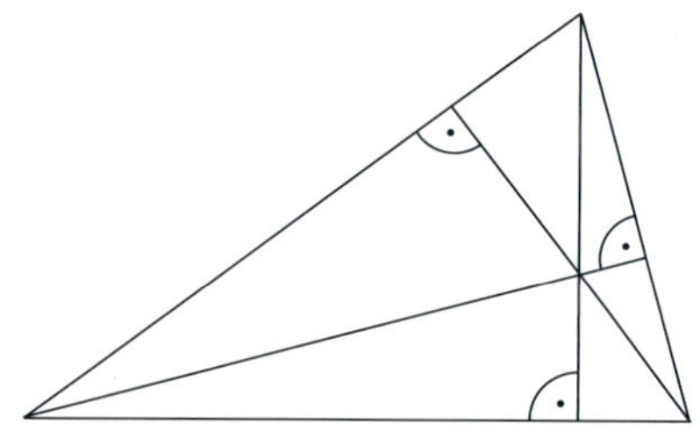

270 Berechne die fehlenden Werte der Dreiecke.

	Grundseite g	Höhe h	Flächeninhalt A
a)	7 cm	4 cm	
b)	3,9 m	2 m	
c)	19 cm		114 cm^2
d)		8 dm	104 dm^2
e)	10,5 cm		73,5 cm^2
f)		9 cm	100,8 cm^2

Merke

Rechtwinkliges Dreieck
Die beiden Seiten a und b, die den rechten Winkel einschließen, nennt man **Katheten**. Die Seite, die dem rechten Winkel gegenüberliegt, heißt **Hypotenuse**.

Flächeninhalt: $A = \frac{a \cdot b}{2}$

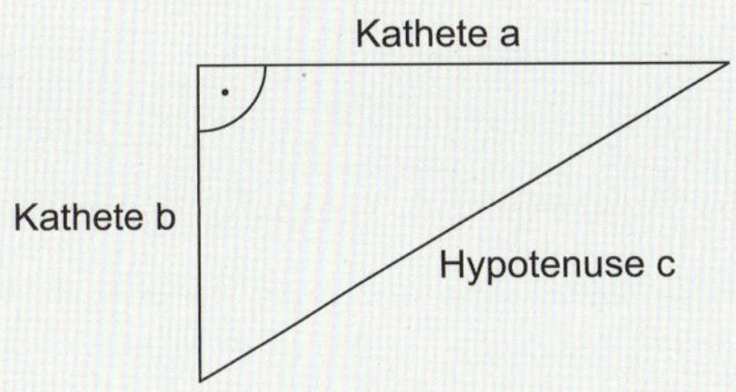

Beispiel

Berechne den Flächeninhalt eines rechtwinkligen Dreiecks mit den Katheten a = 6 cm und b = 8 cm.
Lösung:

$A = \frac{6\text{ cm} \cdot 8\text{ cm}}{2}$ $\quad A = \frac{a \cdot b}{2}$

$A = 24\text{ cm}^2$

Aufgaben

271 Berechne die fehlenden Werte der rechtwinkligen Dreiecke.

	Kathete a	Kathete b	Flächeninhalt A
a)	24 cm	36 cm	
b)	7,6 dm	1,4 dm	
c)	4,8 m		18,72 m^2
d)		5,4 m	4,32 m^2

272 Familie Kreuz legt in ihrem Garten neue Beete an. Im Beet 1 werden Salate gesetzt, im Beet 2 wachsen Tulpen und im Beet 3 werden Erdbeeren gepflanzt.

a) Berechne den Flächeninhalt des Salatbeets.
b) Welche Höhe muss Beet 3 haben, damit es einen Flächeninhalt von 26,8 m^2 hat?
c) Gib zwei verschiedene Möglichkeiten für Höhe und Grundseite des zweiten Beetes an, damit den Tulpen eine Fläche von 24 m^2 zur Verfügung steht.

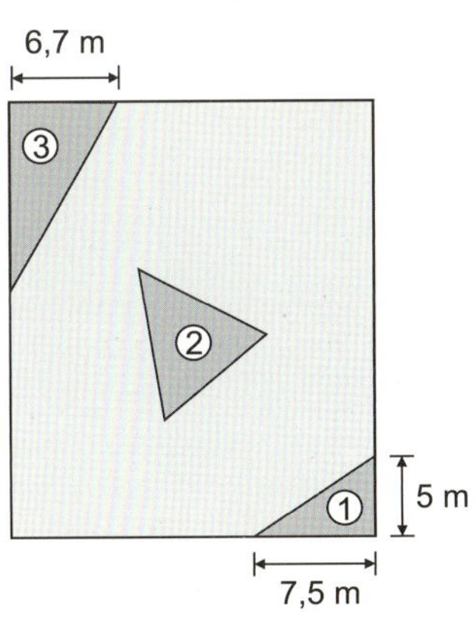

Der Satz des Pythagoras

Merke

Satz des Pythagoras

In jedem **rechtwinkligen Dreieck** gilt:
Die Quadrate über den Katheten sind zusammen flächengleich zu dem Quadrat über der Hypotenuse.

$a^2 + b^2 = c^2$

Dabei sind a und b die Katheten, c ist die Hypotenuse.

Die **Umkehrung** gilt ebenfalls:
Gilt der Satz des Pythagoras in einem Dreieck, ist das Dreieck rechtwinklig.

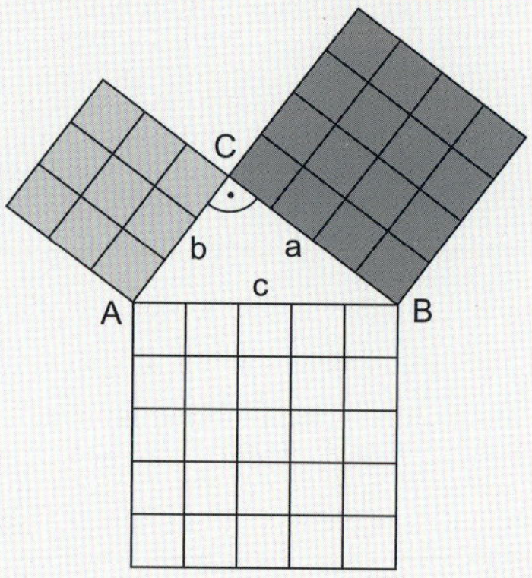

Beispiele

1. Berechne die fehlende Seite: Kathete $a = 8$ cm; Kathete $b = 6$ cm

Lösung:

$(8\text{ cm})^2 + (6\text{ cm})^2 = c^2$ $\quad a^2 + b^2 = c^2$
$64\text{ cm}^2 + 36\text{ cm}^2 = c^2$
$100\text{ cm}^2 = c^2 \quad |\sqrt{\ }$
$10\text{ cm} = c$

2. Berechne die fehlende Seite: Kathete $a = 5$ cm; Hypotenuse $c = 13$ cm

Lösung:

$(5\text{ cm})^2 + b^2 = (13\text{ cm})^2$ $\quad a^2 + b^2 = c^2$
$25\text{ cm}^2 + b^2 = 169\text{ cm}^2 \quad |-25\text{ cm}^2$
$b^2 = 144\text{ cm}^2 \quad |\sqrt{\ }$
$b = 12\text{ cm}$

273 Ergänze die fehlenden Werte der rechtwinkligen Dreiecke.

	Kathete a	Kathete b	Hypotenuse c
a)	33 cm	56 cm	
b)	6,5 cm		9,7 cm
c)		80 dm	89 dm
d)	55 cm	48 cm	

274 Ein rechtwinkliges Dreieck hat die Hypotenuse $c = 6{,}5$ cm und die Kathete $a = 2{,}5$ cm.

a) Berechne die Länge der Seite b.
b) Berechne den Flächeninhalt des Dreiecks.
c) Berechne die Höhe h_c.

275 Ein rechtwinkliges Dreieck hat die Katheten $a = 8$ cm und $b = 4{,}5$ cm.
Wie lang ist die Hypotenuse c?

276 Berechne Umfang und Flächeninhalt der rechtwinkligen Dreiecke.

a)

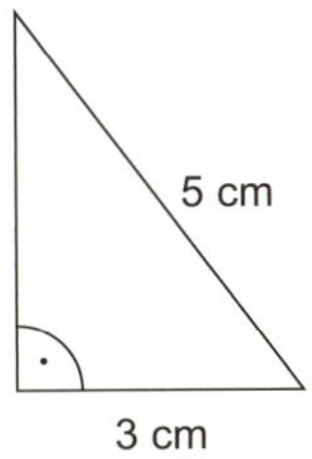

b)

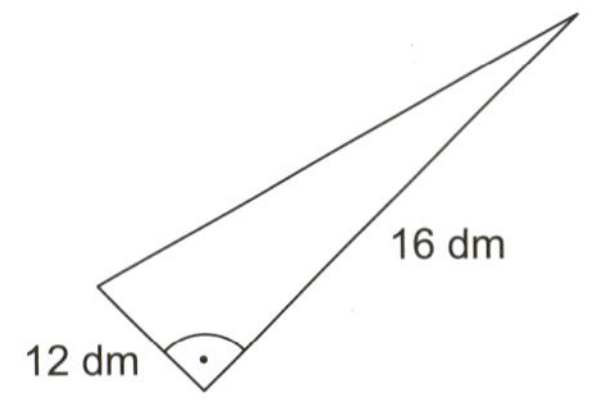

c)

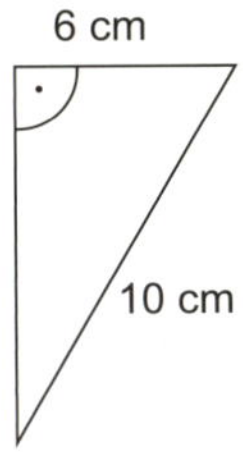

d)

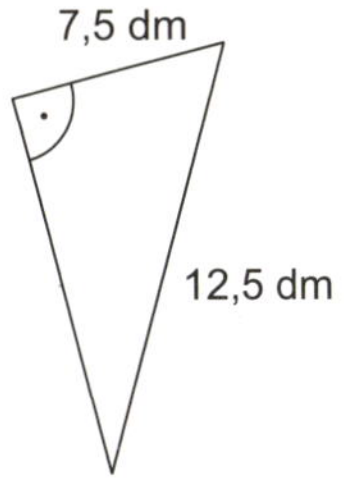

277 Im Fußballtraining sprinten die Spieler vom 1. FC Köln jeweils diagonal durch den 5-m-Raum, durch den 16-m-Raum, durch das halbe und durch das gesamte Spielfeld. Berechne die gesprintete Gesamtstrecke. Runde alle Ergebnisse auf eine Dezimalstelle.

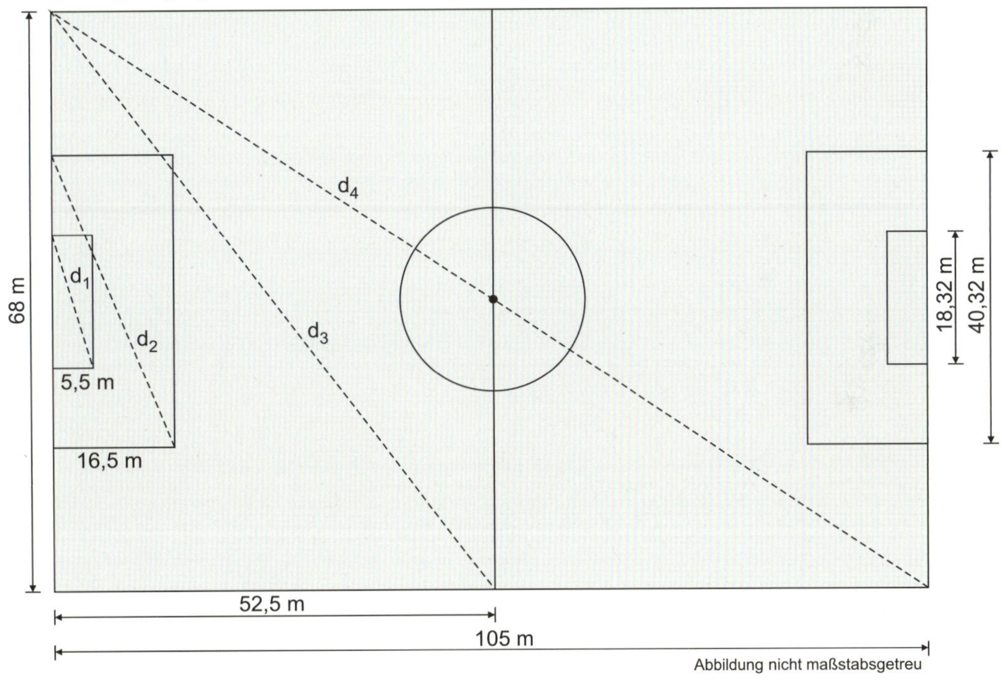

278 Der Flachbildschirm Alpha ist 64 cm lang und 38 cm hoch. Die Maße für Typ Beta betragen 38 cm × 22 cm. Berechne für beide Bildschirme die Länge der Diagonalen.

279 Prüfe, ob folgende Dreiecke rechtwinklig sind.

	Seitenlänge a	Seitenlänge b	Seitenlänge c
a)	4 cm	11 cm	13 cm
b)	18 m	24 m	30 m
c)	15 dm	20 dm	25 dm
d)	8 cm	15 cm	17 cm

280 Berechne die fehlenden Längen (alle Maße in cm). Runde auf eine Dezimalstelle.

a)

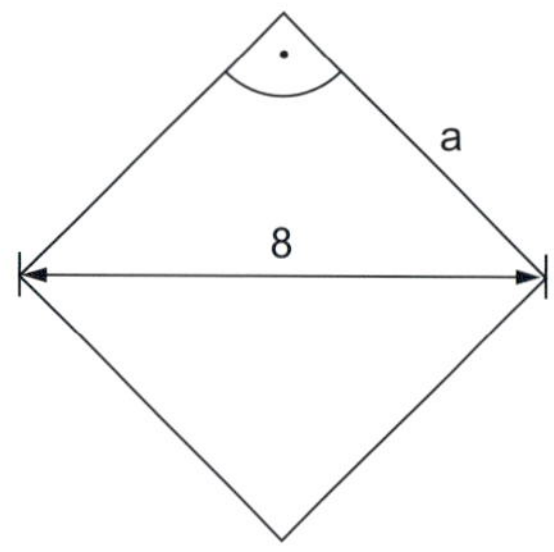

b)

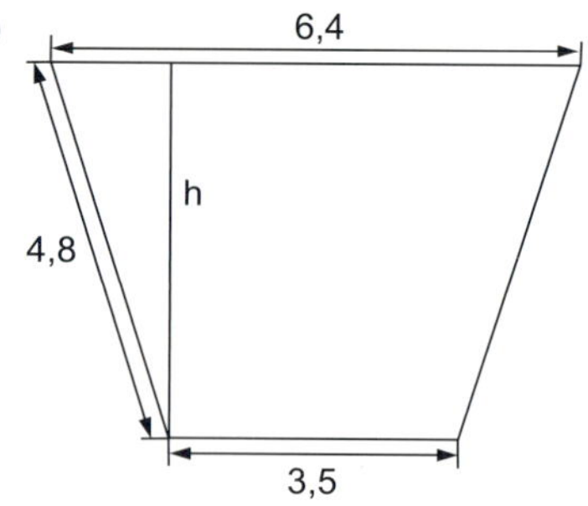

c)

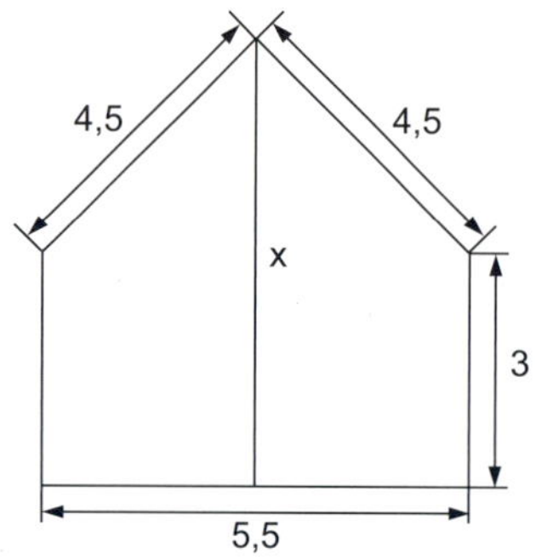

d)

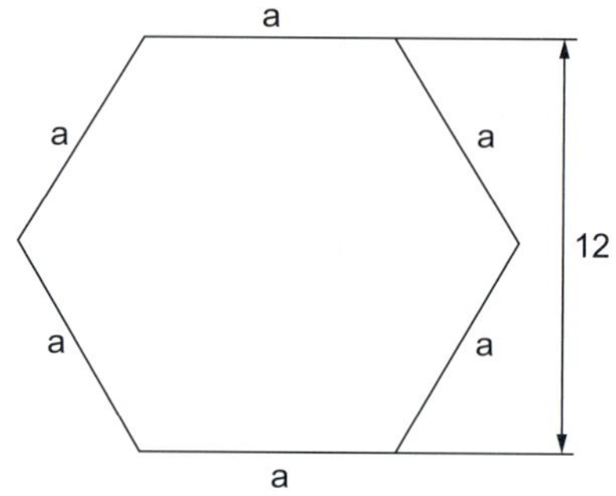

281 Berechne die fehlenden Längen. Runde jeweils auf eine Dezimalstelle.

a)

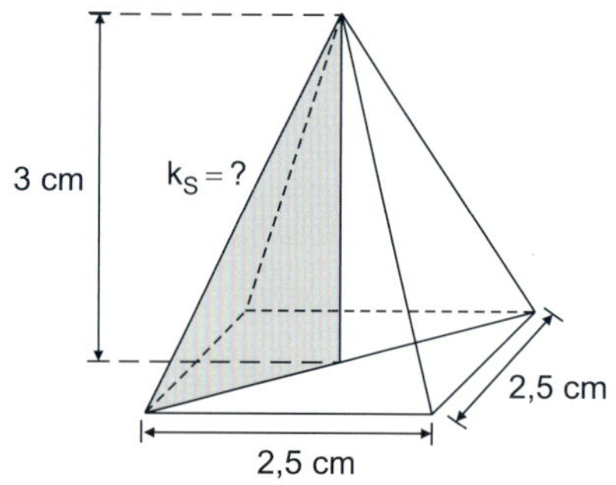

b)

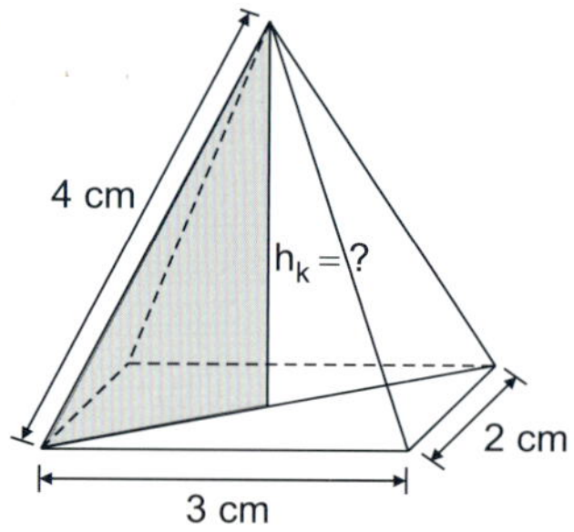

282 Die folgenden Pakete kannst du bei der Post kaufen:

Bezeichnung	Breite	Tiefe	Höhe
XL	50 cm	30 cm	20 cm
L	40 cm	25 cm	15 cm
M	35 cm	25 cm	12 cm
S	25 cm	17,5 cm	10 cm

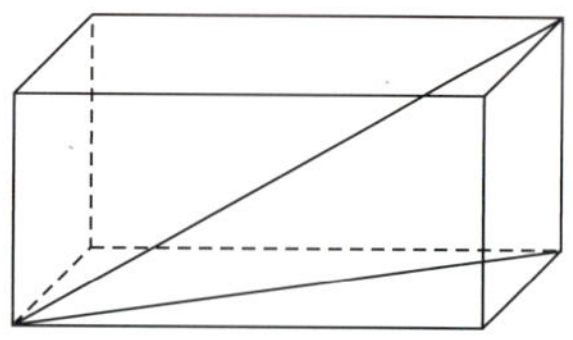

a) Welche Größe musst du kaufen, wenn du deinem Brieffreund eine Jonglierkeule mit der Länge von 49 cm möglichst preiswert zum Geburtstag schicken möchtest?

b) Welche Größe musst du kaufen, wenn du deiner Tante eine 35 cm lange Vase zu Weihnachten schicken möchtest?

283 Lara bastelt für eine Faschingsparty Hüte in Kegelform. Der Durchmesser der Grundfläche beträgt 20 cm. Die Hüte sollen 25 cm hoch werden. Wie lang muss dann die Mantellinie s sein?

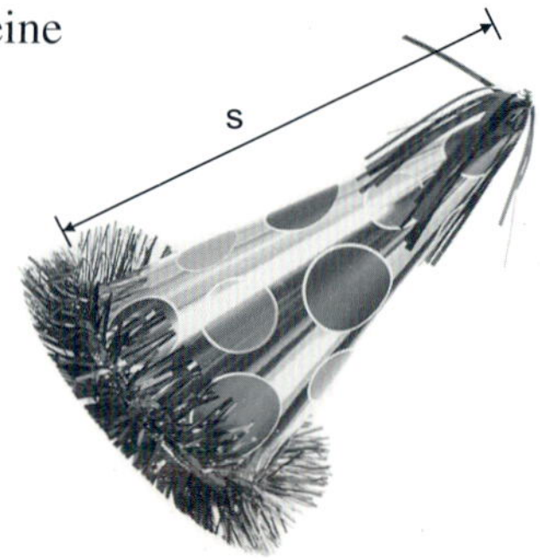

Der Satz des Thales

Merke

Satz des Thales
Liegt die Ecke C eines Dreiecks ABC auf dem Halbkreis (dem sogenannte **Thaleskreis**) über der Seite c, ist das Dreieck ABC bei C **rechtwinklig**. **Umgekehrt** kann man zu jedem rechtwinkligen Dreieck einen Thaleskreis zeichnen. Die Hypotenuse ist dabei der **Durchmesser** des Kreises.

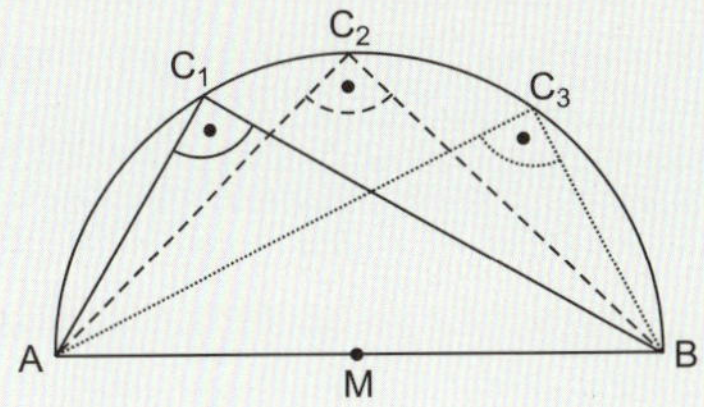

Beispiel

Überprüfe mithilfe des Satz des Thales, ob das abgebildete Dreieck rechtwinklig ist.

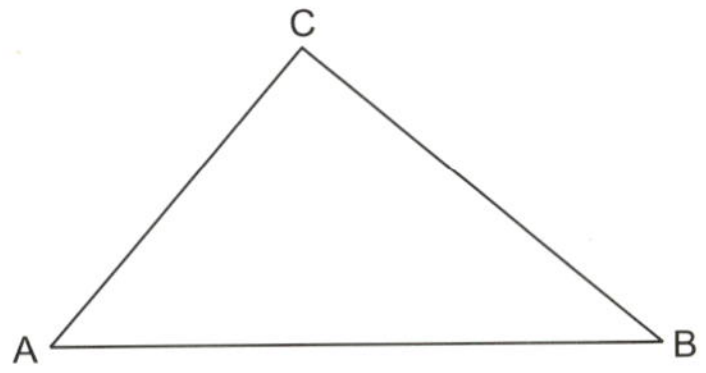

Lösung:

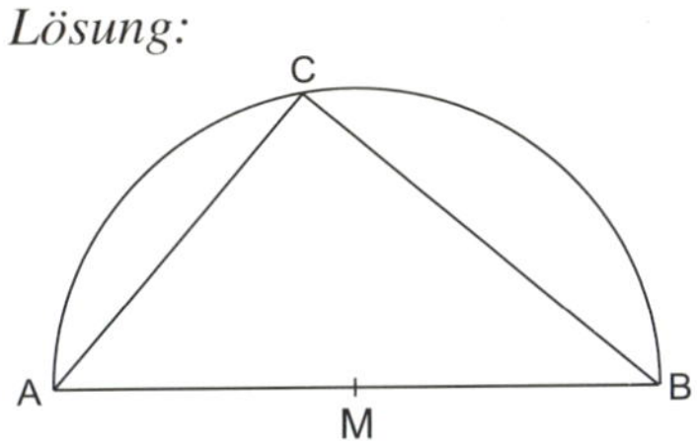

Halbiere zunächst die längste Seite des Dreiecks und markiere den Mittelpunkt M. Schlage dann mit dem Zirkel einen Kreis, auf dem die Eckpunkte A und B liegen um M. Liegt C ebenfalls auf dem Kreis, ist das Dreieck rechtwinklig.

Die Ecke C liegt auf dem Thaleskreis, also ist das Dreieck rechtwinklig.

Aufgaben

284 Prüfe, ob die abgebildeten Dreiecke rechtwinklig sind. Halbiere dazu zunächst die längste Seite der Dreiecke.

a) 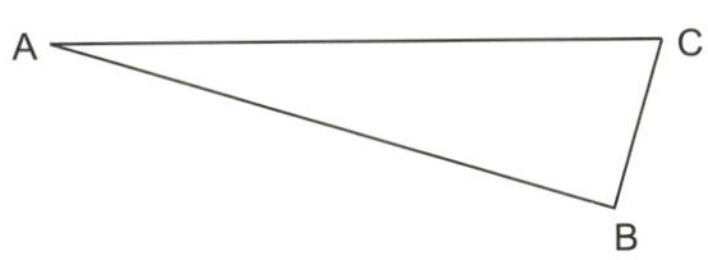

b) 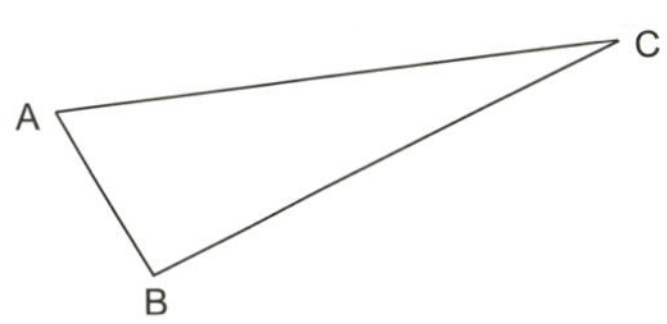

285 Zeichne rechtwinklige Dreiecke, die die folgenden Angaben erfüllen. Verwende den Satz des Thales.

a) Hypotenuse c = 8 cm; Kathete a = 3 cm
b) Hypotenuse c = 6 cm; Höhe $h_c = 2{,}5$ cm (zeichne zwei verschiedene Dreiecke)

286 Gegeben sind die Punkte A(–3 | –1), B(3,5 | –1) und C(1,5 | 2).

a) Zeichne die Punkte in ein Koordinatensystem ein und verbinde sie zu einem Dreieck.
b) Zeige mithilfe des Satzes von Thales, dass das Dreieck rechtwinklig ist.
c) Die Kathete b ist 5,4 cm lang. Entnimm die Länge der Hypotenuse aus deiner Zeichnung und berechne die Länge der fehlenden Kathete.

Trigonometrie am rechtwinkligen Dreieck

Merke

Sinus, Kosinus und Tangens

Mithilfe der **Winkelfunktionen** kannst du Seitenlängen und Winkelgrößen im **rechtwinkligen Dreieck** berechnen.

- **Sinus:**

$$\sin\alpha = \frac{\text{Gegenkathete}}{\text{Hypotenuse}} = \frac{a}{c}$$

- **Kosinus:**

$$\cos\alpha = \frac{\text{Ankathete}}{\text{Hypotenuse}} = \frac{b}{c}$$

- **Tangens:**

$$\tan\alpha = \frac{\text{Gegenkathete}}{\text{Ankathete}} = \frac{a}{b}$$

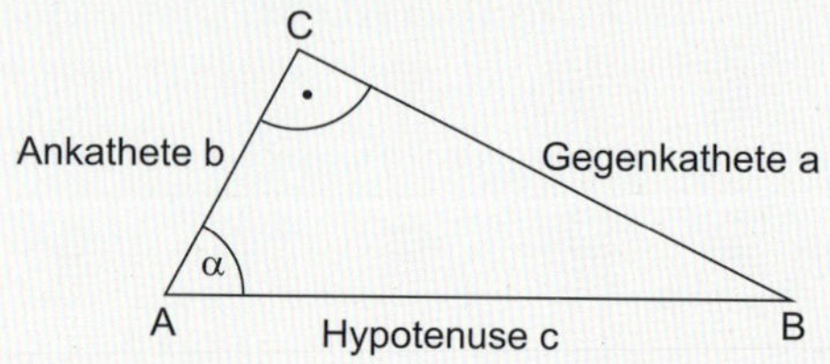

Beispiele

1. Berechne die Länge der Seiten a und b.

Lösung:

$\frac{a}{c} = \sin\alpha \quad |\cdot c$

$a = \sin\alpha \cdot c$

$a = \sin 30° \cdot 8\text{ cm}$

$a = 4\text{ cm}$

$\frac{b}{c} = \cos\alpha \quad |\cdot c$

$b = \cos\alpha \cdot c$

$b = \cos 30° \cdot 8\text{ cm}$

$b \approx 6{,}93\text{ cm}$

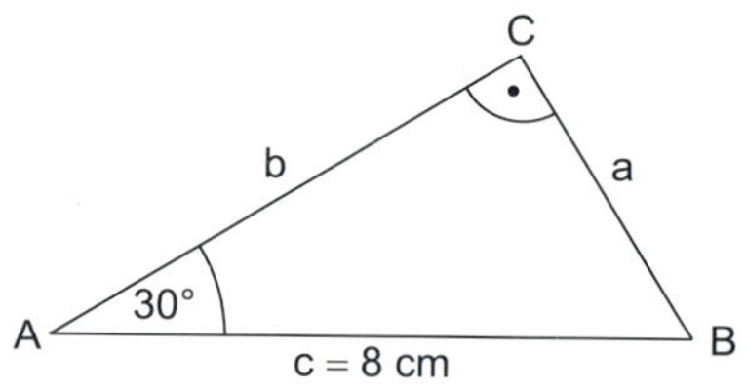

Sinus:
Die Seite a ist die Gegenkathete des Winkels α, die Seite c ist die Hypotenuse.

Kosinus:
Die Seite b ist die Ankathete des Winkels α.

Da du jetzt die Länge der Seiten a und c kennst, kannst du die Seite b aber auch mithilfe des Satzes von Pythagoras berechnen: $b^2 = c^2 - a^2$

2. Wie groß ist der Winkel α?

Lösung:

$\tan\alpha = \frac{a}{c}$

$\tan\alpha = \frac{3{,}5\text{ cm}}{2{,}1\text{ cm}}$

$\tan\alpha = 1{,}6666\ldots$

$\alpha \approx 59°$

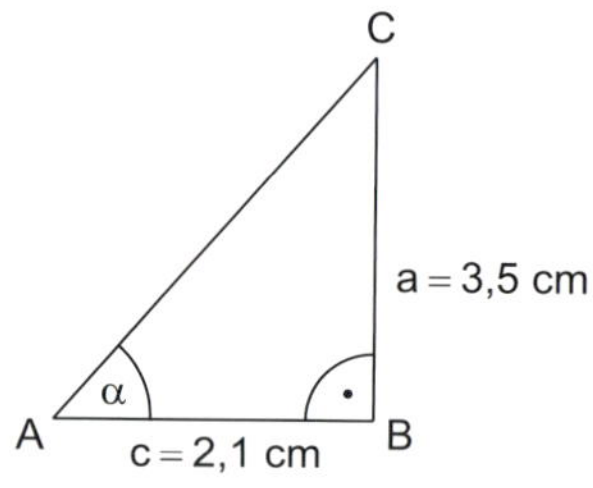

Tangens:
Die Seite a ist die Gegenkathete, die Seite c ist die Ankathete des Winkels α

TIPP

Damit du die Winkelfunktionen im Gradmaß berechnen kannst, muss dein Taschenrechner im DEG-Modus sein. Mit den Tasten [SIN], [COS] und [TAN] ermittelst du die Werte der Winkelfunktionen. Mit den Umkehrtasten [SIN^{-1}], [COS^{-1}] und [TAN^{-1}] kannst du die zugehörigen Winkel bestimmen.

Aufgaben

287 Bestimme mithilfe des Taschenrechners für die angegebenen Winkelmaße jeweils den Sinus-, Kosinus- und Tangenswert.

a) $22{,}5°$ b) $173°$
c) $225°$ d) $90°$

288 Berechne die fehlenden Seiten und Winkel der folgenden Dreiecke.

a)
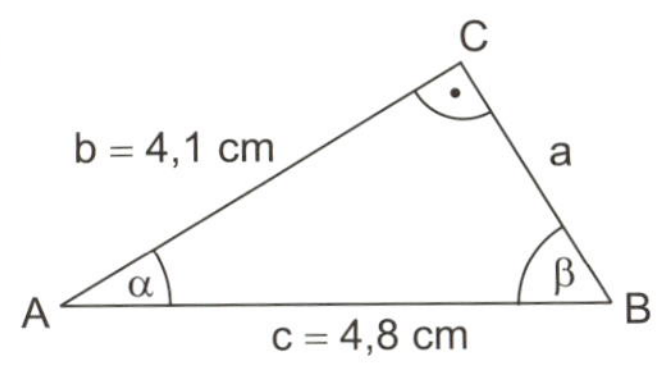

b)
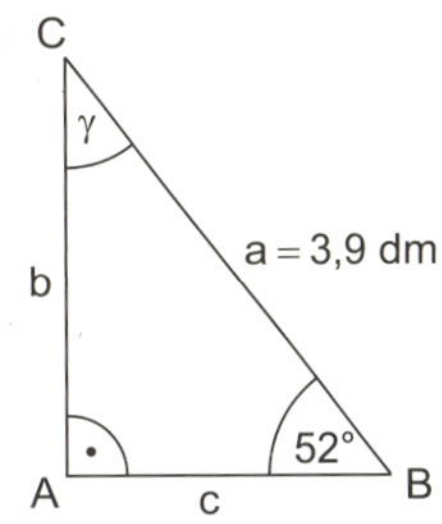

c)
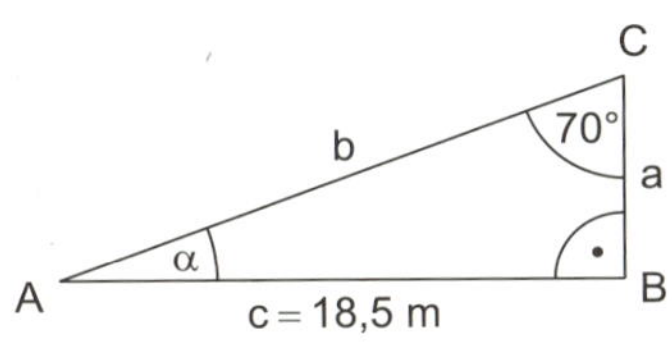

d)
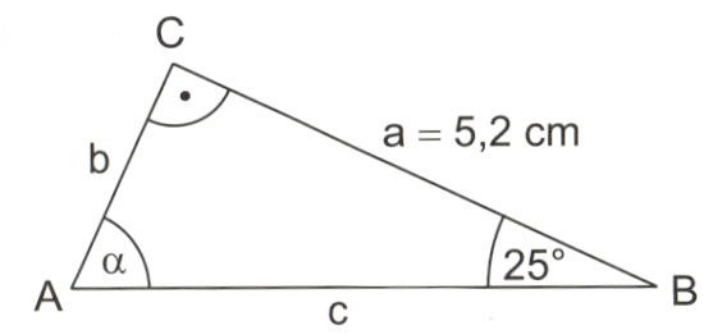

289 Berechne die Höhe des Turms.

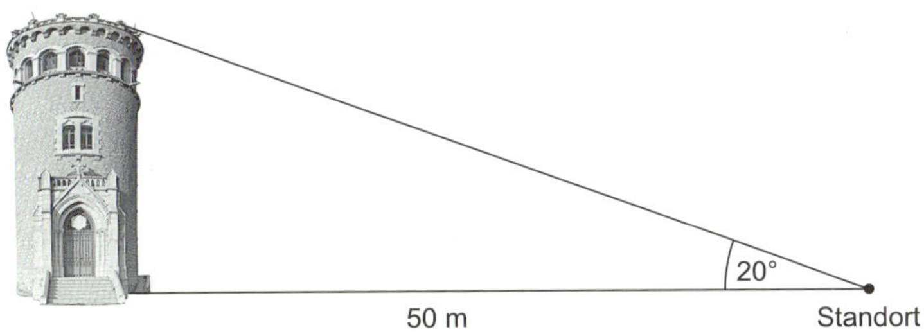

290 Wie viele Höhenmeter muss ein Wanderer bis zum Gipfel zurücklegen, wenn die Wegstrecke vier Kilometer lang ist und der durchschnittliche Steigungswinkel $8°$ beträgt? Fertige zunächst eine Skizze an.

291 In einem rechtwinkligen Dreieck sind die Hypotenuse $c = 12$ cm und die Kathete $b = 7$ cm gegeben. Berechne α, β und a.

292 Von einem Dreieck ABC (nicht rechtwinklig) sind folgende Größen gegeben: $\alpha = 48°$, $a = 10{,}5$ cm und $b = 7$ cm.
Bestimme β, γ und die Länge der Seite c.
(Tipp: Fertige eine Skizze an und zeichne als Hilfslinie die Höhe h_c ein.)

293 Luis baut eine gleichschenklige Leiter auf, um eine Lampe an die Decke zu montieren.

a) Wie lang sind die beiden Schenkel der Leiter?
b) Bestimme die Höhe der Leiter.

Vierecke

Merke

Quadrat

Umfang: $u = a + a + a + a$

$u = 4 \cdot a$

Flächeninhalt: $A = a \cdot a$

$A = a^2$

Flächendiagonale: $d = \sqrt{a^2 + a^2}$

$d = \sqrt{2a^2}$

Winkel: $\alpha = \beta = \gamma = \delta = 90°$

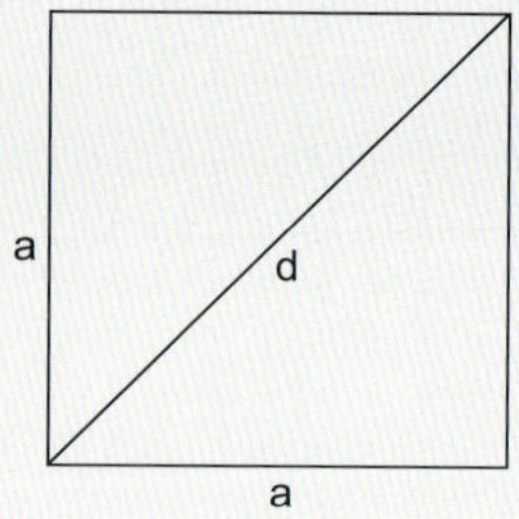

Beispiele

1. Die Länge einer Quadratseite beträgt 7,5 cm.
   Berechne den Umfang und den Flächeninhalt des Quadrats.
   Lösung:
   $A = 7{,}5\text{ cm} \cdot 7{,}5\text{ cm}$ — $A = a \cdot a$
   $A = 56{,}25\text{ cm}^2$
   $u = 4 \cdot 7{,}5\text{ cm}$ — $u = 4 \cdot a$
   $u = 30\text{ cm}$

2. Ein Quadrat hat einen Flächeninhalt von 39,69 cm².
   Berechne seinen Umfang.
   Lösung:
   $39{,}69\text{ cm}^2 = a^2$ — Berechne zuerst die Länge der Quadratseiten. $A = a^2$
   $\sqrt{39{,}69\text{ cm}^2} = a$
   $6{,}3\text{ cm} = a$
   $u = 4 \cdot 6{,}3\text{ cm}$ — Dann kannst du den Umfang berechnen. $u = 4 \cdot a$
   $u = 25{,}2\text{ cm}$

Aufgaben

294 Berechne für die Quadrate die fehlenden Werte.
Runde, falls erforderlich, auf zwei Dezimalstellen.

	Seite a	Flächendiagonale d	Umfang u	Flächeninhalt A
a)	12 cm			
b)				121 cm²
c)			77 cm	
d)	7,2 m			

295 Ein quadratisches Grundstück mit einem Flächeninhalt von 665 m² soll eingezäunt werden. Die Garageneinfahrt ist 4,50 m breit, das Gartentor 1,30 m.
Wie viele Meter Gartenzaun müssen aufgestellt werden?

296 Ein Zimmer mit einer quadratischen Grundfläche ($u = 17$ m) soll mit Teppichboden ausgelegt werden. Ein Quadratmeter kostet 15,40 €, für einen Meter Randleiste fallen 8,90 € an. Die Zimmertür ist 1,30 m breit.
Berechne die Gesamtkosten.

Merke

Rechteck

Umfang: $u = a + b + a + b$

$u = 2 \cdot a + 2 \cdot b$

Flächeninhalt: $A = a \cdot b$

Flächendiagonale: $d = \sqrt{a^2 + b^2}$

Winkel: $\alpha = \beta = \gamma = \delta = 90°$

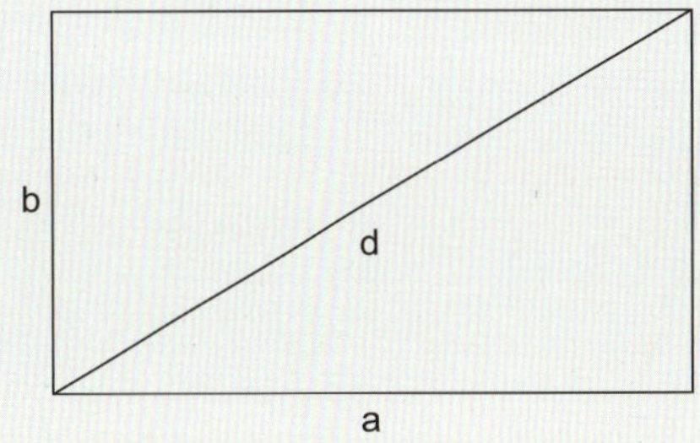

Beispiele

1. Ein Rechteck hat die Seiten $a = 4{,}5$ cm und $b = 7$ cm.
   Berechne den Flächeninhalt und den Umfang des Rechtecks.
   Lösung:
   $A = 4{,}5\text{ cm} \cdot 7\text{ cm}$ — $A = a \cdot b$
   $A = 31{,}5\text{ cm}^2$
   $u = 2 \cdot 4{,}5\text{ cm} + 2 \cdot 7\text{ cm}$ — $u = 2 \cdot a + 2 \cdot b$
   $u = 9\text{ cm} + 14\text{ cm}$
   $u = 23\text{ cm}$

2. Ein Rechteck hat einen Umfang von 48 cm. Die Seite a ist 15 cm lang.
   Berechne die Länge der Seite b.
   Lösung:
   $48\text{ cm} = 2 \cdot 15\text{ cm} + 2 \cdot b$ — $u = 2 \cdot a + 2 \cdot b$
   $48\text{ cm} = 30\text{ cm} + 2 \cdot b \quad | -30\text{ cm}$
   $18\text{ cm} = 2 \cdot b \quad | :2$
   $9\text{ cm} = b$

Aufgaben

297

Berechne für die Rechtecke die fehlenden Werte.
Runde, falls erforderlich, auf zwei Dezimalstellen.

	Seite a	Seite b	Umfang u	Flächendiagonale d	Flächeninhalt A
a)	4,5 dm	3 dm			
b)		16 cm			64 cm²
c)		5,09 m	23,56 m		
d)	23 m				35,9 m²
e)	13 dm		40 dm		
f)		6,5 cm			80 cm²

298

Auf einem Firmengelände mit rechteckiger Grundfläche (siehe Skizze) soll Rasen ausgerollt werden.
Wie viele Quadratmeter Rasen werden benötigt, wenn man das Hauptgebäude (rechteckige Grundfläche mit $u = 160$ m) und das Nebengebäude (quadratische Grundfläche mit $a = 30$ m) berücksichtigt?

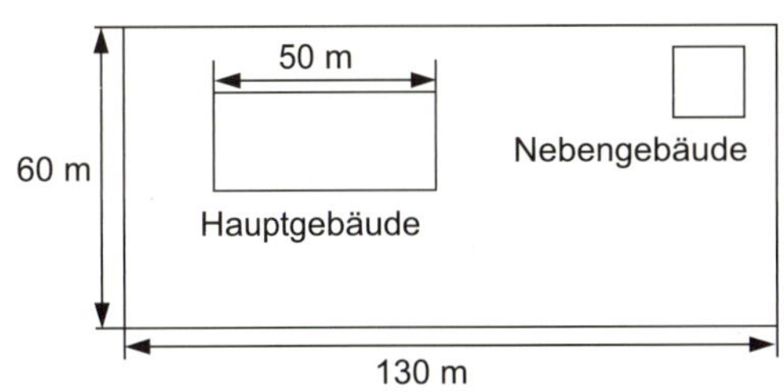

Skizze nicht maßstabsgetreu

Merke

Parallelogramm

Flächeninhalt: $A = g \cdot h$

$A = a \cdot h_a = b \cdot h_b$

Winkel: $\alpha = \gamma;\ \beta = \delta$

$\alpha + \beta + \gamma + \delta = 360°$

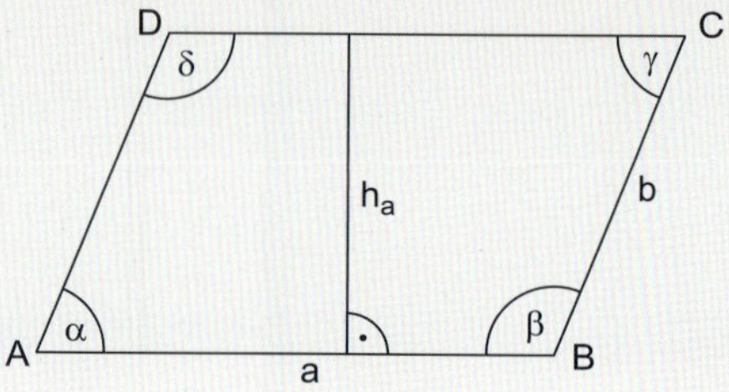

Beispiele

1. Gegeben ist ein Parallelogramm mit den Maßen $a = 5{,}5$ cm und $h_a = 3$ cm. Berechne seinen Flächeninhalt.
   Lösung:
   $A = 5{,}5\ \text{cm} \cdot 3\ \text{cm}$ $\quad A = a \cdot h_a$
   $A = 16{,}5\ \text{cm}^2$

2. Welche Höhe hat eine Parallelogramm mit dem Flächeninhalt $A = 116{,}85\ \text{cm}^2$ und der Grundseite $g = 12{,}3$ cm?
   Lösung:
   $116{,}85\ \text{cm}^2 = 12{,}3\ \text{cm} \cdot h \quad |:12{,}3\ \text{cm}$ $\quad A = g \cdot h$
   $h = 9{,}5\ \text{cm}$

Aufgaben

299 Berechne den jeweils fehlenden Wert für die Parallelogramme.
Runde, falls erforderlich, auf zwei Dezimalstellen.

	Grundseite g	Höhe h	Flächeninhalt A
a)	4,5 cm		$246{,}4\ \text{cm}^2$
b)		66 dm	$46{,}2\ \text{m}^2$
c)	45 cm	150 mm	
d)	3,7 m	0,8 m	

300 Färbe Grundseite und Höhe der Figuren. Berechne den Flächeninhalt und schraffiere ihn.

a)

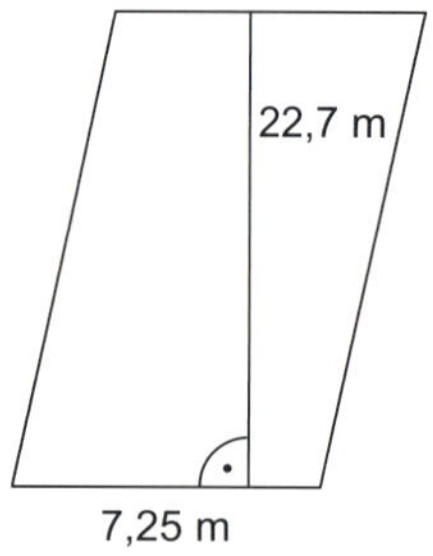

b)

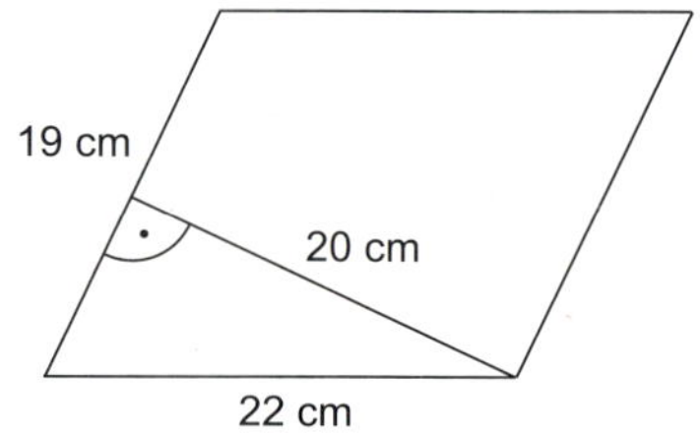

301 Ein Parallelogramm ist vier Meter lang und zwei Meter hoch.
Wie breit ist ein flächengleiches Rechteck, das ebenfalls vier Meter lang ist?

302 Ein Parallelogramm hat die Seiten $a = 5$ cm und $b = 4{,}5$ cm sowie den Flächeninhalt $A = 20\ \text{cm}^2$.
a) Berechne die Höhe h_a.
b) Berechne den Umfang des Parallelogramms.

Merke

Trapez
a parallel zu c

Flächeninhalt: $A = \frac{a+c}{2} \cdot h$

Winkelsumme: $\alpha + \beta + \gamma + \delta = 360°$

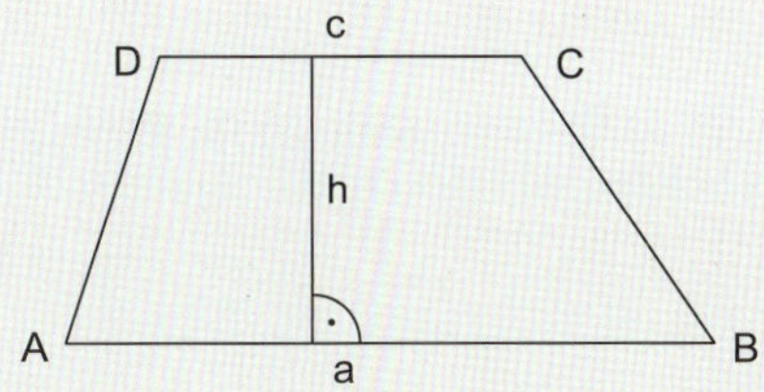

Beispiele

1. Berechne den Flächeninhalt eines Trapezes mit folgenden Maßen:
   a = 5 cm; c = 9 cm; h = 4 cm
   Lösung:
   $A = \frac{5\text{ cm} + 9\text{ cm}}{2} \cdot 4\text{ cm}$ $\quad A = \frac{a+c}{2} \cdot h$
   $A = \frac{14\text{ cm}}{2} \cdot 4\text{ cm}$
   $A = 7\text{ cm} \cdot 4\text{ cm}$
   $A = 28\text{ cm}^2$

2. Ein Trapez mit a = 8 cm und c = 6 cm hat einen Flächeninhalt von 49 cm².
   Bestimme die Höhe des Trapezes.
   Lösung:
   $49\text{ cm}^2 = \frac{8\text{ cm} + 6\text{ cm}}{2} \cdot h$ $\quad A = \frac{a+c}{2} \cdot h$
   $49\text{ cm}^2 = \frac{14\text{ cm}}{2} \cdot h$
   $49\text{ cm}^2 = 7\text{ cm} \cdot h \quad |:7\text{ cm}$
   $7\text{ cm} = h$

Aufgaben

303 Berechne die fehlenden Werte der Trapeze.
Runde, falls erforderlich, auf zwei Dezimalstellen.

	Grundseite a	Grundseite c	Höhe h	Flächeninhalt A
a)	45,6 m	168,4 m	93,2 m	
b)	5,4 cm	9,9 cm		55,46 cm²
c)	88,4 cm	45,6 cm		9,10 dm²
d)	10 dm		11 dm	330 dm²
e)		0,2 km	1 km	2,4 km²

304 Familie Munz kauft ein Grundstück.
a) Berechne den Flächeninhalt.
b) Herr Munz baut einen Zaun um sein Grundstück. Für die Garageneinfahrt (6,4 m breit) und das Eingangstor (2,4 m breit) wird kein Zaun benötigt.
Wie viele Meter Zaun muss Herr Munz kaufen?
c) Ein Meter Zaun kostet 26,50 €.
Berechne die Gesamtkosten.

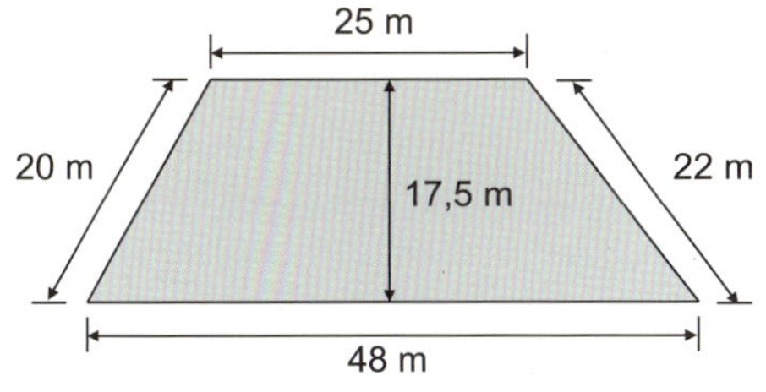

305 Berechne jeweils den Flächeninhalt und den Umfang der gleichschenkligen Trapeze. Fehlende Werte kannst du mit dem Satz des Pythagoras berechnen. Runde alle Ergebnisse, auch Zwischenergebnisse, auf eine Dezimalstelle.

a)
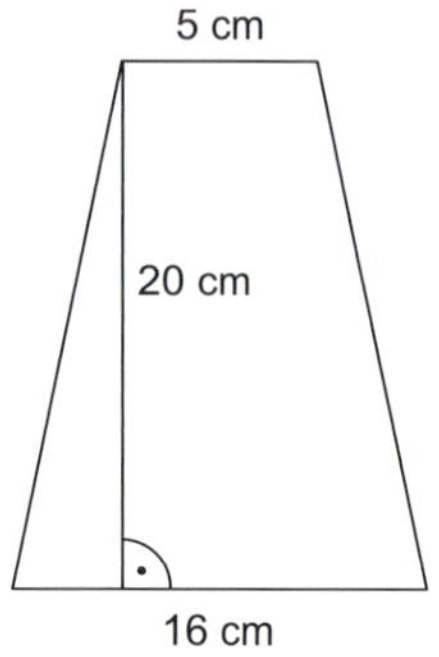

b)
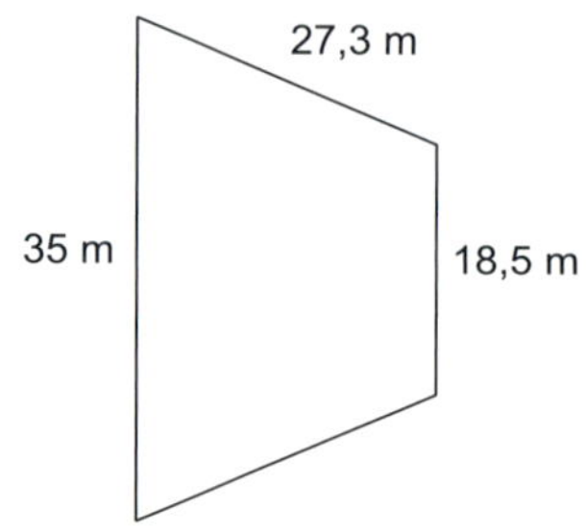

306 Drei Flächen unterschiedlicher Form haben den gleichen Flächeninhalt. Die erste Fläche ist ein Trapez (a = 30 m; c = 22 m; h = 47 m), die zweite ein Rechteck (a = 40 m) und die dritte ein Dreieck (c = 50 m).
Berechne den Flächeninhalt des Trapezes, die Länge der Rechteckseite b und die Höhe h_c des Dreiecks.

307 Berechne die Fläche des dargestellten unregelmäßigen Fünfecks.

$\overline{AE} = 6$ cm
$\overline{BC} = 6$ cm
$\overline{CD} = 8$ cm
h = 12 cm

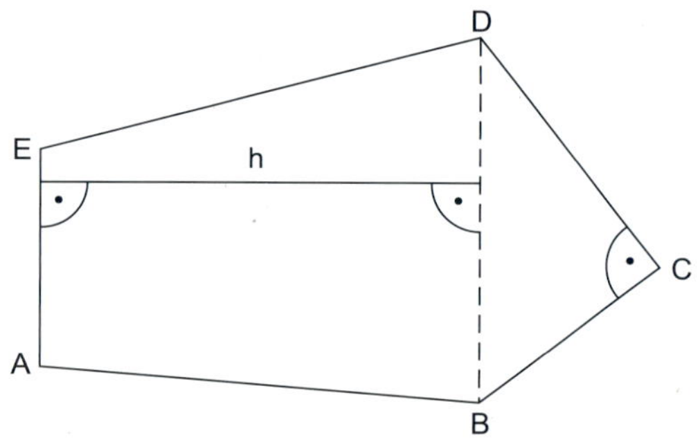

308 Ein Schulgarten wird neu angelegt.

a) Berechne die Fläche des trapezförmigen Gartens.
b) Berechne die Fläche der Beete (dunkelgraue Flächen).
c) Wie hoch ist insgesamt der prozentuale Anteil der Beete an der Gesamtfläche?

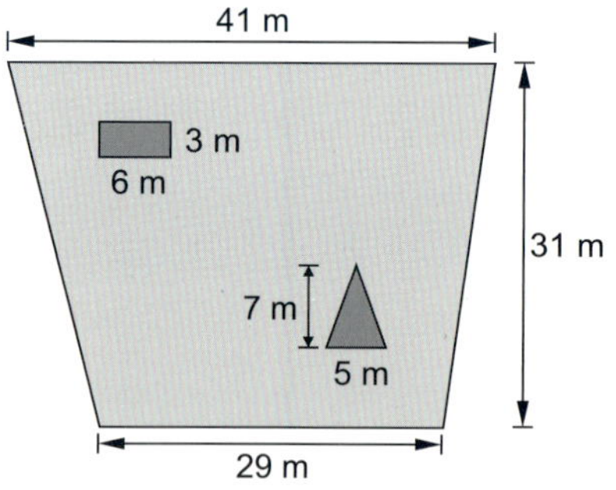

309 Die Firma E-Teck kauft ein 1 200 m^2 großes Grundstück.

a) Berechne die Höhe des Grundstücks.
b) Die Firma bezahlt 780 000 €. Wie viel kostet 1 m^2?
c) 70 % des Grundstücks sind umzäunt. Wie lang ist der Zaun?

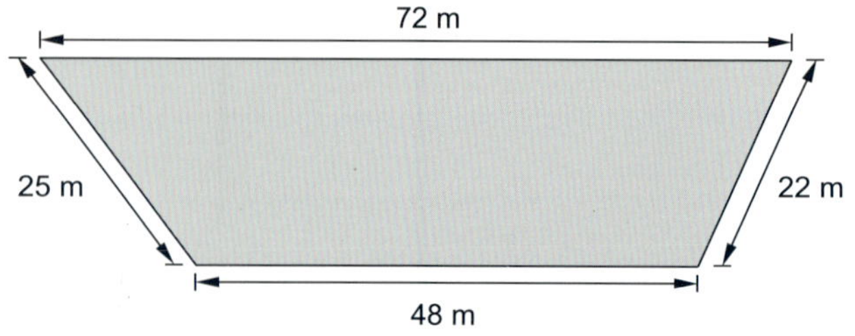

Kreis

Merke

Kreis
Durchmesser: $d = 2 \cdot r$
Umfang: $u = 2 \cdot \pi \cdot r$
$u = \pi \cdot d$
Flächeninhalt: $A = \pi \cdot r \cdot r$
$A = \pi \cdot r^2$

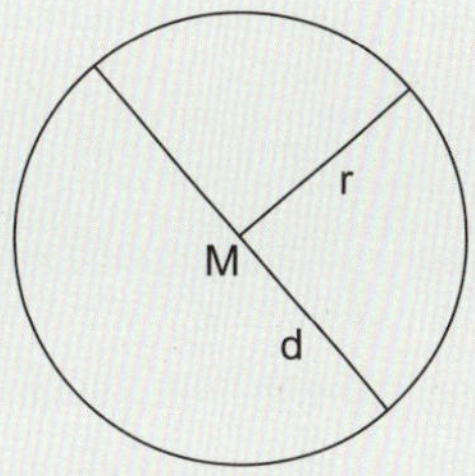

TIPP

Im Folgenden wird immer mit $\pi = 3{,}14$ gerechnet. Falls du mit dem Wert aus dem Taschenrechner rechnest, erhältst du abweichende Ergebnisse.

Beispiel

Berechne den Flächeninhalt und den Umfang eines Kreises mit dem Radius r = 6,7 cm.
Lösung:

$A = \pi \cdot r^2$
$A = 3{,}14 \cdot (6{,}7\ \text{cm})^2$
$A \approx 141\ \text{cm}^2$

$u = 2 \cdot \pi \cdot r$
$u = 3{,}14 \cdot 6{,}7\ \text{cm}$
$u \approx 42{,}1\ \text{cm}^2$

Aufgaben

310 Berechne die fehlenden Werte für einen Kreis und runde auf zwei Dezimalstellen.

	Radius r	Durchmesser d	Umfang u	Flächeninhalt A
a)	3,9 m			
b)			12,56 cm	
c)				195 cm²

311 Der Stundenzeiger einer Kirchturmuhr ist 3,5 m lang, der Minutenzeiger vier Meter. Welchen Weg legen die Spitzen der beiden Zeiger jeweils in 24 Stunden zurück?

312 Herr Müller braucht neue Winterreifen für sein Auto.
a) Welchen Umfang hat ein Reifen (r = 32 cm)?
b) Nach 35 000 km ist er abgefahren. Wie viele Umdrehungen hat er bis dahin gemacht?

313 Eine Ziege ist mit einem 6,5 m langen Strick an einem Pflock festgebunden.
a) Welche Fläche kann die Ziege abgrasen?
b) Kann die Ziege die doppelte Fläche abgrasen, wenn der Strick 13 m lang ist? Begründe.

314 Berechne den Flächeninhalt und den Umfang der grauen Flächen.

a)
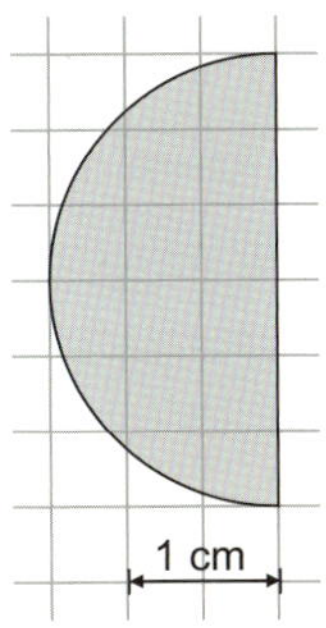

b)
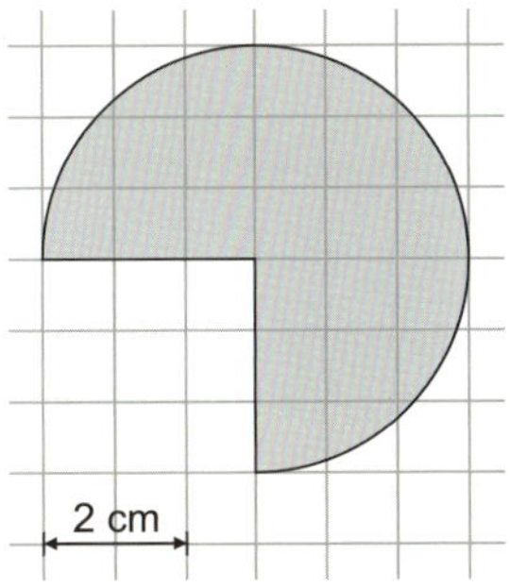

315 Die Pizzeria Bella Italia hat folgende Mittagsangebote.

Pizzeria Bella Italia – Mittagsangebot

	klein ⌀ 20 cm	mittel ⌀ 30 cm	groß ⌀ 35 cm
Pizza Funghi	4,40 €	5,10 €	6,20 €
Pizza Hawaii	6,20 €	6,90 €	7,40 €
Pizza Margherita	4,70 €	5,30 €	5,50 €
Pizza Napoli	4,30 €	6,30 €	6,60 €

a) Sarah hat Geburtstag und kauft für ihre Party zwei große Pizzas Hawaii, eine mittlere Pizza Margherita, ein kleine Pizza Napoli und eine mittlere Pizza Funghi. Wie viel muss sie insgesamt bezahlen?

b) Murat bezahlt die Pizzas für sich und seine Freunde. Auf seiner Rechnung steht ein Gesamtpreis von 12,16 €. Er sagt zum Kellner: „Da muss ein Rechenfehler vorliegen.“ Hat Murat recht? Begründe.

c) Wie viel kostet eine große Pizza im Durchschnitt?

d) Kevin isst eine große und eine kleine Pizza. Jürgen isst zwei mittlere Pizzas. Wer isst mehr Pizza?

e) Um wie viel Prozent ist die mittlere Pizza größer als die kleine Pizza?

f) Der Pizzabäcker möchte eine quadratische Pizza backen, die denselben Flächeninhalt hat wie die mittlere Pizza. Wie lang müssen die Seiten der quadratischen Pizza sein?

Merke

Kreisausschnitt

Kreisbogen: $b = \dfrac{\pi \cdot r \cdot \alpha}{180°}$

Flächeninhalt: $A = \dfrac{\pi \cdot r^2 \cdot \alpha}{360°}$

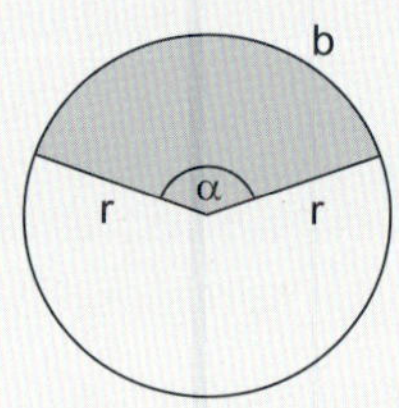

Beispiel

Berechne den Flächeninhalt des Kreisausschnitts und die Länge des Kreisbogens für $r = 7$ cm und $\alpha = 120°$.

Lösung:

$$A = \frac{\pi \cdot r^2 \cdot \alpha}{360°}$$

$$A = \frac{3{,}14 \cdot (7\text{ cm})^2 \cdot 120°}{360°}$$

$$A \approx 51{,}29\text{ cm}^2$$

$$b = \frac{\pi \cdot r \cdot \alpha}{180°}$$

$$b = \frac{3{,}14 \cdot 7\text{ cm} \cdot 120°}{180°}$$

$$b \approx 14{,}65\text{ cm}$$

Aufgabe 316

Berechne die fehlenden Werte der Kreisausschnitte. Runde auf zwei Dezimalstellen.

	Radius r	Winkel α	Kreisbogen b	Flächeninhalt A
a)	5 m	45°		
b)		20°	6,28 cm	
c)		180°		88,36 dm²
d)	42 mm		120 mm	

Merke

Kreisring

Umfang: $u = 2 \cdot \pi \cdot r_a + 2 \cdot \pi \cdot r_i$

$u = 2 \cdot \pi \cdot (r_a + r_i)$

Flächeninhalt: $A = \pi \cdot r_a^2 - \pi \cdot r_i^2$

$A = \pi \cdot (r_a^2 - r_i^2)$

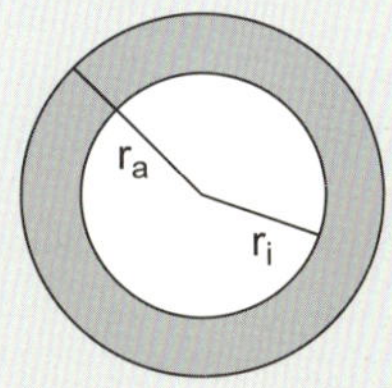

Beispiel

Berechne den Flächeninhalt und den Umfang eines Kreisrings mit: $r_a = 10$ cm, $r_i = 7$ cm

Lösung:

$A = \pi \cdot (r_a^2 - r_i^2)$

$A = 3{,}14 \cdot [(10\text{ cm})^2 - (7\text{ cm})^2]$

$A = 160{,}14\text{ cm}^2$

$u = 2 \cdot \pi \cdot (r_a + r_i)$

$u = 2 \cdot 3{,}14 \cdot (10\text{ cm} + 7\text{ cm})$

$u = 106{,}76\text{ cm}$

Aufgaben

317 Berechne die fehlenden Werte der Kreisringe. Runde auf zwei Dezimalstellen.

	Radius r_a	Radius r_i	Umfang u	Flächeninhalt A
a)	7 dm	4 dm		
b)	6 cm		56,66 cm	
c)		15 m		311,02 m^2

318 Zwei Kinderspielplätze erhalten je einen kreisförmigen Sandkasten. Um jeden soll ein 1,4 m breiter Weg angelegt werden. Als Belag wird Holzpflaster gewählt. Der eine Sandkasten hat einen Durchmesser von 5,8 m, der andere einen Radius von 3,45 m.

a) Fertige jeweils eine Skizze der Sandkästen mit den Wegen an und trage die Maße ein.

b) Berechne die Gesamtfläche der beiden Wege um die Sandkästen in m^2.

c) Wie viele Holzpflasterstücke werden benötigt, wenn mit einem Pflasterstück eine Fläche von 1 dm^2 ausgelegt werden kann?

319 Berechne den Flächeninhalt und den Umfang der grauen Flächen.

a)

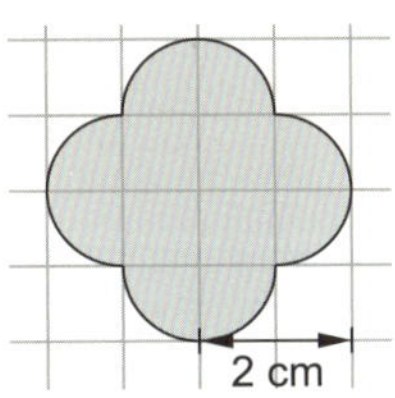

b)

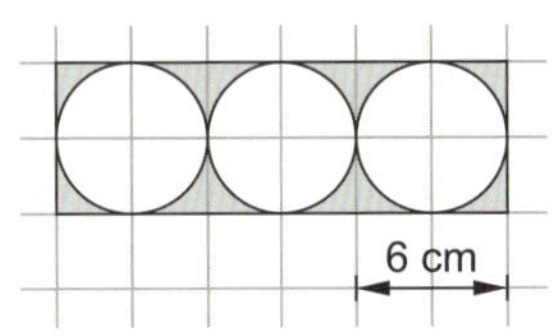

c)

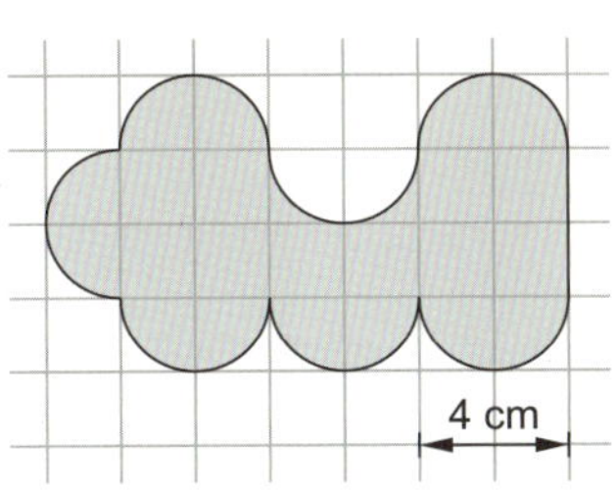

d)

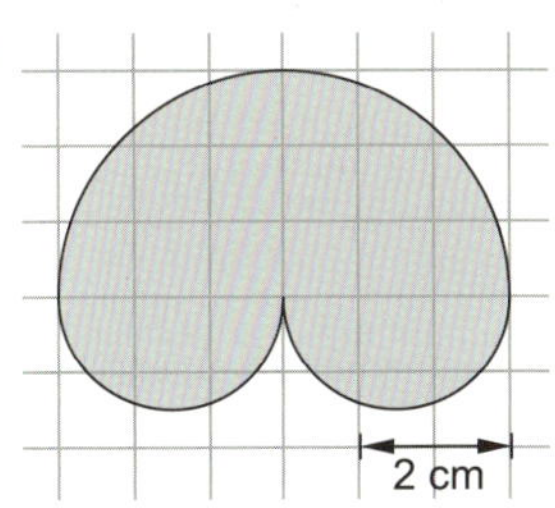

Berechnungen an zusammengesetzten Flächen

Aufgaben

320 Bestimme den Flächeninhalt der Figuren (alle Maße in cm).

a)

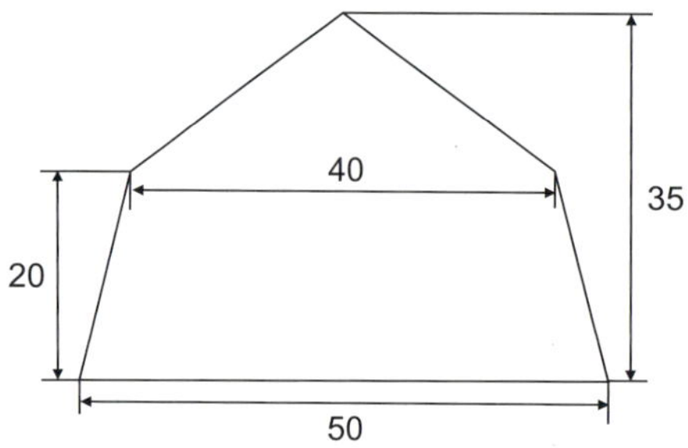

b)

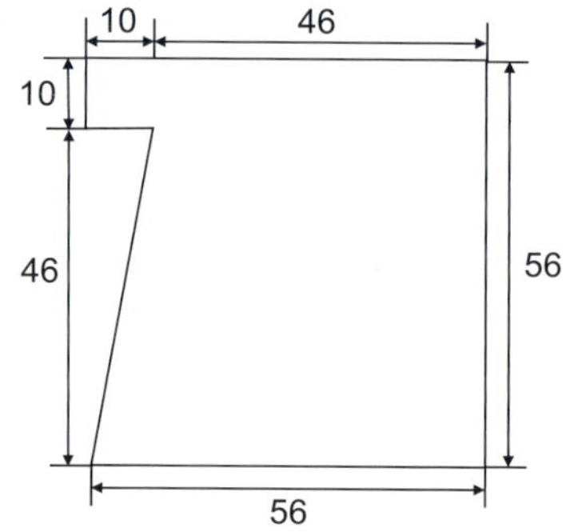

321 Zeichne folgende Punkte in ein Koordinatensystem und verbinde sie:
A(3 | 0,5); B(5 | 3); C(5 | 5); D(4 | 6); E(2 | 6); F(1 | 5); G(1 | 3)
Berechne nun den Flächeninhalt und den Umfang der entstandenen Figur.

322 Berechne jeweils den Inhalt der grauen Flächen.

a)

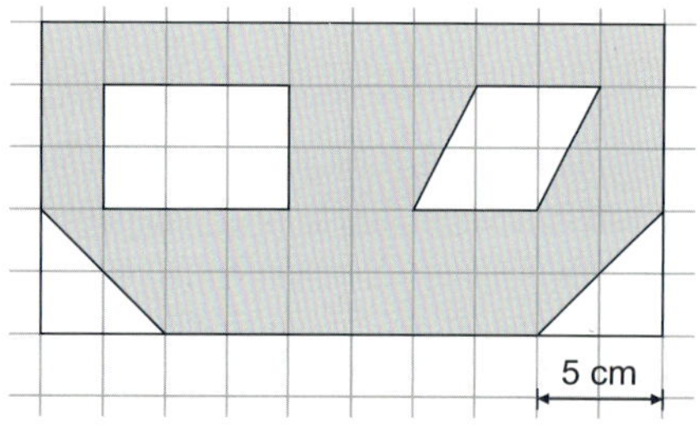

b)

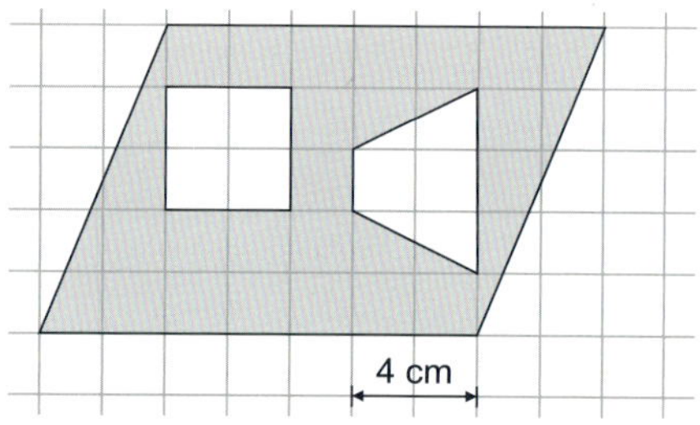

323 Bestimme den Flächeninhalt der grauen Figur möglichst geschickt.
Entnimm die benötigten Maße der Zeichnung und erkläre, wie du vorgegangen bist.

324 Betrachte den Plan einer Neubausiedlung.

a) Berechne den Flächeninhalt der Grundstücke 2, 3, 4 und 5.
b) Wie groß ist der Flächeninhalt des Buchenwegs und der Birkenstraße?
c) Berechne den Umfang von Grundstück 1, 6 und 7.
d) Das Grundstück 2 kostet 61 500 €. Wie viel kostet jeweil 1 m²?
e) Der Wert von Grundstück 2 steigt nach einem Jahr um 4 %. Berechne den neuen Wert des Grundstücks.

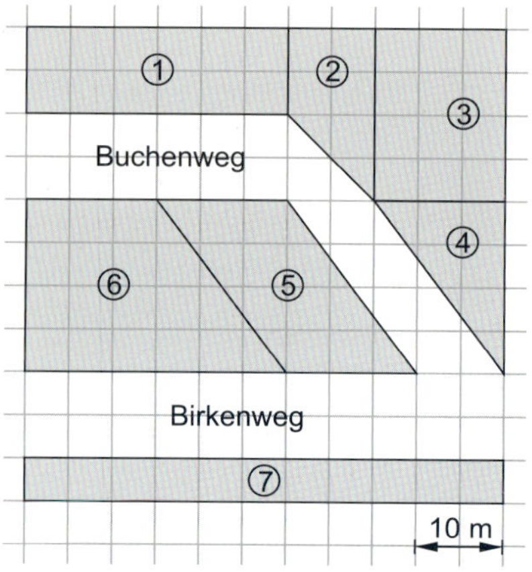

Fit für die Zentrale Prüfung?

325 Marlene kennt zur Berechnung der Fläche eines Kreises die Formel $A = \pi \cdot r^2$. In ihrer Formelsammlung steht allerdings die Formel $A = \frac{d^2}{4} \cdot \pi$. Überlege, ob auch diese Formel richtig ist, und begründe deine Meinung.

326 Eine Leiter soll an eine Halle angestellt werden, um eine Regenrinne in 7 m Höhe zu befestigen.

a) Welche Länge muss die Leiter haben, wenn sie unter einem Winkel von 70° angestellt werden soll?

b) Die Leiter, die Frank dabei hat, erreicht die Höhe der Rinne nur, wenn sie 80 cm von der Wand entfernt angestellt wird.
Zeige, dass die Leiter von Frank 7,05 m lang ist.

c) Wie groß ist der Anstellwinkel bei Franks Leiter?

d) Würdest du unter diesem Winkel auf die Leiter steigen? Begründe deine Antwort.

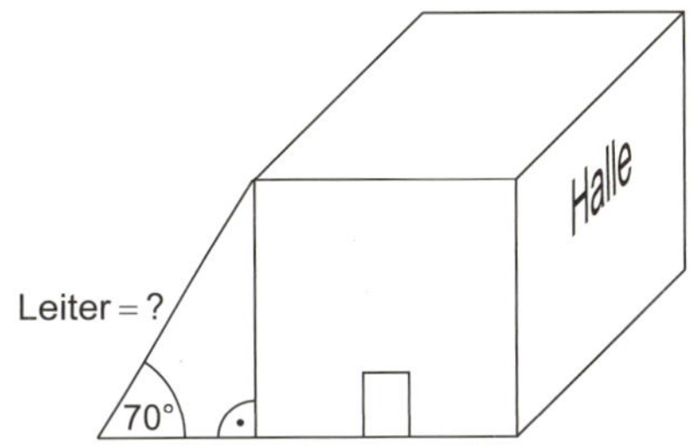

327 In einem Waldstück werden neue Wege angelegt. Der Weg [AB] ist bereits vorhanden (siehe Skizze).

a) Die Wege [AC] und [BC] sollen neu angelegt werden. Zeige, dass der Weg [AC] 569 m lang ist.

b) Berechne die Länge des Wegs [BC].

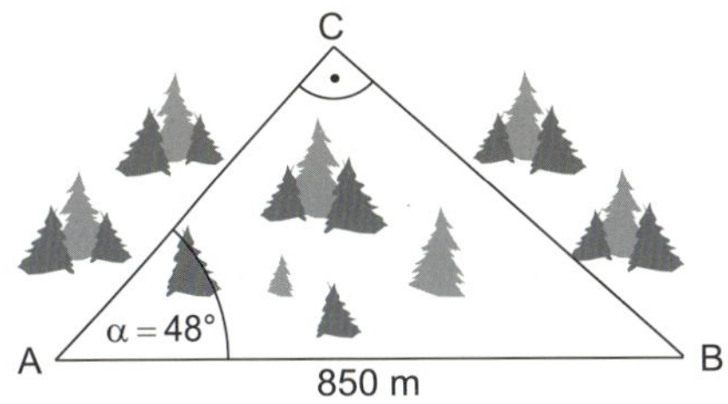

328 Das abgebildete schiefe Kreuz besteht nur aus zwei Seitenlängen.
Bezeichne die kürzere Seite mit a und die längere Seite mit b.
Drücke den Flächeninhalt des Kreuzes mithilfe der Buchstaben aus.

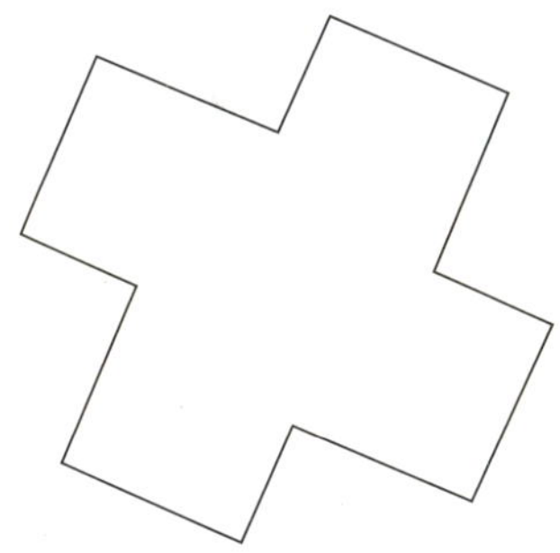

329 Im Urlaub möchte Yannick mit dem Fahrrad einen See umrunden.
Der Radweg verläuft immer entlang des Ufers.

a) Schätze mithilfe nebenstehender Skizze (Maßstab 1 : 200 000) die Länge des Radwegs.

b) Wie lange benötigt Yannick, wenn er durchschnittlich 15 Kilometer in der Stunde zurücklegt?

8 Körper

Würfel

Merke

Würfel

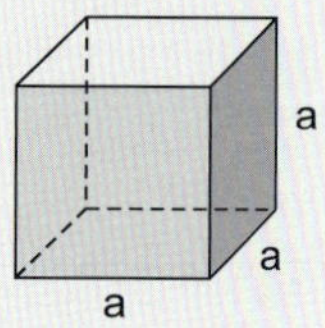

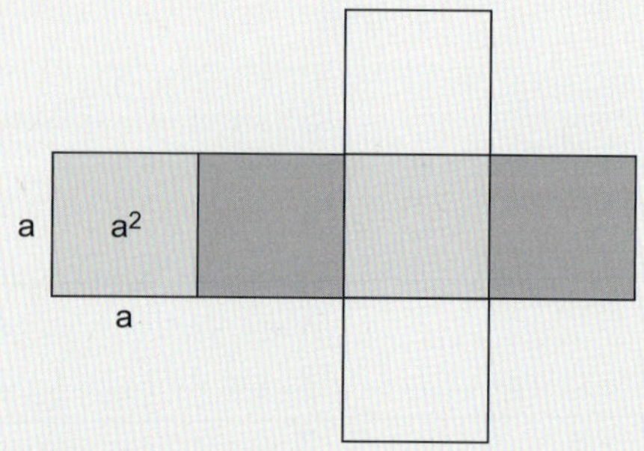

Volumen: $V = a \cdot a \cdot a$
$V = a^3$

Oberfläche: $O = 6 \cdot a \cdot a$
$O = 6 \cdot a^2$

Beispiele

1. Berechne das Volumen und die Oberfläche eines Würfels mit der Kantenlänge 7 cm.
Lösung:
$V = 7\text{ cm} \cdot 7\text{ cm} \cdot 7\text{ cm}$ $\quad V = a \cdot a \cdot a$
$V = 343\text{ cm}^3$
$O = 6 \cdot 7\text{ cm} \cdot 7\text{ cm}$ $\quad O = 6 \cdot a \cdot a$
$O = 294\text{ cm}^2$

2. Ein Würfel hat eine Oberfläche von 150 cm^2.
Wie lang ist eine Kante des Würfels?
Lösung:
$150\text{ cm}^2 = 6 \cdot a^2 \quad |:6$ $\quad O = 6 \cdot a^2$
$25\text{ cm}^2 = a^2 \quad |\sqrt{}$
$5\text{ cm} = a$

Aufgaben

330 Berechne die Oberfläche und das Volumen der Würfel.

a)
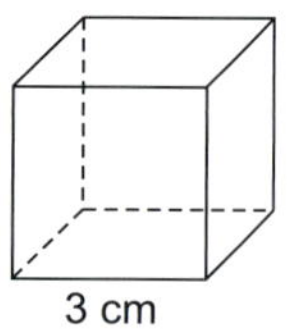

b)
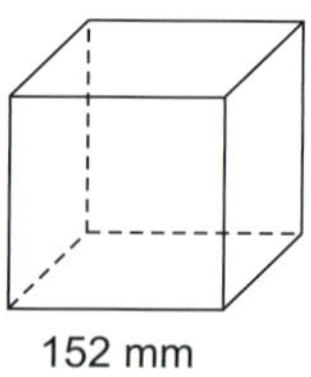

c)
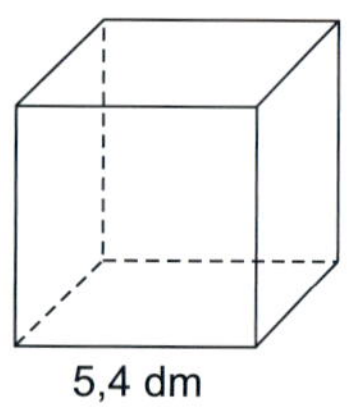

d)
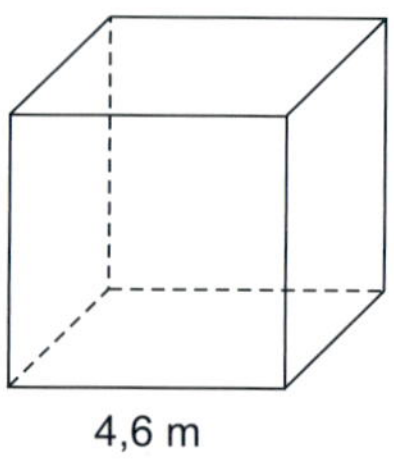

331 Die Summe der Augenzahlen auf gegenüberliegenden Seiten eines Spielwürfels ergibt immer 7.
Übertrage die Netze in dein Heft und ergänze sie.

I
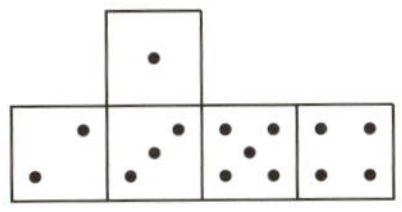

II
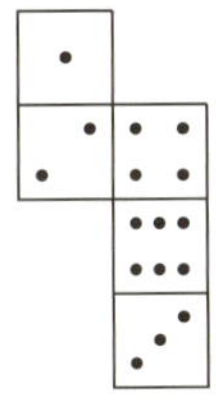

332 Die Pralinen werden jeweils einzeln in einem würfelförmigen Karton verpackt. Die Kantenlänge des Kartons beträgt 2,5 cm.

a) Berechne das Volumen und die Oberfläche des Kartons.
b) Die Pralinenkugeln haben ein Volumen von 14 cm^3.
Wie viel Prozent des Kartons ist leer?
c) Acht Pralinen werden jeweils einzeln als Geschenk verpackt. Das Geschenkpapier ist dabei jeweils um 23 % größer als die Oberfläche des Kartons.
Wie viel Geschenkpapier wird insgesamt benötigt?

Quader

Merke

Quader

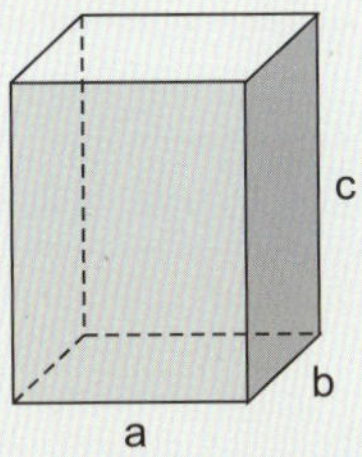

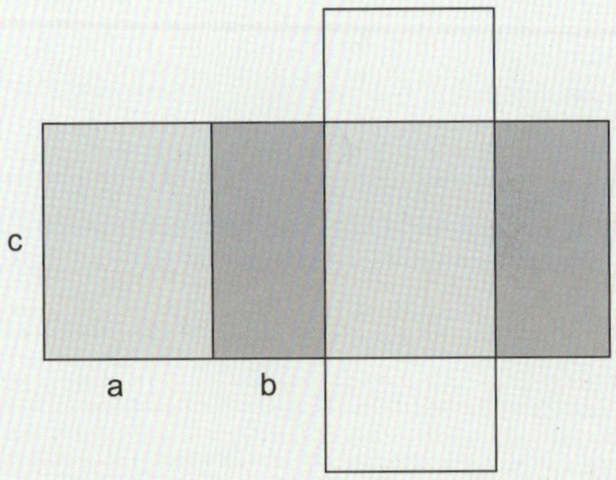

Volumen: $V = a \cdot b \cdot c$

Oberfläche: $O = 2 \cdot a \cdot b + 2 \cdot a \cdot c + 2 \cdot b \cdot c$
$O = 2 \cdot (a \cdot b + a \cdot c + b \cdot c)$

Beispiele

1. Berechne das Volumen und die Oberfläche eines Quaders mit folgenden Maßen:
$a = 12$ cm; $b = 8$ cm; $c = 10$ cm
Lösung:
$V = 12\text{ cm} \cdot 8\text{ cm} \cdot 10\text{ cm}$ — $V = a \cdot b \cdot c$
$V = 960\text{ cm}^3$

$O = 2 \cdot 12\text{ cm} \cdot 8\text{ cm} + 2 \cdot 12\text{ cm} \cdot 10\text{ cm}$ — $O = 2 \cdot a \cdot b + 2 \cdot a \cdot c + 2 \cdot b \cdot c$
$+ 2 \cdot 8\text{ cm} \cdot 10\text{ cm}$
$O = 192\text{ cm}^2 + 240\text{ cm}^2 + 160\text{ cm}^2$
$O = 592\text{ cm}^2$

2. Ein Quader hat ein Volumen von $720\ cm^3$. Seine Höhe beträgt 9 cm.
   Wie groß ist seine Grundfläche?
   Lösung:
   $720\ cm^3 = G \cdot 9\ cm \quad |:9\ cm \qquad V = G \cdot h$
   $80\ cm^2 = G$

Aufgaben

333

I

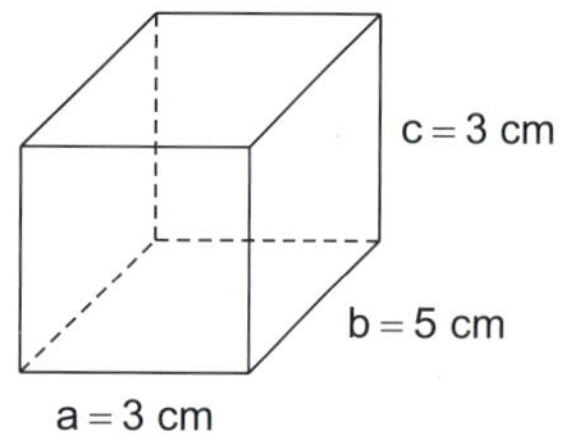

II

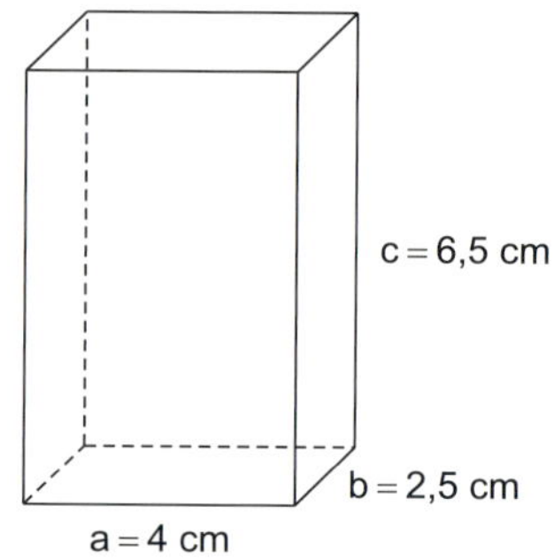

a) Berechne das Volumen der Körper.
b) Berechne die Oberfläche der Körper.
c) Welche Kantenlänge hat jeweils ein Würfel mit der gleichen Oberfläche?

334

Berechne die fehlenden Werte der folgenden Quader.
Achte auf die Einheiten.

	Seite a	Seite b	Seite c	Volumen V	Oberfläche O
a)	16 cm		19 cm	$2\,888\ cm^3$	
b)	4 500 cm	45 dm	2,2 m		
c)		2,5 m	84 dm		$205{,}5\ m^2$
d)	3 dm	80 cm		$204\ dm^3$	

335

Hier sind Netze von zwei Quadern abgebildet.
Berechne jeweils die Länge der Diagonalen der Seitenflächen.
Berechne dann das Volumen der Quader.

a)

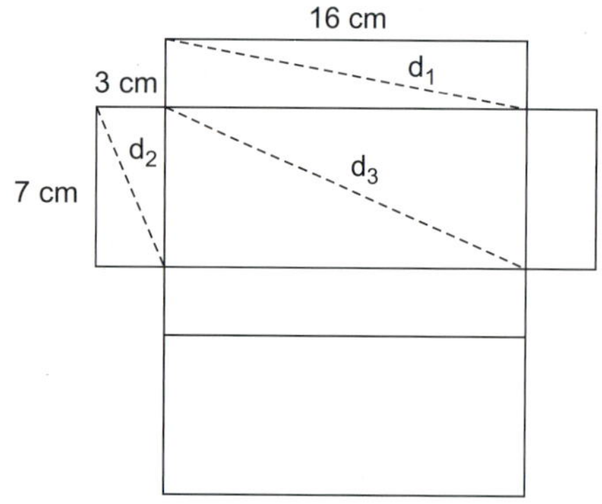

b)

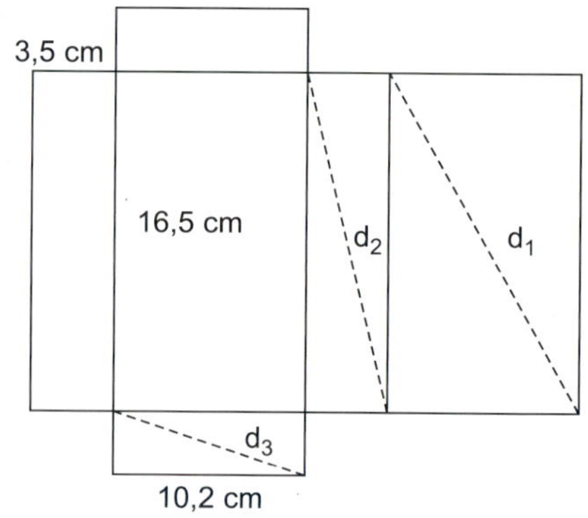

336

Ein Betrieb stellt einen quaderförmigen Tank (a = 6,5 m; b = 3,8 m) mit einem Fassungsvermögen von 66 690 Litern her.
a) Wie hoch wird der Tank?
b) Wie viele Quadratmeter Stahlblech werden zur Herstellung des Tanks benötigt?

337 Ein Aquarium ist mit 360 ℓ halb gefüllt. Es ist 18 dm lang und 50 cm breit.
a) Berechne die Wasserstandshöhe.
b) Wie hoch ist das Aquarium?
c) Die Wasserhöhe beträgt jetzt 65 cm. Wie viele Liter Wasser sind im Aquarium?

338 Eine Schokoladenfabrik verpackt ihre Knusperbonbons in würfelförmigen Behältern aus Pappe mit einer Seitenlänge von 6 cm. Ein Mitarbeiter macht den Vorschlag, die gleiche Menge Knusperbonbons zukünftig in quaderförmigen Verpackungen mit 10 cm Länge und 3 cm Breite anzubieten, weil die neue Verpackung weniger Material benötigt.
Was hältst du von dem Vorschlag des Mitarbeiters?

339 Ein quaderförmiger Swimmingpool wird mit Wasser gefüllt.
a) Berechne das Fassungsvermögen des Beckens. Gib in Litern an.
b) Eine Pumpe füllt pro Stunde 150 hℓ Wasser in das Becken. Ergänze die Tabelle.

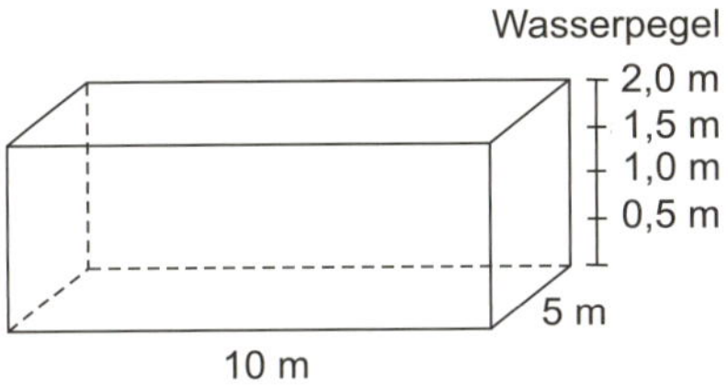

Zeit	1 h	2 h	3 h	4 h
Wassermenge	150 hℓ			
Wasserpegel				

c) Der Wasserpegel beträgt 1,22 m.
Wie viel Prozent der gesamten Wassermenge befinden sich bereits im Becken?

340 Berechne jeweils den Rauminhalt der Körper (alle Angaben in mm). Zerlege oder ergänze die Körper dazu passend.

a)

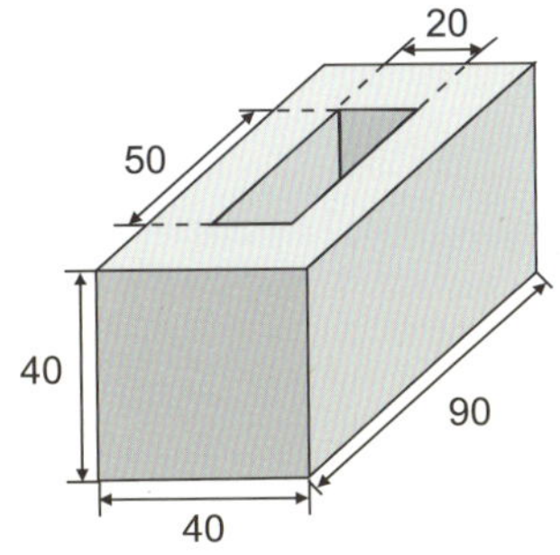

b)

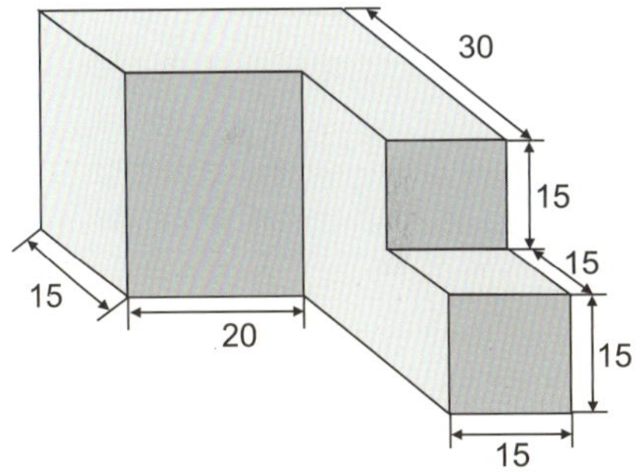

341 Franz baut aus drei Holzquaderblöcken eine Treppe.
a) Berechne das Volumen der Treppe.
b) Franz lackiert die gesamte Treppe.
Wie groß ist die Fläche, die er lackieren muss?

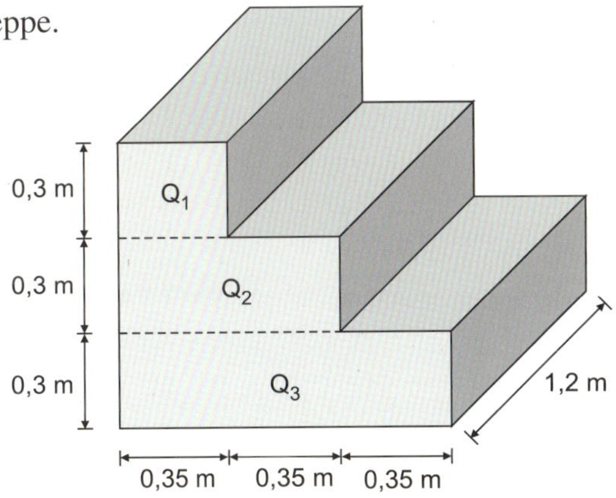

Prisma

Merke

Prisma

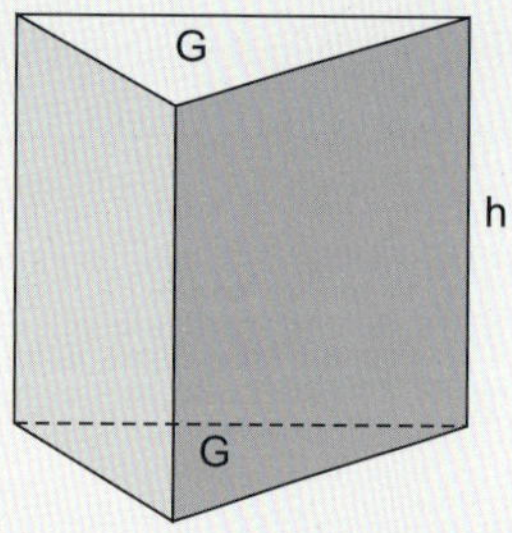

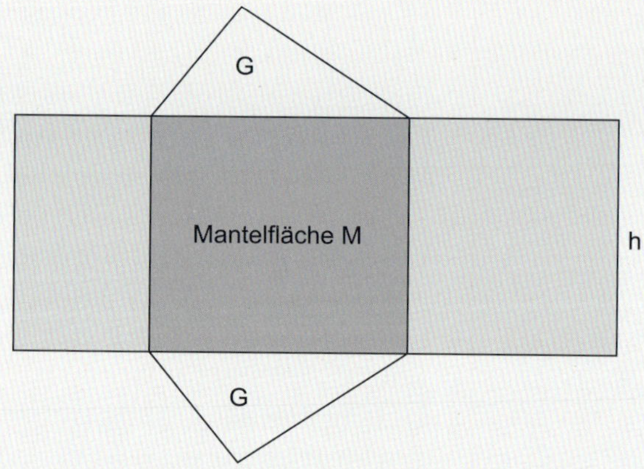

Volumen: $V = G \cdot h$

Mantelfläche: $M = \text{Summe der Seitenflächen}$

$M = u_{\text{Grundfläche}} \cdot h$

Oberfläche: $O = 2 \cdot G + M$

TIPP

Die angegebenen Formeln sind für alle geraden Prismen (Würfel, Quader, Dreiecksprisma, Trapezprisma, …) gültig.

Beispiel

Berechne das Volumen und die Oberfläche für ein gerades Prisma mit einem rechtwinkligen Dreieck als Grundfläche (rechter Winkel bei C).
Folgende Maße sind gegeben: $a = 9\text{ cm}$; $b = 12\text{ cm}$; $c = 15\text{ cm}$; $h_k = 11\text{ cm}$

Lösung:

$G = \dfrac{9\text{ cm} \cdot 12\text{ cm}}{2}$

$G = 54\text{ cm}^2$

Berechne zuerst die Grundfläche (Flächeninhalt des rechtwinkligen Dreiecks): $A = \dfrac{a \cdot b}{2}$

$V = 54\text{ cm}^2 \cdot 11\text{ cm}$

$V = 594\text{ cm}^3$

Dann kannst du das Volumen berechnen: $V = G \cdot h$

$u_G = 9\text{ cm} + 12\text{ cm} + 15\text{ cm}$

$u_G = 36\text{ cm}$

Berechne den Umfang der Grundfläche: $u_G = a + b + c$

$O = 2 \cdot 54\text{ cm}^2 + 36\text{ cm} \cdot 11\text{ cm}$

$O = 108\text{ cm}^2 + 396\text{ cm}^2$

$O = 504\text{ cm}^2$

Dann kannst du die Mantel- bzw. die Oberfläche berechnen: $O = 2 \cdot G + u_G \cdot h$

Aufgaben

342 Berechne den Flächeninhalt des Mantels.

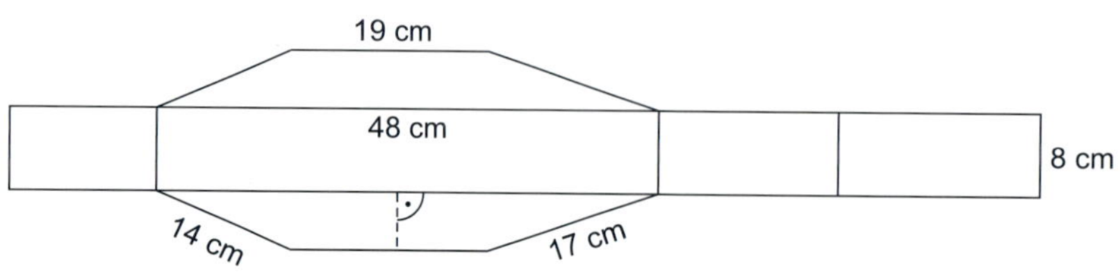

343 Ein Prisma mit trapezförmiger Grundfläche ($a=9$ cm; $c=4$ cm; $h_T=7$ cm) hat ein Volumen von 568,75 cm^3.

a) Berechne die Körperhöhe des Prismas.

b) Wie hoch ist ein Prisma mit einem rechtwinkligen Dreieck ($a=3$ cm; $b=4$ cm; $c=5$ cm) als Grundfläche, wenn es das gleiche Volumen hat?

344 Färbe zunächst jeweils die Grundflächen der Körper und berechne deren Flächeninhalt. Berechne dann das Volumen der Prismen.

a)

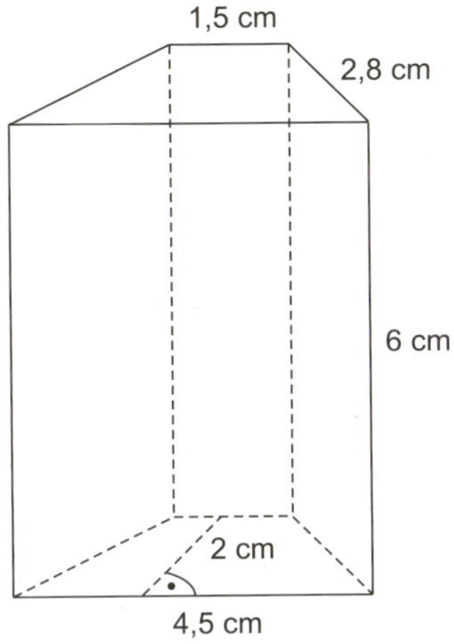

b)

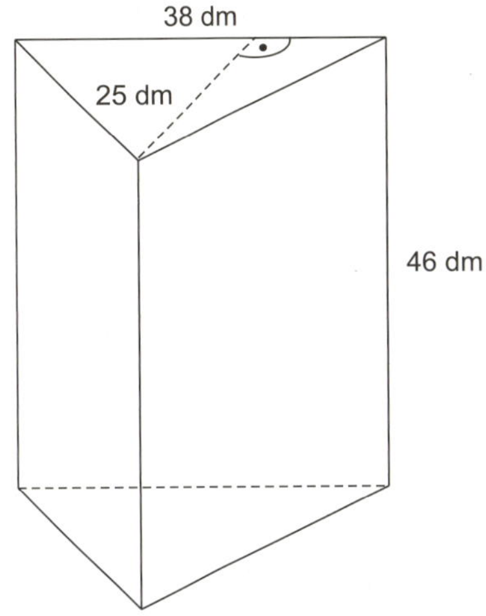

345 Berechne die fehlenden Werte der folgenden Dreiecksprismen.

	Grundseite g	Dreieckshöhe h_D	Grundfläche G	Körperhöhe h	Volumen V
a)	6 cm	12 cm		9 cm	
b)		23,5 cm	282 cm^2		6 486 cm^3
c)	18 mm	7 mm		9 mm	
d)	16 cm		80 cm^2		880 cm^3
e)	15,7 m		188,4 m^2	12,2 m	
f)		22,7 dm	317,8 dm^2		10 169,6 dm^3

346 Übertrage die folgenden Netze von Dreiecksprismen in dein Heft und ergänze sie. Schraffiere jeweils die Grundflächen G und markiere die Kanten, die sich beim Zusammenfalten treffen, in der gleichen Farbe.

a)

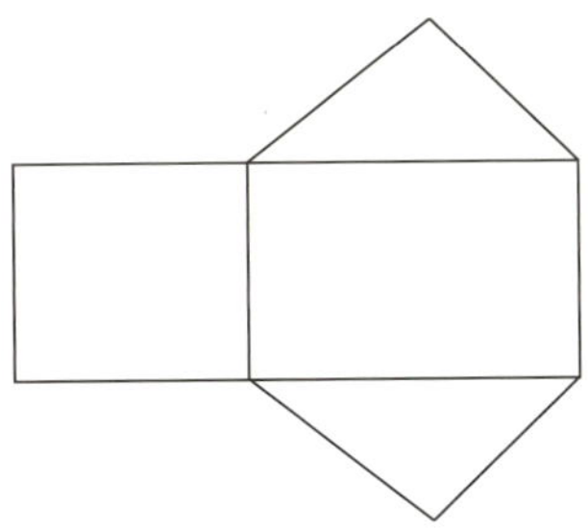

b)

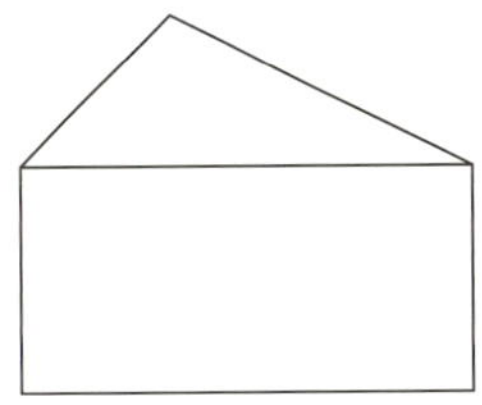

347 Berechne das Volumen der skizzierten Körper (alle Maße in cm).

a)

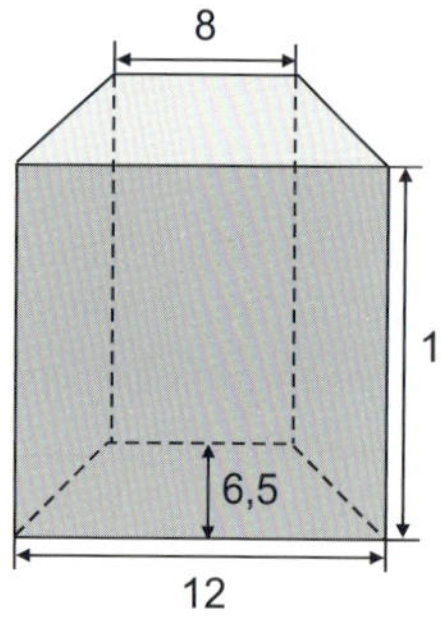

b)

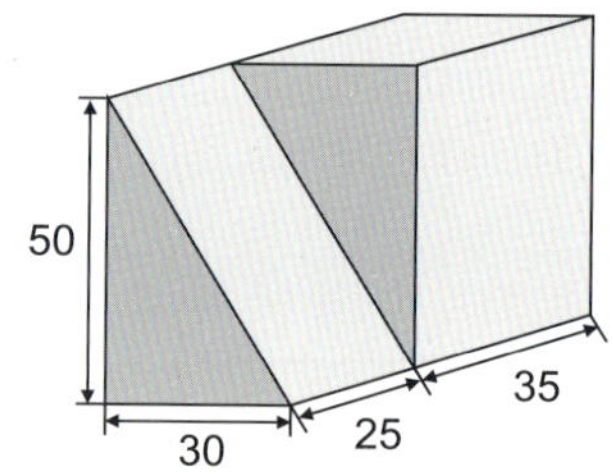

348 Firma Schmitt erneuert das Dachgeschoss von Frau Sänger.

a) Wie groß ist die Gesamtfläche der Giebelwände G?

b) Um 1 m^2 der Giebelwand zu mauern, benötigt man 16 Steine. Berechne die Mindestanzahl der Steine.

c) Wie lang ist die Dachkante c?

d) Berechne den Flächeninhalt der Dachflächen, wenn das Dach 0,3 m überstehen soll.

f) Frau Sänger bezahlt 4 860 € für die Dachziegel. Wie viel kostet 1 m^2?

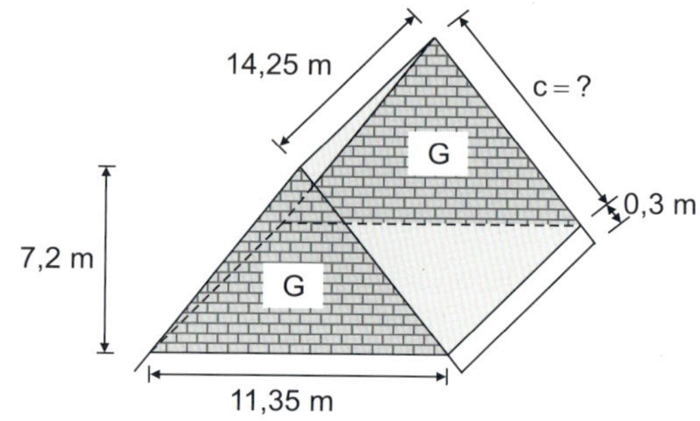

349 René bringt seinen Eltern von der Klassenfahrt eine Schweizer Schokolade mit und verpackt sie als Geschenk.

a) Wie groß ist die Oberfläche der Schokoladenpackung?

b) Zeichne das Netz der Packung.

c) Das Geschenkpapier ist 19 % größer als die Oberfläche. Wie viel Papier wird benötigt?

d) Berechne die Länge des Geschenkbandes. Für die Schleife benötigt René 36,2 cm.

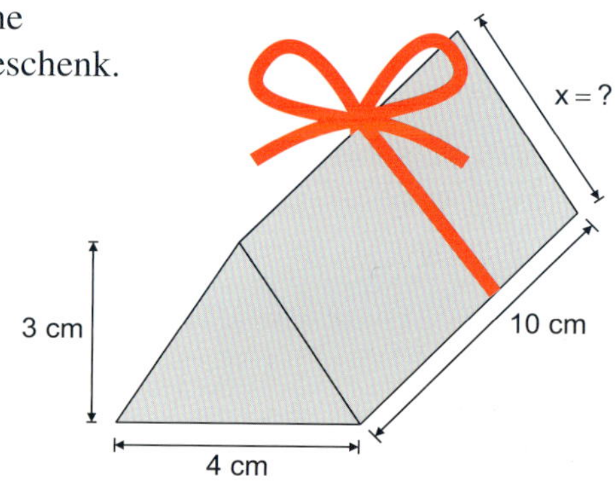

350 Peter stellt im Technikunterricht eine trapezförmige Blechschale her. Dazu stanzt er aus einem Stück Blech nebenstehendes Netz aus.

a) Berechne die Fläche des Netzes.

b) Wie viel Prozent des Blechs wird nicht verwendet?

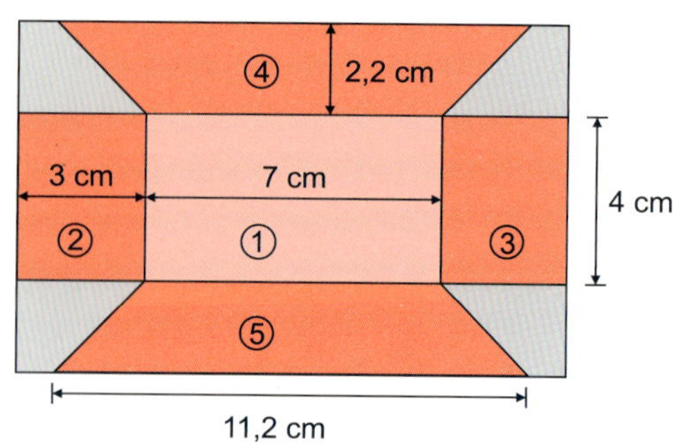

Peter bereitet die Schale für den Zusammenbau vor und biegt die beiden rechteckigen Flächen 2 und 3 vollständig nach innen.

c) Zeichne das Rechteck 1 mit den beiden umgeklappten Seitenflächen in Originalgröße.

d) Wie viel Prozent der Fläche 1 bedecken die umgeklappten Flächen?

e) Berechne das Volumen der fertigen Blechschale.

Zylinder

Merke

Zylinder

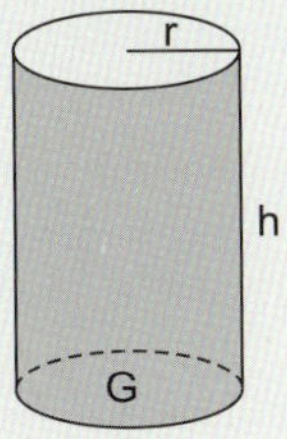

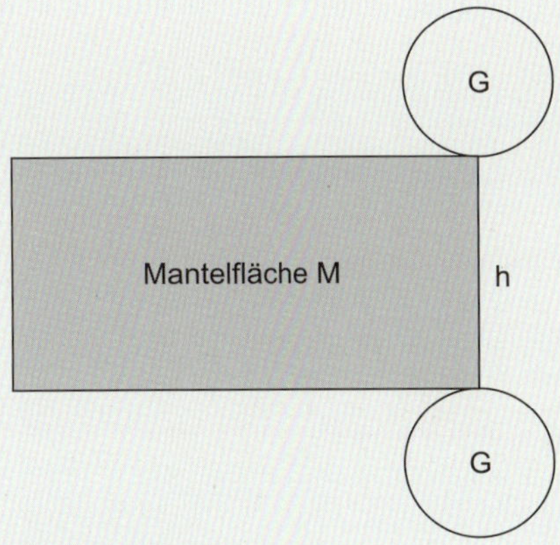

Volumen: $V = G \cdot h$

$V = \pi \cdot r^2 \cdot h$

Mantelfläche: $M = 2 \cdot \pi \cdot r \cdot h$

Oberfläche: $O = 2 \cdot G + M$

Beispiel

Gegeben ist ein Kreiszylinder mit einem Radius von $r = 7$ cm und einer Körperhöhe von $h = 18$ cm.
Berechne das Volumen, die Mantelfläche und die Oberfläche des Körpers.

Lösung:

$V = 3{,}14 \cdot (7\text{ cm})^2 \cdot 18\text{ cm}$ — $V = \pi \cdot r^2 \cdot h$

$V = 2\,769{,}48\text{ cm}^3$

$M = 2 \cdot 3{,}14 \cdot 7\text{ cm} \cdot 18\text{ cm}$ — $M = 2 \cdot \pi \cdot r \cdot h$

$M = 791{,}28\text{ cm}^2$

$O = 2 \cdot 3{,}14 \cdot (7\text{ cm})^2 + 791{,}28\text{ cm}^2$ — $O = 2 \cdot \pi \cdot r^2 + M$

$O = 1\,099\text{ cm}^2$

Aufgaben

351 Das Volumen eines Zylinders beträgt 16 956 cm^3, seine Höhe 24 cm. Berechne den Radius.

352 Ein zylinderförmiges Silo hat eine Standfläche von 616 m^2. Es fasst 17 248 m^3 Getreide.
Berechne den Radius, die Höhe und die Mantelfläche des Silos.

353 Ein neuer zylinderförmiger Gasbehälter soll ein Fassungsvermögen von 13 665 m^3 erhalten. Die Grundfläche beträgt 803,84 m^2.
Berechne den Durchmesser und die Höhe des Behälters.

354 Auf einer Rolle befinden sich 250 m Kupferdraht. Der Draht hat einen Durchmesser von 2 mm.
Wie viel wiegt der Draht insgesamt, wenn 1 cm^3 9 g wiegt?

355 Berechne die fehlenden Werte der Kreiszylinder. Runde auf zwei Dezimalstellen.

	Radius r	Grundfläche G	Höhe h	Volumen V	Mantelfläche M	Oberfläche O
a)	4,7 cm		12,3 cm			
b)	7,6 m			1 379,1 m^3		
c)		24,6 cm^2	42,8 cm			
d)			102,5 m	1 689,41 m^3		
e)	8,5 dm				895,41 dm^2	
f)			15,3 cm		680,54 cm^2	

356 Berechne das Volumen der abgebildeten Körper (Maße in cm).

a)

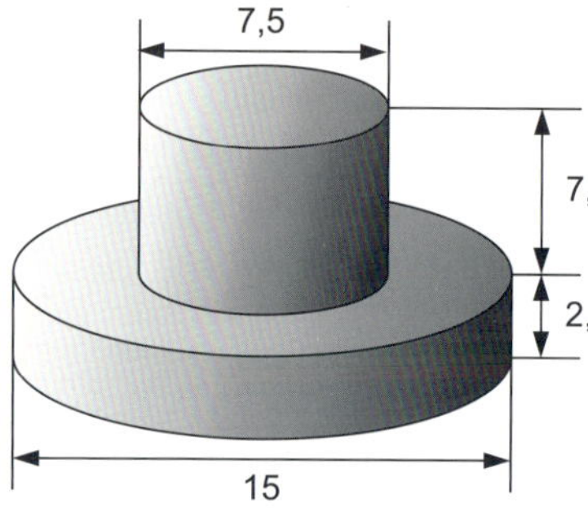

b)

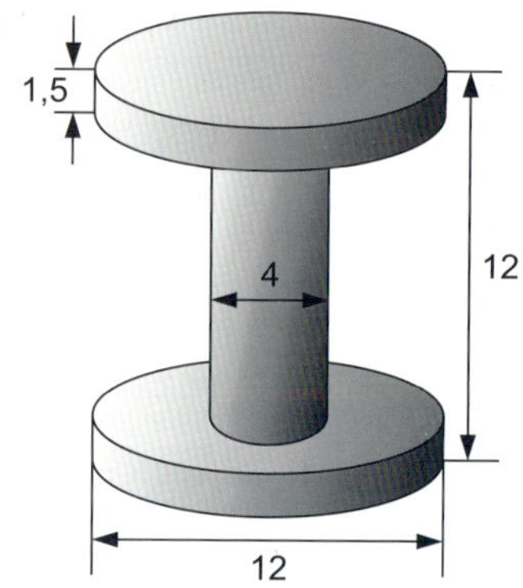

357 Betrachte das Trinkglas mit einem Radius von 2,5 cm.

a) Wie groß ist die Grundfläche G?
b) Auf welcher Höhe h befindet sich das Eichmaß 0,2 ℓ?
c) Wie viel Flüssigkeit passt maximal in das Glas?
d) Ein Mensch soll am Tag ca. 2,5 ℓ trinken.
Wie oft muss das Glas dafür bis zum Eichmaß gefüllt werden?

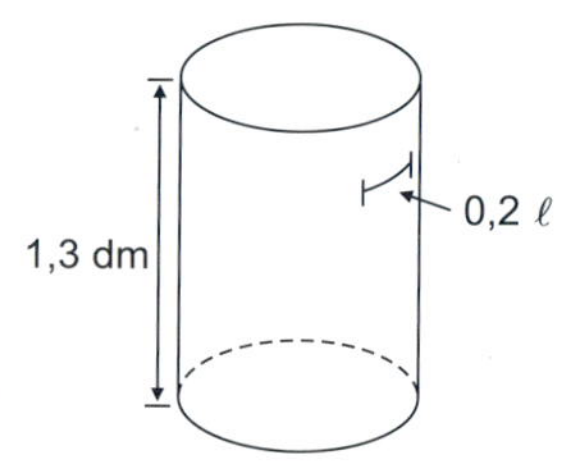

358 Die Konservendose hat ein Fassungsvermögen von 850 cm^3.

a) Wie hoch ist die Dose?
b) Das Blech für die Grund- und Deckfläche wird jeweils aus quadratischen Blechteilen ausgeschnitten.
Wie groß müssen die quadratischen Teile mindestens sein?
Wie viele cm^2 Abfall entstehen beim Herstellen des Bodens und des Deckels der Dose? Berechne den Abfall auch in Prozent.

359 Bei Ausgrabungen wurde eine runde Münze von 5 mm Dicke gefunden.
Ihr Durchmesser beträgt 42 mm. In der Mitte der Münze befindet sich ein kreisrundes Loch mit einem Durchmesser von 28 mm.

a) Fertige eine Skizze der Grundfläche an und trage die Maße ein.
b) Das Geldstück wiegt 74,31 g.
Prüfe durch Rechnung, welches Material für die Münze verwendet wurde. Es gilt:
1 cm^3 Kupfer wiegt 8,9 g, 1 cm^3 Silber wiegt 10,5 g und 1 cm^3 Gold wiegt 19,32 g.

Pyramide

Merke

Pyramide

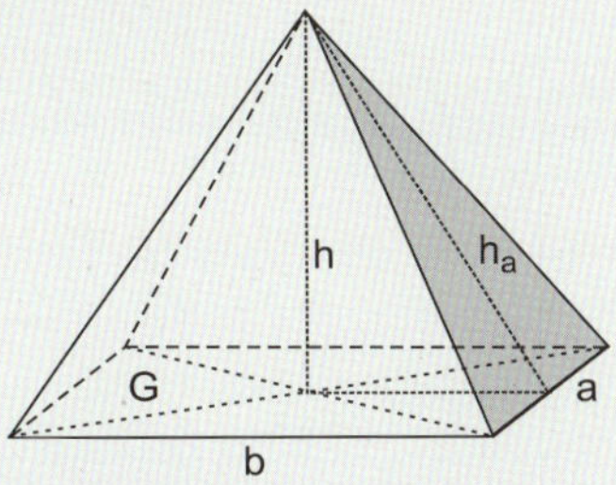

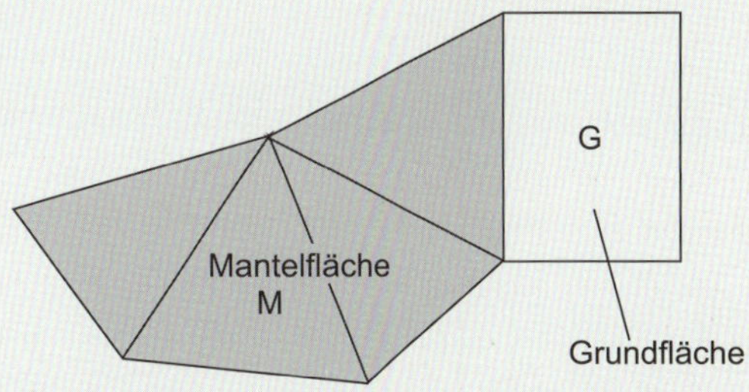

Volumen: $V = \frac{1}{3} \cdot G \cdot h$

Mantelfläche: M = Summe Flächeninhalte der Seitendreiecke

Oberfläche: O = G + M

Beispiele

1. Berechne das Volumen einer quadratischen Pyramide mit a = 5 cm und h = 12 cm.
   Lösung:
   $G = 5\text{ cm} \cdot 5\text{ cm}$ — Berechne zunächst die Grundfläche.
   $G = 25\text{ cm}^2$
   $V = \frac{1}{3} \cdot 25\text{ cm}^2 \cdot 12\text{ cm}$ — $V = \frac{1}{3} \cdot G \cdot h$
   $V = 100\text{ cm}^3$

2. Wie hoch ist eine Pyramide mit einer Grundfläche von 121 cm² und einem Volumen von 605 cm³?
   Lösung:
   $605\text{ cm}^3 = \frac{1}{3} \cdot 121\text{ cm}^2 \cdot h \quad |\cdot 3$ — $V = \frac{1}{3} \cdot G \cdot h$
   $1815\text{ cm}^3 = 121\text{ cm}^2 \cdot h \quad |:121\text{ cm}^2$
   $15\text{ cm} = h$

3. Berechne die Oberfläche einer quadratischen Pyramide mit a = 5 cm und h = 12 cm.
   Lösung:
   $h_a^2 = (12\text{ cm})^2 + (2{,}5\text{ cm})^2$ — Berechne zunächst die Höhe eines Seitendreiecks mit dem Satz des Pythagoras: $h_a^2 = h^2 + \left(\frac{a}{2}\right)^2$
   $h_a^2 = 150{,}25\text{ cm}^2$
   $h_a = \sqrt{150{,}25\text{ cm}^2}$
   $h_a \approx 12{,}26\text{ cm}$

   $A_D = \frac{5\text{ cm} \cdot 12{,}26\text{ cm}}{2}$ — Berechne nun den Flächeninhalt eines Seitendreiecks: $A_D = \frac{a \cdot h_a}{2}$
   $A_D = 30{,}65\text{ cm}^2$

   $O = 5\text{ cm} \cdot 5\text{ cm} + 4 \cdot 30{,}65\text{ cm}^2$ — $O = G + 4 \cdot A_D$
   $O = 25\text{ cm}^2 + 122{,}6\text{ cm}^2$
   $O = 147{,}6\text{ cm}^2$

Aufgaben

360 Berechne die fehlenden Werte für Pyramiden mit quadratischer Grundfläche.
Runde auf eine Dezimalstelle.

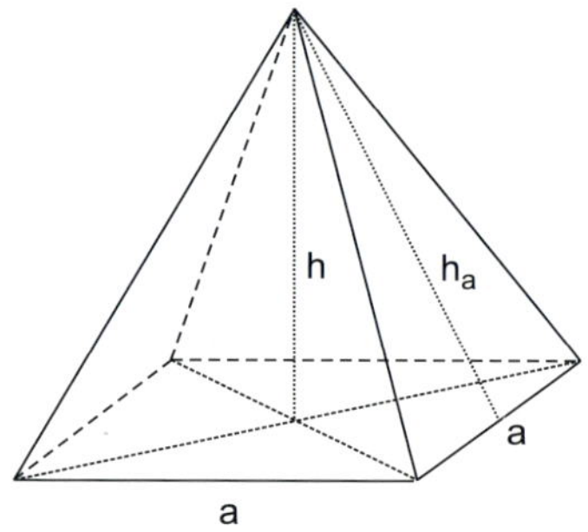

	Kante a	Körperhöhe h	Seitenhöhe h_a	Volumen V	Mantelfläche M
a)	10 cm	18 cm	18,7 cm		
b)		6,3 m	6,5 m	18,9 m^3	
c)	5,6 dm	7,2 dm	7,75 dm		
d)	14 cm			517,4 cm^3	296,8 cm^2

361 Die Cheopspyramide von Gizeh hatte bei ihrer Erbauung eine Grundfläche von etwa 56 644 m^2 und ein Volumen von etwa 2 768 003 m^3.
Wie hoch war die Pyramide damals?

362 Gerd zeichnet das Netz einer Pyramide mit rechteckiger Grundfläche.

a) Wie groß ist der Flächeninhalt des Netzes?
b) Berechne den Flächeninhalt des grauen Restes.
Wie hoch ist der prozentuale Anteil an der Gesamtfläche?
c) Gerd schneidet das Netz aus und baut die Pyramide zusammen, indem er die vier Seiten nach oben klappt.
Zeige, dass die Pyramide 5,6 cm hoch ist.
d) Berechne das Volumen der Pyramide.
e) Wie groß ist das Volumen, wenn die Höhe auf 11,2 cm verlängert wird?
Vergleiche mit dem Originalvolumen.

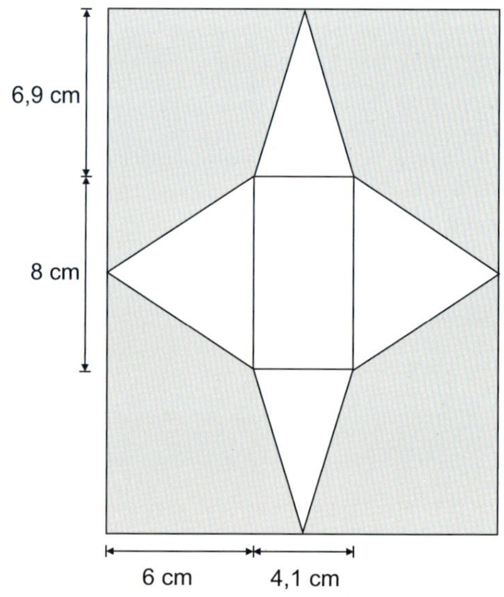

363 Ein Prisma mit quadratischer Grundfläche (a = 6 dm) und der Höhe h = 1,2 m hat die gleiche Oberfläche wie eine Pyramide, deren Grundfläche ein Quadrat mit der Seitenlänge b = 100 cm ist.

a) Erstelle von beiden Körpern eine Skizze und trage die gegebenen Maße ein.
b) Berechne den Flächeninhalt eines Seitendreiecks der Pyramide.
c) Berechne die Körperhöhe der Pyramide.

Kegel

Merke

Kegel

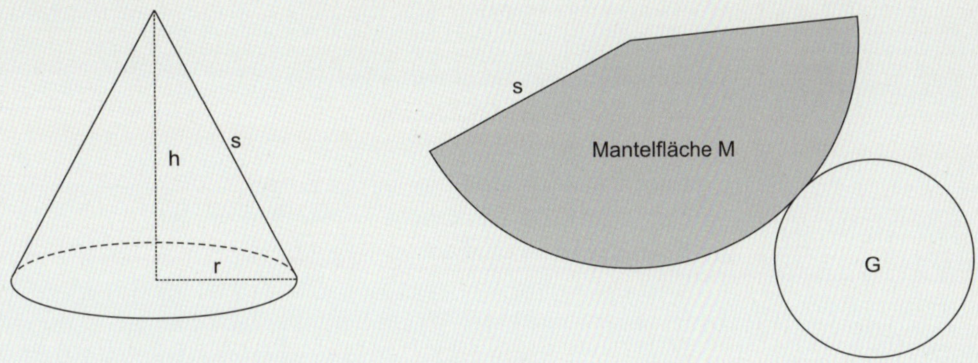

Volumen: $V = \frac{1}{3} \cdot G \cdot h$

$V = \frac{1}{3} \cdot \pi \cdot r^2 \cdot h$

Mantelline: $s = \sqrt{r^2 + h^2}$

Mantelfläche: $M = \pi \cdot r \cdot s$

Oberfläche: $O = G + M$

Beispiele

1. Berechne das Volumen sowie die Mantelfläche eines Kegels mit den Maßen r = 3 cm und h = 4 cm.

   Lösung:

   $V = \frac{1}{3} \cdot 3{,}14 \cdot (3\text{ cm})^2 \cdot 4\text{ cm}$ $\quad V = \frac{1}{3} \cdot \pi \cdot r^2 \cdot h$

   $V = 37{,}68\text{ cm}^3$

   $s = \sqrt{(3\text{ cm})^2 + (4\text{ cm})^2}$ $\quad s = \sqrt{r^2 + h^2}$

   $s = 5\text{ cm}$

   $M = 3{,}14 \cdot 3\text{ cm} \cdot 5\text{ cm}$ $\quad M = \pi \cdot r \cdot s$

   $M = 47{,}1\text{ cm}^2$

2. Wie hoch ist ein Kegel mit einem Volumen von 1 780,38 cm³ und einem Radius von 9 cm?

   Lösung:

   $1\,780{,}38\text{ cm}^3 = \frac{1}{3} \cdot 3{,}14 \cdot (9\text{ cm})^2 \cdot h$ $\quad V = \frac{1}{3} \cdot \pi \cdot r^2 \cdot h$

   $1\,780{,}38\text{ cm}^3 = 84{,}78\text{ cm}^2 \cdot h$ $\quad |: 84{,}78\text{ cm}^2$

   $21\text{ cm} = h$

Aufgaben

364 Berechne die fehlenden Werte der Kegel. Runde auf zwei Nachkommastellen.

	Radius r	Höhe h	Grundfläche G	Volumen V
a)	6,4 cm	12,8 cm		
b)	6,7 dm	5,86 dm		
c)		1,85 dm		9,12 dm³
d)			1,35 m²	14,87 m³

365 Der Umfang eines kegelförmigen aufgeschütteten Sandhaufens beträgt 54,6 m, sein Volumen 148,75 m^3. Welche Höhe hat der Sandhaufen?

366 Ein Würfel aus Blei (a = 8 cm) wird eingeschmolzen. Aus der Schmelze wird ein Kegel (r = 4 cm) gegossen. Berechne die Höhe und die Mantelfläche des Kegels.

367 Ein kegelförmiges Dach wird renoviert.

a) Wie groß ist die Dachfläche?
b) Ein Dachziegel bedeckt 5 dm^2.
Berechne die Mindestanzahl der Ziegel.
c) Zeige, dass die Körperhöhe $h \approx 14{,}59$ m beträgt.
d) Berechne das Volumen des Kegeldachs.
e) Eine Dachrinne wird angebaut. Wie lang ist die Rinne?
f) Die Dachrinne kostet pro Meter inklusive Montage 22,50 € (zzgl. 19 % MwSt.). Die Firma gewährt auf den Endpreis 3 % Skonto. Wie viel kostet die Dachrinne inklusive Montage?

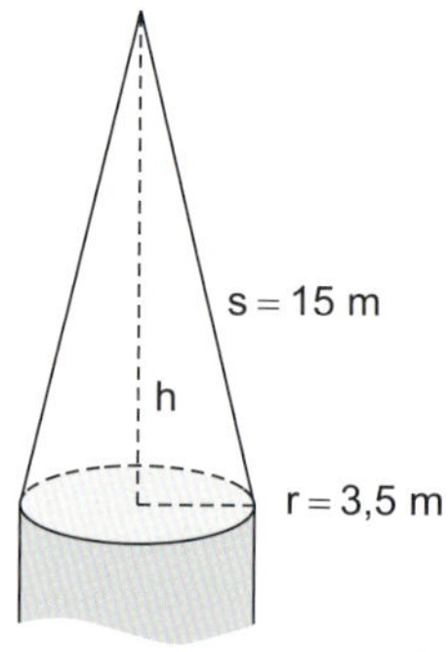

368 Ein Körper besteht aus einem zylindrischen Mittelteil, dem oben und unten jeweils gleich große Kreiskegel aufgesetzt sind. Der Abstand der Kegelspitzen beträgt 33 cm, der Durchmesser des zylindrischen Mittelteils und der Kegelgrundflächen misst 18 cm. Die Höhe des Zylinders beträgt 9 cm.

a) Fertige eine Skizze an und trage die Maße ein.
b) Berechne die Oberfläche des Körpers.

369 Ein geschlossener Stahlbehälter soll außen mit einem Schutzanstrich versehen werden.
Die Maße (in cm) sind der Zeichnung zu entnehmen.

a) Wie viele Liter Farbe sind erforderlich, wenn pro Quadratmeter $1\frac{3}{4}$ Liter benötigt werden?
b) Wie hoch sind die Materialkosten, wenn ein Liter Farbe 6,30 € kostet? Runde das Ergebnis auf zwei Dezimalstellen.

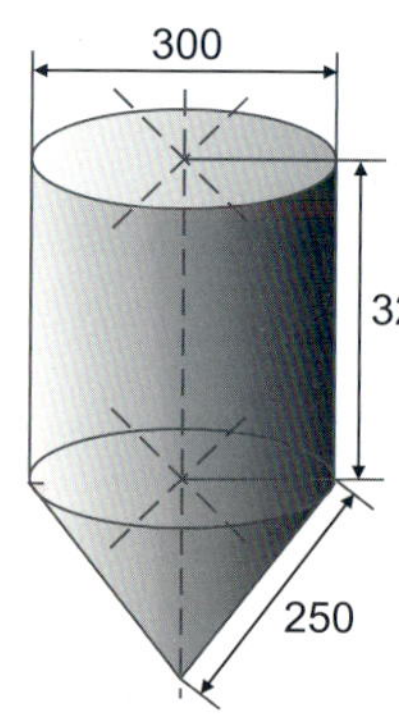

370 An einem Eisstand kann zwischen den zwei Hörnchen „Maxi" und „Mini" gewählt werden. Beide haben annähernd die Form eines Kegels.

a) Berechne das Volumen beider Hörnchen.
b) Um wie viel Prozent ist das Fassungsvermögen des Mini-Hörnchens kleiner als das des Maxi-Hörnchens?
c) Wie lang ist beim Mini-Hörnchen die Mantellinie s?
d) Berechne die Mantelfläche des Mini-Hörnchens.

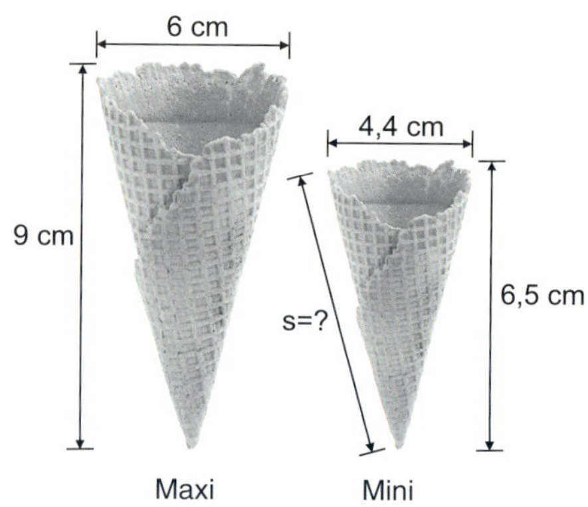

Kugel

Merke

Kugel

Volumen: $V = \frac{4}{3} \cdot \pi \cdot r^3$

Oberfläche: $O = 4 \cdot \pi \cdot r^2$

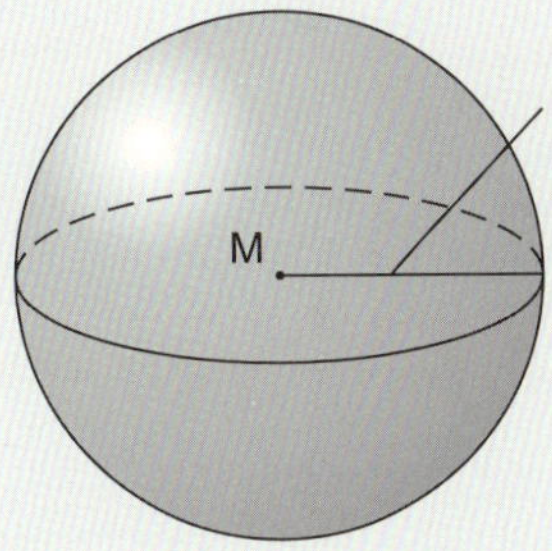

Beispiele

1. Berechne das Volumen und die Oberfläche einer Kugel mit einem Radius von 6 cm.

$V = \frac{4}{3} \cdot 3{,}14 \cdot (6\text{ cm})^3$ $\qquad V = \frac{4}{3} \cdot \pi \cdot r^3$

$V = 904{,}32\text{ cm}^3$

$O = 4 \cdot 3{,}14 \cdot (6\text{ cm})^2$ $\qquad O = 4 \cdot \pi \cdot r^2$

$O = 452{,}16\text{ cm}^2$

2. Welchen Radius hat eine Kugel mit einem Volumen von $113{,}04\text{ cm}^3$?

$113{,}04\text{ cm}^3 = \frac{4}{3} \cdot 3{,}14 \cdot r^3$ $\qquad V = \frac{4}{3} \cdot \pi \cdot r^3$

$27\text{ cm}^3 = r^3$

$3\text{ cm} = r$

Aufgaben

371 Ein Heißluftballon hat einen Durchmesser von 15 m.
Nimm an, dass er annähernd die Form einer Kugel hat.
a) Wie viel m^3 Gas ist zum Füllen des Ballons notwendig?
b) Berechne die Oberfläche des Ballons.

372 Ein kugelförmiger Gastank fasst 15 000 m^3 Gas.
a) Wie groß ist der Durchmesser?
b) Berechne die Oberfläche des Tanks.

373 Sofie bläst einen annähernd kugelförmigen Luftballon auf. Sie möchte, dass er eine Oberfläche von 2 826 cm^2 hat. Wie viel cm^3 Luft muss Sofie dafür in den Ballon blasen?

374 Ordne die vier Körper nach der Größe ihres Volumens.

Kugel:	r = 12 cm	Würfel:	a = 12 cm
Zylinder:	d = 24 cm; h = 12 cm	Kegel:	r = 12 cm; h = 24 cm

375 In einem zylinderförmigen Gefäß mit d = 10 cm befinden sich 750 $m\ell$ Wasser.
a) Wie hoch steht das Wasser im Zylinder?
b) Man gibt eine Eisenkugel mit dem Radius r = 4 cm dazu.
Um wie viele Zentimeter steigt das Wasser im Gefäß?

Berechnungen an zusammengesetzten Körpern

Aufgaben

376 Berechne den Rauminhalt der skizzierten Körper.

a)

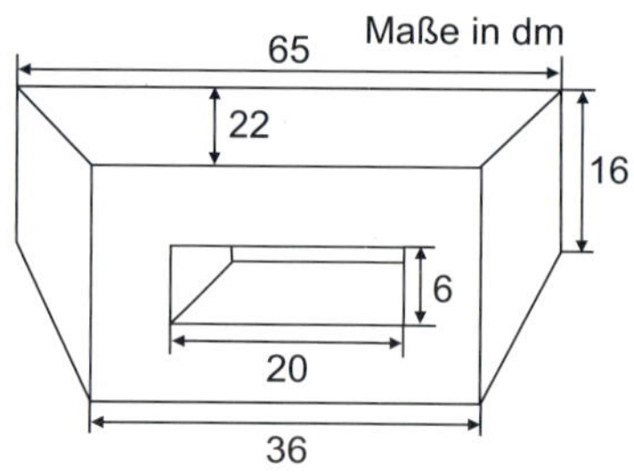

b)

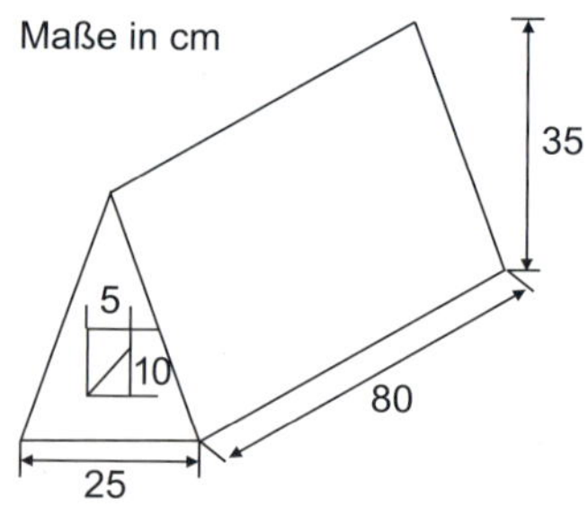

377 In Latrop soll eine neue Kirche gebaut werden. Die quadratische Grundfläche des Turms hat eine Größe von 49 m².

a) Berechne das Volumen des Kirchturms und der Kirchturmspitze.

b) Wie groß ist der Rauminhalt des Kirchenschiffs (Quader und Dreiecksprisma)?

c) Wie hoch ist das Kirchenschiff?

d) Zeichne den Grundriss der Kirche in einem geeigneten Maßstab und berechne den Umfang.

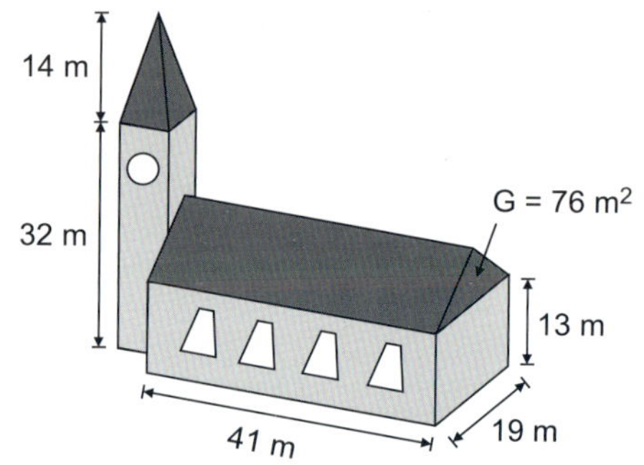

378 Marcel stellt Bauklötze übereinander.

a) Berechne das Gesamtvolumen der beiden gleich großen Quader mit quadratischer Grundfläche.

b) Berechne das Volumen des Dreiecksprismas.

c) Marcel schiebt einen Klotz zwischen die Säulen, der an allen Seiten bündig abschließt.
Welche Maße (Länge, Breite und Höhe) muss der Klotz haben?

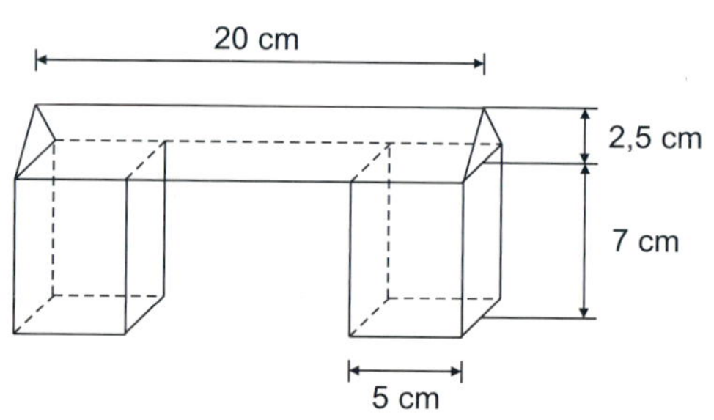

379 Nebenstehende Skizze zeigt die Vorderansicht einer acht Meter langen Bahnunterführung, die aus Beton gefertigt werden soll.

$r = 3{,}0$ m

$h_1 = 1{,}7$ m

$h_2 = 5{,}5$ m

$b = 7{,}2$ m

Wie viele Kubikmeter Beton sind erforderlich?

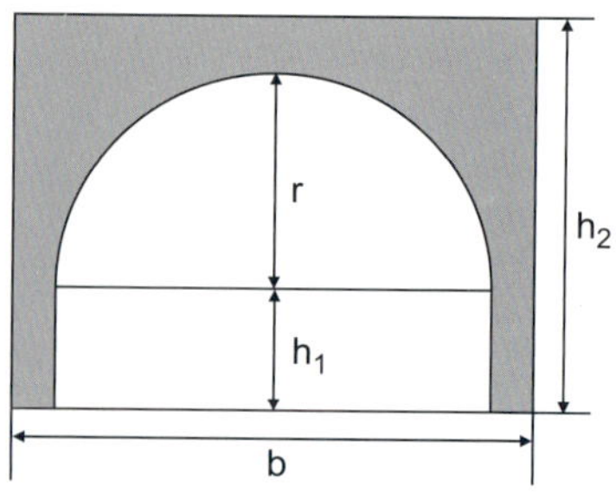

Fit für die Zentrale Prüfung?

380 David schenkt seinem Bruder zum Geburtstag einen Fußball mit einem Durchmesser von 28 cm. Er hat 0,2 m^2 Geschenkpapier zur Verfügung.

a) Reicht das Papier, um den Ball vollständig einzupacken?

b) David meint, dass sich die Oberfläche des Balles bei halbem Durchmesser auf ein Achtel verringert.
Hat David recht? Begründe.

381 Eine Konditorei stellt pyramidenförmige „Schokoladenspitzen" mit quadratischer Grundfläche und einer Höhe von $h = 1{,}8$ cm her.

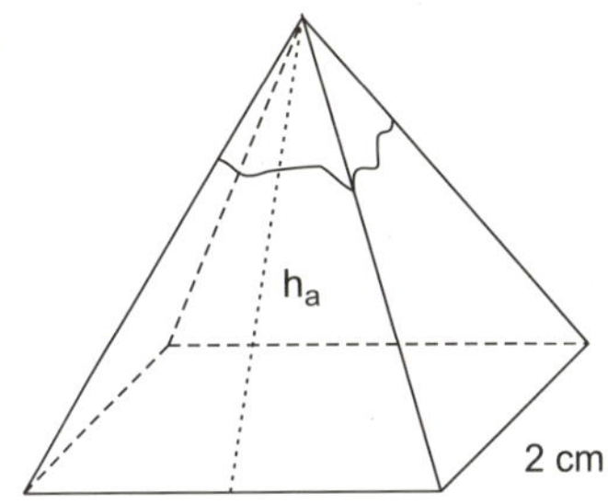

a) Berechne das Volumen einer Schokoladenspitze.

b) Zeige durch Rechnung, dass $h_a \approx 2{,}1$ cm gilt.

c) Die abgebildete Schokoladenspitze wiegt 12 g und kostet 1,80 €.
Wie teuer ist eine größere Schokoladenspitze, die 32 g wiegt, wenn der Preis pro g gleich bleibt?

382 Lea kauft für Silvester Feuerwerksraketen.

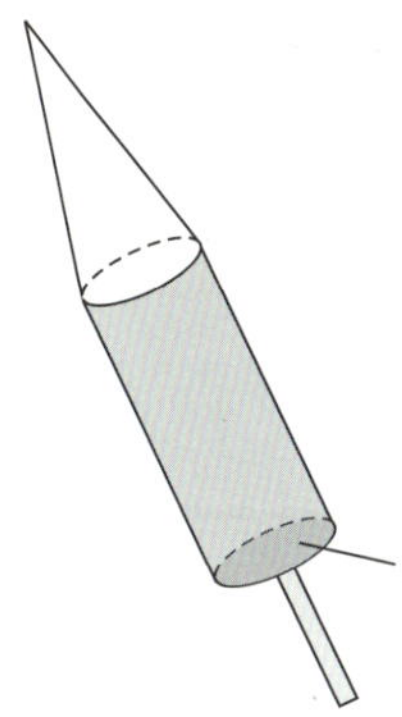

a) Das Volumen des Zylinders beträgt 152 cm^3.
Wie hoch ist der Zylinder der Silvesterrakete?

b) Das Kegelvolumen beträgt 35,47 cm^3.
Wie hoch ist die gesamte Rakete?

c) Lea kauft fünf Raketen und bezahlt mit fünfprozentigem Rabatt 16,20 €.
Wie teuer waren sie ursprünglich?

383 Die Skizze zeigt den Querschnitt eines Stahlträgers.
Der Stahlträger hat eine Länge von 8,4 m.
Zeige, dass der Stahlträger insgesamt etwa 1,072 t wiegt (1 m^3 Stahl wiegt 7,85 t).

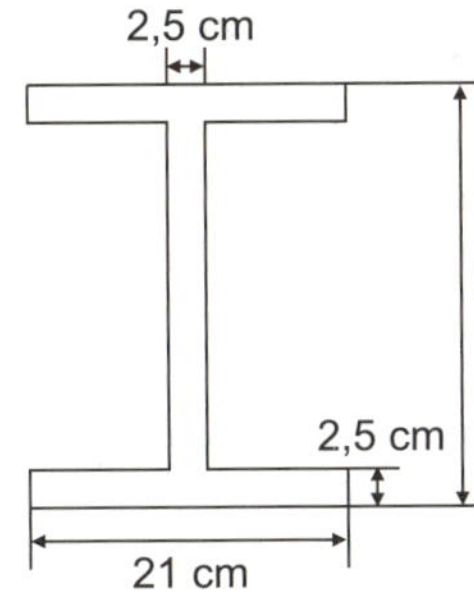

384 Der Durchmesser einer Bowlingkugel beträgt 8,5 Zoll.

1 Zoll ≙ 2,54 cm

a) Zeige, dass das Volumen dieser Kugel bei 5,27 dm^3 liegt.

b) Der Durchmesser einer speziellen Fun-Bowlingkugel ist doppelt so groß. Sabine behauptet, dass das Volumen dann achtmal so groß ist.
Hat Sabine recht?
Begründe mithilfe einer Rechnung.

Original-Prüfungsaufgaben

Zentrale Prüfung 2018
NRW – Mathematik

Prüfungsteil 1

Aufgabe 1

a) Ordne der Größe nach. Beginne mit der kleinsten Zahl.

$-0{,}7$ $\qquad \frac{7}{100}$ $\qquad -\frac{1}{7}$ $\qquad 0{,}17$

b) Miriam behauptet: „65 % sind mehr als $\frac{25}{30}$." Hat Miriam recht?
Überprüfe die Behauptung durch eine Rechnung.

Aufgabe 2

In einem Beutel befinden sich 8 rote, 2 blaue und 6 grüne Kugeln.

a) Gib die Wahrscheinlichkeit an, eine blaue Kugel zu ziehen.

b) Bestimme die Wahrscheinlichkeit für das Ereignis „Es wird eine rote oder eine grüne Kugel gezogen".

Aufgabe 3

Eine Kugel hat einen Radius von 6 cm.

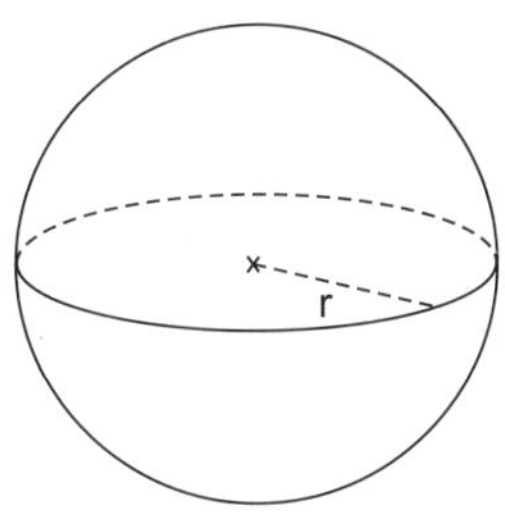

a) Berechne die Oberfläche der Kugel.

b) Sina überlegt: „Wenn ich den Radius verdopple, dann verdoppelt sich auch die Oberfläche."
Hat Sina recht? Begründe deine Entscheidung.

Aufgabe 4

Löse das lineare Gleichungssystem. Notiere deinen Lösungsweg.

I $\quad 3x + 4y = 22$

II $\quad 5x - 4y = -6$

Aufgabe 5

Marlon zeichnet mit einer Geometriesoftware den Graphen g der Funktion $g(x) = 2x + b$.
Er erstellt einen Schieberegler, mit dem er den Wert für b verändern kann.

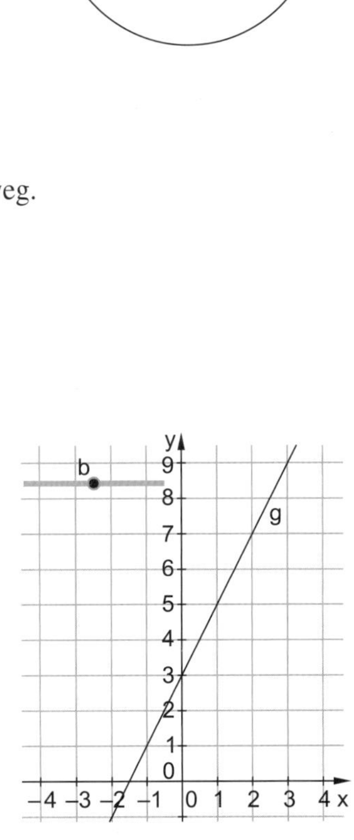

a) Der Schieberegler zeigt den Wert für b nicht an.
Gib den Wert für b an.

b) Marlon stellt für b den Wert 5 ein.
Zeichne den Graphen in das Koordinatensystem.

Prüfungsteil 2

Aufgabe 1: Fuldatalbrücke

Max und Justus machen einen Ausflug von Frankfurt zur Fuldatalbrücke in Baunatal (Abbildung 1).

Die Freunde gehen zu Fuß zum Bahnhof in Frankfurt. Der Fußweg hat eine Länge von 2,4 km. Sie gehen mit einer durchschnittlichen Geschwindigkeit von vier Kilometern pro Stunde [km/h].

Abbildung 1: Fuldatalbrücke
Foto: © Christian Klotz

a) Berechne, wie viele Minuten die beiden bis zum Bahnhof benötigen.

Die Freunde fahren mit dem Zug um 8:14 Uhr in Frankfurt los und kommen um 11:13 Uhr in Baunatal an. Der abgebildete Graph stellt vereinfacht den Verlauf ihrer Zugfahrt dar (Abbildung 2).

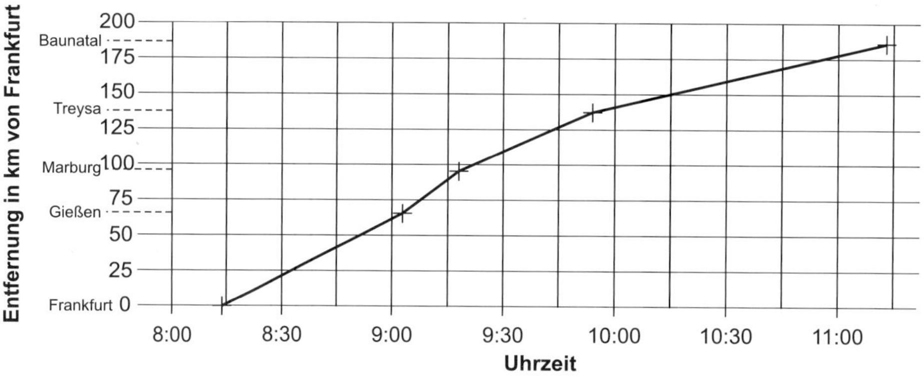

Abbildung 2: Verlauf der Zugfahrt

b) Auf welcher Teilstrecke fährt der Zug mit der höchsten Durchschnittsgeschwindigkeit? Begründe deine Entscheidung.

Um 8:30 Uhr fährt in Baunatal ein Güterzug nach Frankfurt los. Er fährt die Strecke mit einer durchschnittlichen Geschwindigkeit von 100 Kilometern pro Stunde [km/h].

c) Zeichne den Verlauf der Fahrt des Güterzugs in die Grafik ein (Abbildung 2). Entnimm der Grafik den Streckenabschnitt, auf dem sich die beiden Züge begegnen, und gib die ungefähre Uhrzeit an.

Der Zug durchfährt Kurven in Schräglage. Um diese Schräglage zu erreichen, werden die Gleise unterschiedlich hoch verlegt (Abbildung 3). Der Neigungswinkel α darf maximal 7,1° betragen.

d) Max behauptet: „Wenn der Neigungswinkel $\alpha = 7{,}1°$ beträgt, dann beträgt der Höhenunterschied der Gleise $u \approx 17{,}7$ cm."
Hat Max recht? Begründe mit einer Rechnung.

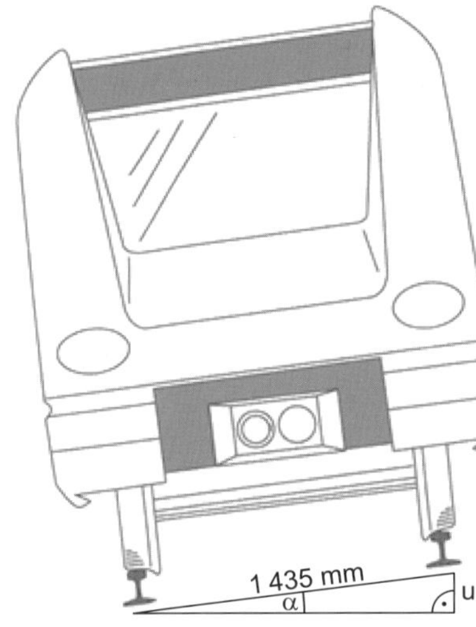

Abbildung 3: Zug in Schräglage

In Baunatal fotografieren Max und Justus die Brücke für den Mathematikunterricht. Der Brückenbogen kann durch eine Parabel g der Form $g(x) = d \cdot (x - e)^2 + f$ angenähert werden (Abbildung 4).

Abbildung 4: Fuldatalbrücke, Brückenbogen durch eine Parabel angenähert, alle Angaben sind in Metern
Foto: © Christian Klotz

e) Begründe, dass die Funktionsgleichung $g(x) = -0{,}008 \cdot (x - 50)^2 + 20$ geeignet ist, um den Brückenbogen zu beschreiben.

f) Justus legt den Ursprung des Koordinatensystems in den Scheitelpunkt der Parabel. Gib die veränderten Werte für e und f an. Wie verändert sich der Wert für d?

Aufgabe 2: Kaffee

Kaffee ist das Lieblingsgetränk in Deutschland. Im Durchschnitt trinkt jede Person etwa 165 Liter Kaffee im Jahr, davon 5 % aus Pappbechern.

a) Berechne, wie viele Liter Kaffee jede Person durchschnittlich im Jahr aus Pappbechern trinkt.

Pro Jahr benutzt jede Person durchschnittlich ca. 34 Pappbecher. In Deutschland leben derzeit ca. 82 Millionen Menschen. Karin behauptet: „Jede Stunde werden in Deutschland ungefähr 320 000 Pappbecher in den Müll geworfen."

b) Hat Karin recht? Begründe.

Die obere Öffnung eines handelsüblichen Pappbechers hat einen Durchmesser von 7 cm.

c) Der Boden einer Sporthalle mit 27 m Breite und 45 m Länge reicht nicht aus, um 320 000 Pappbecher so wie in Abbildung 1 nebeneinander aufzustellen.
Bestätige dies durch eine Rechnung.

Abbildung 1: Pappbecher nebeneinander aufgestellt

Ein Pappbecher hat die Form eines Kegelstumpfes (Abbildung 2).
Das Volumen des Kegelstumpfes lässt sich mit der folgenden Formel berechnen:

$$V = (r_1{}^2 + r_1 \cdot r_2 + r_2{}^2) \cdot \frac{\pi \cdot h}{3}$$

d) Der Pappbecher hat folgende Maße:
$r_1 = 3\,\text{cm}$, $r_2 = 3{,}5\,\text{cm}$ und $h = 8{,}5\,\text{cm}$.
Bestätige mithilfe der angegebenen Formel, dass das Volumen eines solchen Bechers ca. 280 $m\ell$ beträgt.

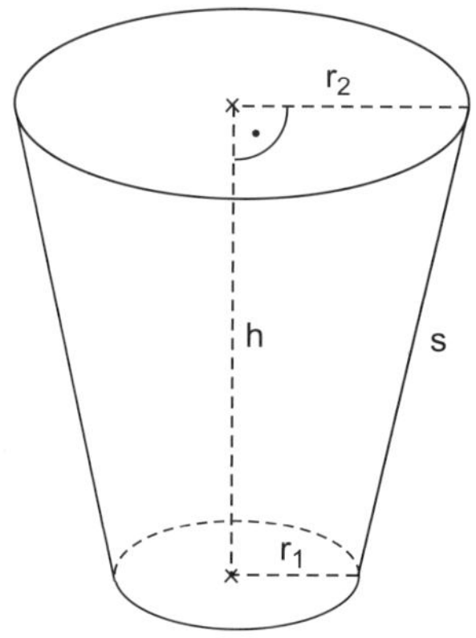

Abbildung 2: Kegelstumpf

e) Karin berechnet das Volumen näherungsweise mit der Formel für den Zylinder. Als Radius nimmt sie den Mittelwert der beiden Radien des Kegelstumpfes, die Höhe bleibt gleich.
Karin behauptet: „Das Ergebnis weicht um weniger als 1 % vom Ergebnis des Kegelstumpfvolumens ab.“ Hat sie recht? Begründe deine Antwort mit einer Rechnung.

Karin misst die Temperatur des Kaffees zu verschiedenen Zeiten. Sie stellt die Messwerte graphisch dar (Abbildung 3).
Der abgebildete Graph stellt eine gute Näherung für den Abkühlungsprozess dar.

f) Entscheide, welche Funktionsgleichung zu dem Graphen gehört. Begründe deine Entscheidung.
   (i) $T_1(t) = 80 \cdot 0{,}94^t$
   (ii) $T_2(t) = 0{,}94^t + 80$
   (iii) $T_3(t) = 80 \cdot 1{,}8^t$

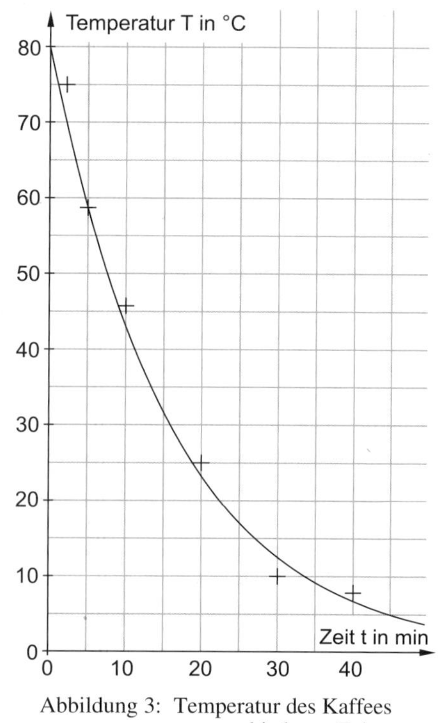

Abbildung 3: Temperatur des Kaffees zu verschiedenen Zeiten

Aufgabe 3: Sierpinski-Dreiecke

Die Sierpinski-Dreiecke entstehen folgendermaßen (Abbildung 1):

- Das Ausgangsdreieck ist ein gleichseitiges Dreieck (Figur 0).
- Die Mittelpunkte der Dreiecksseiten werden miteinander verbunden. Es entstehen vier kleine gleichseitige Dreiecke. Das mittlere Dreieck wird weiß gefärbt (Figur 1).
- Dieser Vorgang wird für alle schwarzen Dreiecke wiederholt (Figur 2, 3, 4, …).

Abbildung 1: Sierpinski-Dreiecke, Figur 0 bis Figur 4

Jede Seitenlänge des Dreiecks in Figur 0 beträgt 10 cm.

a) Bestätige durch eine Rechnung, dass der Flächeninhalt des Dreiecks in Figur 0 $A_0 = 43{,}3\text{ cm}^2$ beträgt (Abbildung 2).

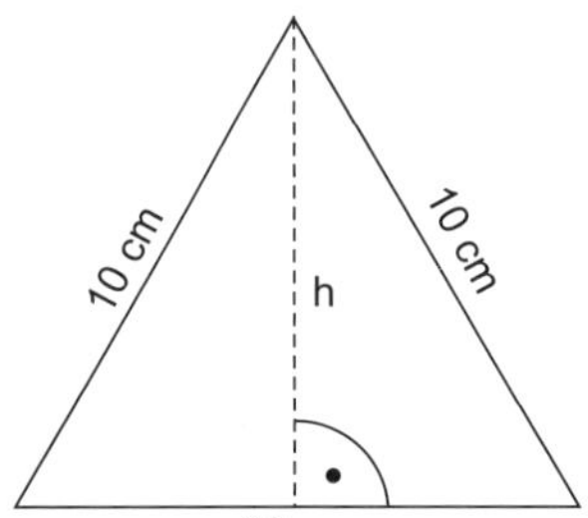

Abbildung 2: Dreieck zu Figur 0

b) Begründe den folgenden Zusammenhang anhand der Abbildung 1: Der Flächeninhalt aller schwarzen Dreiecke einer neuen Figur beträgt $\frac{3}{4}$ der Fläche der schwarzen Dreiecke der vorherigen Figur.

c) Der Flächeninhalt A_n aller schwarzen Dreiecke in Figur n kann mit folgendem Term berechnet werden:
$43{,}3 \cdot 0{,}75^n$ (in cm^2).
Bei welcher Figur n beträgt der Flächeninhalt aller schwarzen Dreiecke zum ersten Mal weniger als 4 cm^2? Notiere dein Vorgehen.

Vera berechnet mit einer Tabellenkalkulation die Flächeninhalte der schwarzen Dreiecke.

	A	B	C	D	E
1	Figur	Anzahl der schwarzen Dreiecke	Fläche eines schwarzen Dreiecks [cm²]	Fläche aller schwarzen Dreiecke [cm²]	Anteil an der Gesamtfläche
2	0	1	43,300	43,300	1,000
3	1	3	10,825	32,475	0,750
4	2	9	2,706	24,356	0,563
5	3	27	0,677	18,267	
6	4	81	0,169	13,700	0,316
7	5	243	0,042	10,275	0,237
8	6	729	0,011	7,706	0,178

d) Berechne den fehlenden Wert in Zelle E5. Runde auf drei Nachkommastellen.

e) Betrachte die Zelle D3. Gib eine Formel an, mit der sich der Wert in dieser Zelle berechnen lässt.

f) Die Summe der Flächeninhalte der schwarzen und der weißen Dreiecke ergibt in jeder Figur zusammen 43,3 cm^2.
Wie entwickeln sich die Flächeninhalte der schwarzen und der weißen Flächen, wenn man die Figuren immer weiter fortsetzt? Beschreibe.

Zentrale Prüfung 2019
NRW – Mathematik

Prüfungsteil 1

Aufgabe 1

Ordne die Zahlen der Größe nach. Beginne mit der kleinsten Zahl.

$\frac{6}{10}$ $\quad -0{,}626 \quad -6{,}26 \quad$ $\frac{1}{6}$

Aufgabe 2

Ein Rechteck hat die Seitenlängen a = 5 cm und b = 3 cm.

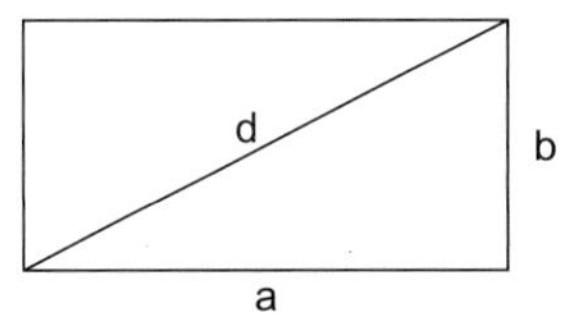

a) Berechne die Länge der Diagonale d.

b) Wie verändert sich der Flächeninhalt dieses Rechtecks, wenn man jede Seitenlänge verdoppelt? Begründe.

c) Ein anderes Rechteck hat einen Flächeninhalt von 24 cm^2.
Wie lang könnten die Seiten sein? Gib zwei unterschiedliche Möglichkeiten an.

Aufgabe 3

Isabelle zeichnet mit einer Geometriesoftware den Graphen einer quadratischen Funktion mit: $f(x) = x^2 + c$. Sie erstellt einen Schieberegler, mit dem sie den Wert für c verändern kann.

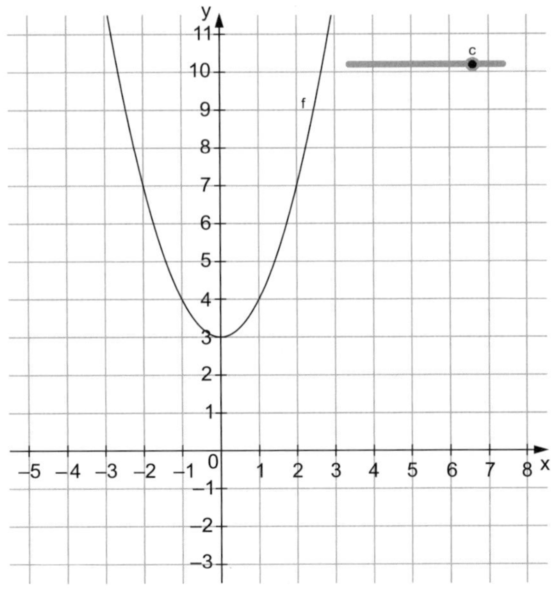

a) Der Schieberegler zeigt den Wert für c nicht an. Gib den Wert für c an.

b) Für welche Werte von c verläuft der Graph f vollständig oberhalb der x-Achse? Gib den Bereich für c an.

Aufgabe 4

Tarek plant Urlaub in einer Jugendherberge. Mit einer Tabellenkalkulation berechnet er die Kosten für die Jugendherberge.

	A	B	C
1	**Kosten für die Jugendherberge**		
2	Anzahl der Nächte	7	
3			
4		*Preis pro Nacht in €*	*Preis für 7 Nächte in €*
5	Übernachtung	18,00	126,00
6	Frühstück	4,00	28,00
7	Abendessen	6,00	42,00
8	Tourismussteuer (5 % vom Übernachtungspreis)	0,90	6,30
9			
10	Gesamtkosten in €		202,30

Abbildung: Tabellenblatt zur Berechnung der Kosten für die Jugendherberge

a) Kreuze jeweils an, ob die Formel in diesem Zusammenhang geeignet ist, den Wert in Zelle C8 zu berechnen.

Formel	geeignet	nicht geeignet
= B5 / 3	☐	☐
= B8 * B2	☐	☐
= C10 − (C5 + C6 + C7)	☐	☐

b) Tarek möchte Geld sparen und deshalb kein Abendessen buchen. Berechne, wie viel Prozent von den Gesamtkosten er dann spart.

Aufgabe 5

Löse das lineare Gleichungssystem. Notiere deinen Lösungsweg.

I $\quad 4x + y = 16$

II $\quad -2x - 2y = 4$

Prüfungsteil 2

Aufgabe 1: Kaugummiautomat

Steffi hat zum Geburtstag einen Kaugummiautomaten und eine Tüte mit Kaugummikugeln bekommen (Abbildung 1).

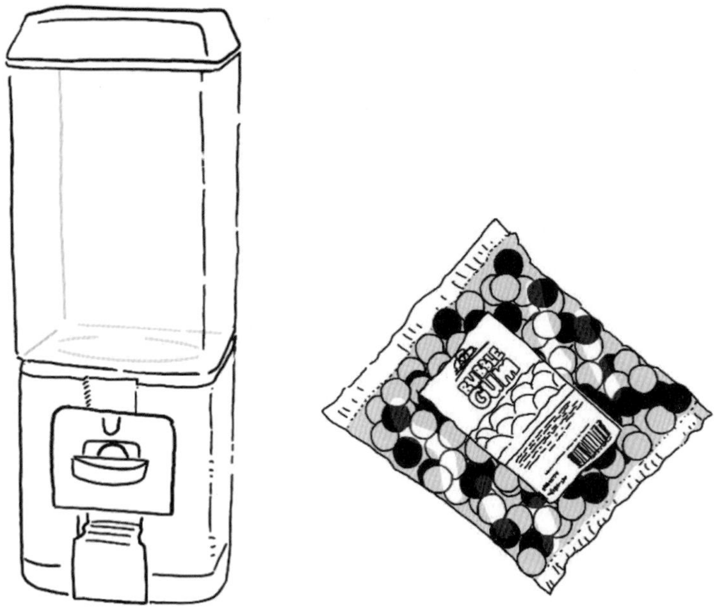

Abbildung 1: Kaugummiautomat und Tüte mit Kaugummikugeln

a) Eine Kaugummikugel hat einen Durchmesser von 14 mm.
Bestätige durch eine Rechnung, dass das Volumen einer Kaugummikugel ca. 1,44 cm^3 beträgt.

b) 1 cm^3 Kaugummimasse wiegt 0,82 g.
Berechne, wie viele Kaugummikugeln in einer 300-Gramm-Packung sind.

c) Der Behälter für die Kaugummikugeln ist 16,5 cm breit, 16,5 cm tief und 42,5 cm hoch. Steffi möchte wissen, wie viele Kaugummikugeln in den Behälter passen und rechnet $(16{,}5 \cdot 16{,}5 \cdot 42{,}5) : 1{,}44 \approx 8\,035$.
Erkläre Steffis Rechnung und beurteile, ob Steffis Rechnung geeignet ist, die Anzahl der Kaugummikugeln in der Realität zu berechnen.

Steffi füllt eine Mischung aus 8 roten und 12 weißen Kaugummikugeln in den Automaten. Durch Drehen am Automaten erhält man zufällig eine rote oder eine weiße Kaugummikugel.

d) Begründe, dass die Wahrscheinlichkeit, beim ersten Drehen eine rote Kaugummikugel zu erhalten, $\frac{2}{5}$ beträgt.

e) Das Baumdiagramm (Abbildung 2) zeigt die Wahrscheinlichkeiten, beim ersten und zweiten Drehen eine rote oder weiße Kaugummikugel zu erhalten.
Ergänze die fehlenden Einträge im Baumdiagramm.

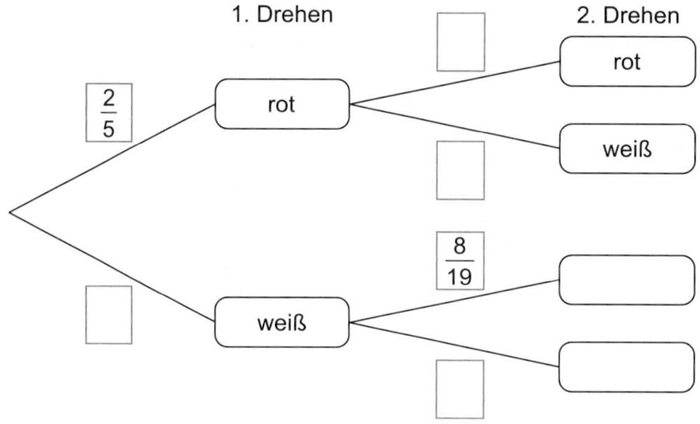

Abbildung 2: Baumdiagramm für zweimaliges Drehen

f) Steffis Bruder behauptet: „Die Wahrscheinlichkeit, zwei verschiedenfarbige Kaugummikugeln zu erhalten, ist kleiner als 50 %."
Hat er recht? Überprüfe mit einer Rechnung.

Aufgabe 2: Schwimmbecken

Familie Sommer hat ein Schwimmbecken gekauft (Abbildung 1).

Das Schwimmbecken ist 1,50 m hoch und hat ein Volumen von 14,43 m^3.

a) Bestätige durch eine Rechnung, dass der Flächeninhalt der Grundfläche des Schwimmbeckens 9,62 m^2 beträgt.

b) Das Becken wird bis 20 cm unterhalb des Randes mit Wasser gefüllt. Berechne, wie viele Liter Wasser in das Becken gefüllt werden.

c) Das Becken steht auf einer quadratischen Terrasse, die an zwei Seiten jeweils 80 cm übersteht (Abbildung 2).
Bestimme rechnerisch die Maße der Terrasse.

Abbildung 1: Schwimmbecken

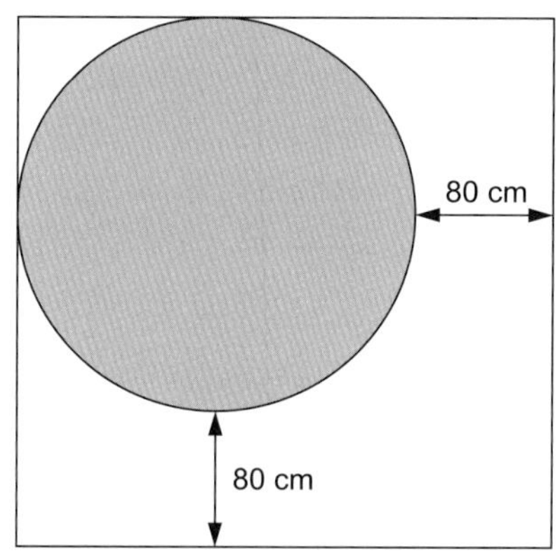

Abbildung 2: Skizze des Schwimmbeckens auf der Terrasse

Familie Sommer fährt in den Urlaub. In dieser Zeit wachsen Algen auf der Wasseroberfläche des Schwimmbeckens. Am Tag der Abreise bedecken die Algen schon ca. 0,5 m^2 der Wasseroberfläche und vermehren sich täglich um 20 %. Das Wachstum der Algen auf der Wasseroberfläche kann mit der folgenden Exponentialfunktion f beschrieben werden:

$f(x) = 0{,}5 \cdot 1{,}2^x$ x ist die Zeit in Tagen; x = 0 ist der Tag der Abreise

d) Erläutere die Bedeutung der Werte 0,5 und 1,2 sowie die Bedeutung von f(x) im Zusammenhang mit dem Wachstum der Algen.

e) Berechne, wie viele Quadratmeter der Wasseroberfläche nach 6 Tagen bedeckt sind.

f) Das Algenwachstum lässt sich mit der Funktionsgleichung nur für einen begrenzten Zeitraum darstellen.
Erkläre, warum dies so ist.

Aufgabe 3: Würfel

Monya und Paul haben eine Kiste mit 500 gleichen Würfeln. Mit 3 Würfeln legen sie Figur 1 und erweitern diese Figur schrittweise (Abbildung 1).

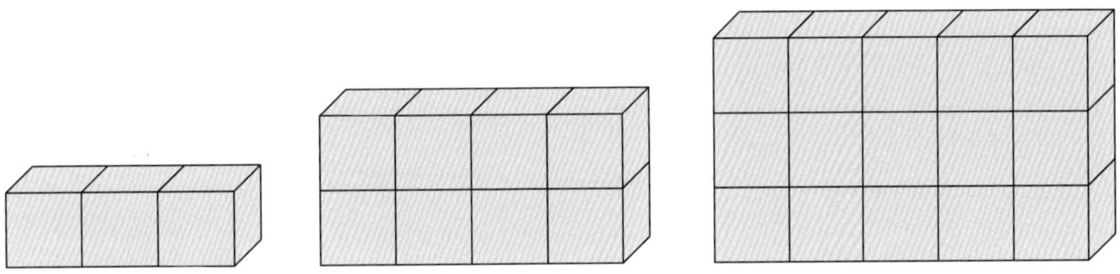

Abbildung 1: Würfelfiguren

a) Wie viele Würfel benötigt man für Figur 4? Ergänze den Wert in der Tabelle.

Figur	1	2	3	4
Anzahl der Würfel	3	8	15	

Die Anzahl der Würfel für Figur n kann mit folgendem Term berechnet werden:
(I) $n \cdot (n+2)$

b) Bestimme mithilfe des Terms die Anzahl der Würfel für Figur 8.

c) Begründe anhand der Figuren in Abbildung 1, dass mit dem Term die Anzahl der Würfel für jede beliebige Figur n berechnet wird.

d) Berechne mit dem Term, welche Figur n aus genau 224 Würfeln besteht.

e) Die Anzahl der Würfel für Figur n kann mit den beiden Termen berechnet werden:
(I) $n \cdot (n+2)$ (II) $(n+1)^2 - 1$
Zeige durch Termumformungen, dass die Terme (I) und (II) gleichwertig sind.

f) Bestimme die größtmögliche Figur n, die Monya und Paul mit 500 Würfeln legen können, und gib an, wie viele Würfel zum Legen der nächsten Figur fehlen.

Zentrale Prüfung 2021
NRW – Mathematik

Hinweis: Aufgrund der Corona-Pandemie standen in diesem Jahr zwei Varianten für den Prüfungsteil 1 zur Verfügung. Die Lehrkraft konnte vor der Prüfung eine Variante auswählen.

Prüfungsteil 1 – Wahlmöglichkeit 1

Aufgabe 1

Schätze: Wie viele Röhrchen sind im markierten Teil des Insektenhotels zu sehen? Beschreibe, wie du vorgegangen bist.

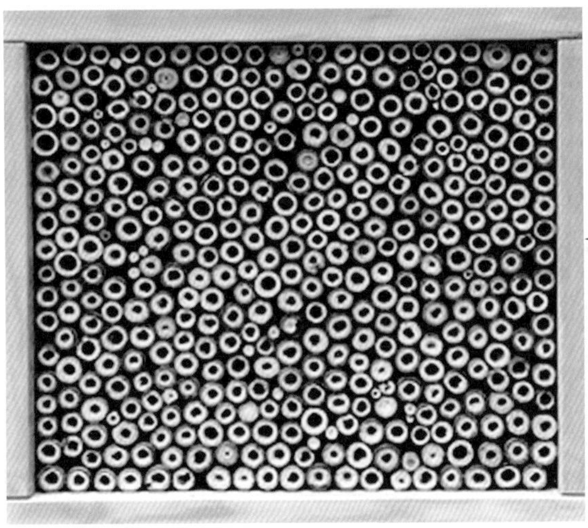

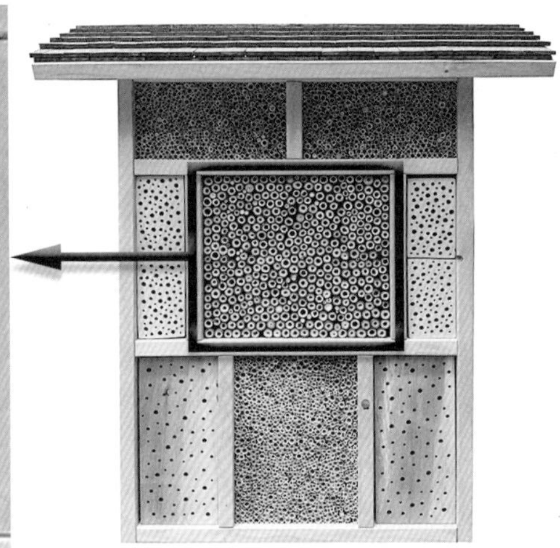

Aufgabe 2

Rechne die Größen in die angegebene Einheit um.

2,5 h = ___________ Sekunden

1 296 cm = ___________ Meter

50 g = ___________ Kilogramm

Aufgabe 3

Eine Pyramide aus Holz hat eine quadratische Grundfläche mit der Seitenlänge 15 cm und eine Höhe von 24 cm.

Berechne das Volumen und das Gewicht der Pyramide, wenn 1 cm^3 Holz 0,8 g wiegt.

Aufgabe 4

a) Ordne die rechts abgebildeten Funktionsgraphen von f, g und h den angegebenen Gleichungen zu.

f	$y = -0{,}5x + 2$
g	$y = 0{,}5x + 3$
h	$y = 2x + 3$

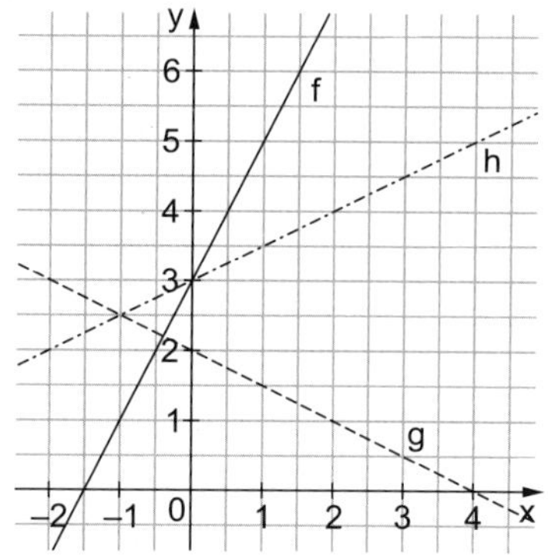

b) Gib eine lineare Gleichung an, die zu folgender Wertetabelle passt:

x	0	1	2
y	2	3,5	5

y = ____________________

Aufgabe 5

Am 1. Juli 2020 wurde in Deutschland befristet die Mehrwertsteuer (= MwSt.) von 19 % auf 16 % gesenkt. Herr Meyer hat ein Geschäft für Bekleidung und hat die Senkung der Mehrwertsteuer an seine Kunden weitergegeben. Dafür hat er eine Excel-Tabelle angelegt:

	A	B	C	D	E
1	**Produkt**	**Preis ohne MwSt.**	**Preis mit 19 % MwSt.**	**Preis mit 16 % MwSt.**	**Ersparnis in €**
2	T-Shirt	7,52	8,95	8,72	0,23
3	Pullover	11,72	13,95	13,60	0,35
4	Kapuzenpullover	33,57			1,01

a) Ergänze die fehlenden Werte in Zeile 4 für den Kapuzenpullover.

b) Der Wert welcher Zelle lässt sich mit der Formel „**= B3 * 1,19 – B3 * 1,16**“ berechnen? Gib die Zelle an.

c) Herr Meyer stellt fest: „Obwohl die Mehrwertsteuer um 3 % abgesenkt wurde, betrug die Ersparnis für den Kunden nicht 3 %.“
Begründe durch eine Rechnung, dass diese Aussage zutrifft.

Prüfungsteil 1 – Wahlmöglichkeit 2

Aufgabe 1

Schätze: Wie viele Röhrchen sind im markierten Teil des Insektenhotels zu sehen? Beschreibe, wie du vorgegangen bist.

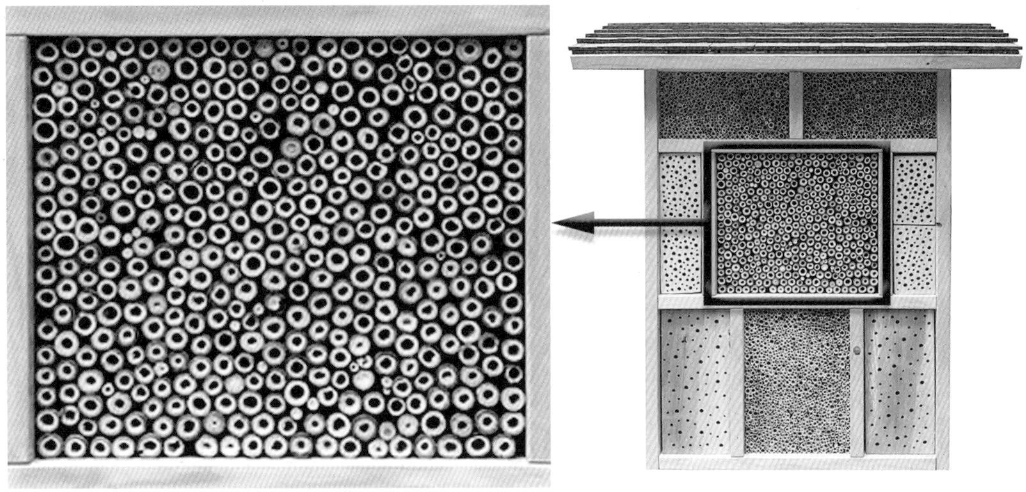

Aufgabe 2

Ordne der Größe nach. Beginne mit der kleinsten Zahl:

$\frac{2}{10}$ $\quad$ 0,15 $\quad$ 10^{-1} $\quad$ 0,05

Aufgabe 3

Herr Celik hat einen alten Lkw gekauft.

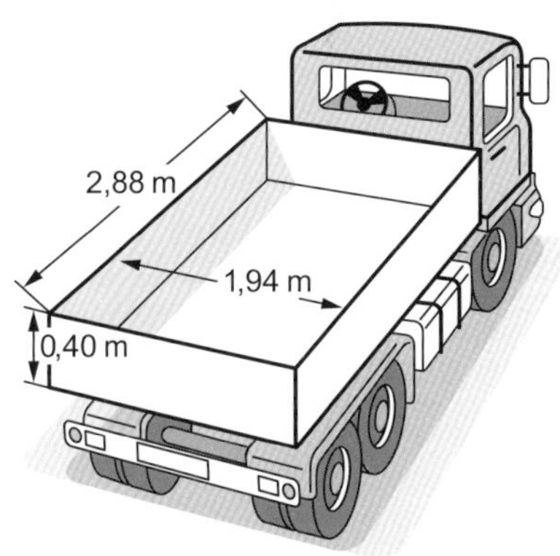

a) Berechne das Volumen des quaderförmigen Laderaums.

b) Der Boden und die inneren Seitenwände des Laderaums müssen neu lackiert werden. Die Kosten für das Lackieren betragen 39 € pro angefangenen Quadratmeter (m^2).
Berechne den Preis der neuen Lackierung.

Aufgabe 4

a) Löse das lineare Gleichungssystem. Notiere deinen Lösungsweg.

I $6x - 4y = -26$

II $2x + 4y = 2$

b) Ergänze den fehlenden Wert in Gleichung I so, dass das angegebene Gleichungssystem keine Lösung hat. Begründe deine Entscheidung.

I $y = \_\_\_\_\_ x - 7$

II $y = 3x + 5$

Aufgabe 5

Am 1. Juli 2020 wurde in Deutschland befristet die Mehrwertsteuer (= MwSt.) von 19 % auf 16 % gesenkt. Herr Meyer hat ein Geschäft für Bekleidung und hat die Senkung der Mehrwertsteuer an seine Kunden weitergegeben. Dafür hat er eine Excel-Tabelle angelegt:

	A	B	C	D	E
1	**Produkt**	**Preis ohne MwSt.**	**Preis mit 19 % MwSt.**	**Preis mit 16 % MwSt.**	**Ersparnis in €**
2	T-Shirt	7,52	8,95	8,72	0,23
3	Pullover	11,72	13,95	13,60	0,35
4	Kapuzenpullover	33,57			1,01

a) Ergänze die fehlenden Werte in Zeile 4 für den Kapuzenpullover.

b) Der Wert welcher Zelle lässt sich mit der Formel „**= B3 * 1,19 – B3 * 1,16**" berechnen? Gib die Zelle an.

c) Herr Meyer stellt fest: „Obwohl die Mehrwertsteuer um 3 % abgesenkt wurde, betrug die Ersparnis für den Kunden nicht 3 %."
Begründe durch eine Rechnung, dass diese Aussage zutrifft.

Prüfungsteil 2

Aufgabe 1: Glaskugel

Ein Unternehmen stellt lackierte Glaskugeln her (Abbildung 1).
Die Glaskugeln haben einen Durchmesser von 8 cm.

a) Berechne das Volumen einer Glaskugel.

Abbildung 1: Glaskugel

Nach der Herstellung der Form wird die Kugeloberfläche lackiert. Mit einem Liter Farbe kann eine Fläche von 12 m^2 lackiert werden.

b) Berechne, wie viele Glaskugeln mit einem Liter Farbe lackiert werden können.

c) Ein Praktikant behauptet: „Für eine Glaskugel mit doppeltem Durchmesser benötigt man auch doppelt so viel Farbe."
Hat der Praktikant recht? Begründe.

Bevor die lackierten Glaskugeln verpackt werden, durchlaufen sie eine Qualitätskontrolle. Zuerst wird die Form, danach die Lackierung auf Fehler kontrolliert. Alle Glaskugeln mit einem Fehler werden direkt aussortiert. Das Baumdiagramm zeigt die Anteile. Die Anteile werden im Folgenden als Wahrscheinlichkeiten gedeutet.

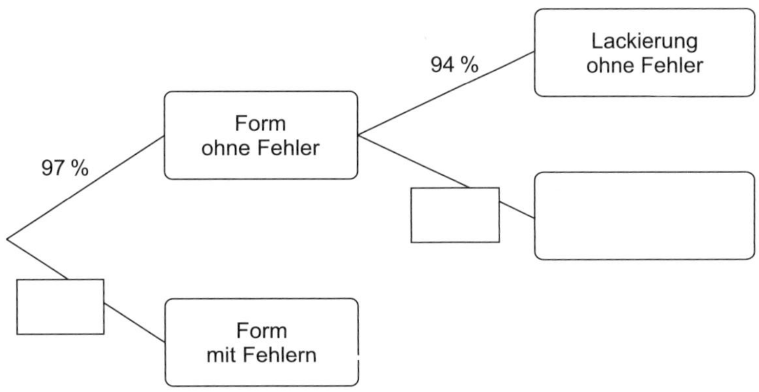

d) Ergänze die drei fehlenden Angaben im Baumdiagramm.

e) Begründe, warum der untere Ast des Baumdiagramms nicht fortgeführt ist.

f) Insgesamt werden 2 000 Glaskugeln kontrolliert.
Berechne, wie viele fehlerfreie Glaskugeln zu erwarten sind.

Aufgabe 2: Blobbing

Blobbing ist eine Wassersportart im Freien (Abbildung 1). Eine vereinfachte Darstellung des Ablaufs ist in Abbildung 2 dargestellt. Beim Blobbing liegt ein mit Luft gefülltes Kissen im Wasser.

(1) Der *Jumper* springt vom Turm auf das Luftkissen.

(2) Auf der anderen Seite des Kissens ist der *Blobber*. Durch den Sprung befördert der *Jumper* den *Blobber* in die Luft.

(3) Der *Blobber* wird in die Luft geschleudert und landet dann im Wasser.

Abbildung 1: Ablauf eines Blobbing-Sprunges als überlagerte Aufnahme

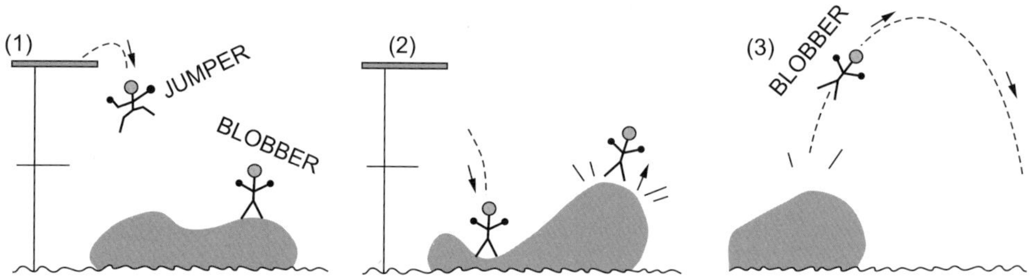

Abbildung 2: Vereinfachte Darstellung des Blobbing-Ablaufs (nicht maßstabsgetreu)

Der *Jumper* kann zwischen verschiedenen Absprunghöhen wählen. Ein Sprung aus fünf Meter Höhe dauert ca. 1 Sekunde. Ein Sprung aus zehn Meter Höhe dauert ca. 1,42 Sekunden.

Absprung-höhe	Sprung-dauer
0 m	0 s
3 m	0,77 s
5 m	1 s
10 m	1,42 s
15 m	1,75 s

Tabelle 1: Sprungdauer in Abhängigkeit von der Absprunghöhe

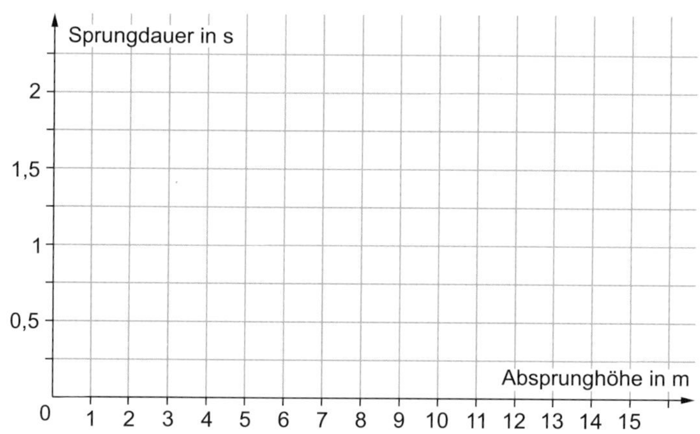

Abbildung 3: Leeres Koordinatensystem zu Aufgabenteil a

a) Skizziere zu den Werten aus Tabelle 1 den passenden Graphen in dem abgebildeten Koordinatensystem (Abbildung 3).

b) Überprüfe, ob es zwischen der Absprunghöhe und der Sprungdauer einen linearen Zusammenhang gibt. Notiere deinen Lösungsweg.

Abbildung 4 zeigt die Flugbahn eines *Blobbers* A.

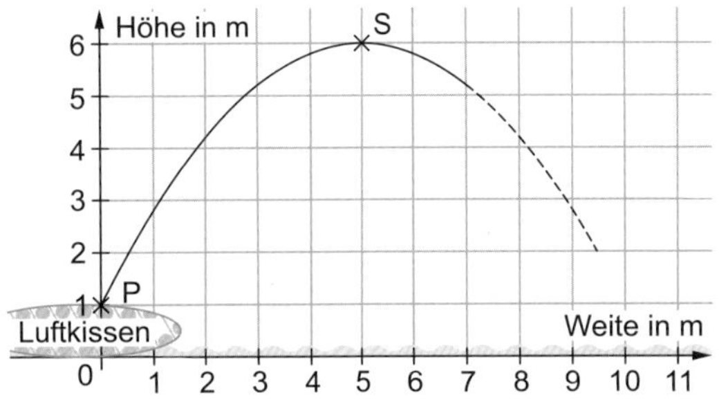

Abbildung 4: Flugbahn des *Blobbers* A

c) Begründe mithilfe der Abbildung 4, dass sich die Funktion f mit $f(x) = a \cdot (x-5)^2 + 6$ und $a < 0$ zur Modellierung der Flugbahn von *Blobber* A eignet.

d) Zeige durch eine Rechnung, dass der Streckfaktor a hier $a = -0{,}2$ beträgt.

Die Flugbahn von *Blobber* A kann somit durch die Funktion f mit $f(x) = -0{,}2 \cdot (x-5)^2 + 6$ beschrieben werden.

e) Die Funktionsgleichung g mit $g(x) = -0{,}2 \cdot x^2 + 2x + 1$ beschreibt dieselbe Flugbahn. Zeige durch Termumformungen, dass die Funktionsgleichungen von f und g dieselbe Parabel beschreiben.

f) Berechne, wie weit *Blobber* A geflogen ist.

g) Die Flugbahn eines zweiten *Blobbers* B wird mit der Funktion h mit $h(x) = -0{,}28 \cdot (x-5)^2 + 8$ beschrieben. Nenne *eine* Gemeinsamkeit und *einen* Unterschied der Flugbahn des zweiten *Blobbers* B im Vergleich zur Flugbahn von *Blobber* A.

Aufgabe 3: Muster

Jan möchte ein Muster aus rechtwinkligen gleichschenkligen Dreiecken konstruieren. Er beginnt mit dem Dreieck D_1 (Abbildung 1).

a) Zeige mit einer Rechnung, dass die Länge der Hypotenuse von Dreieck D_1 ca. 4,243 cm beträgt.

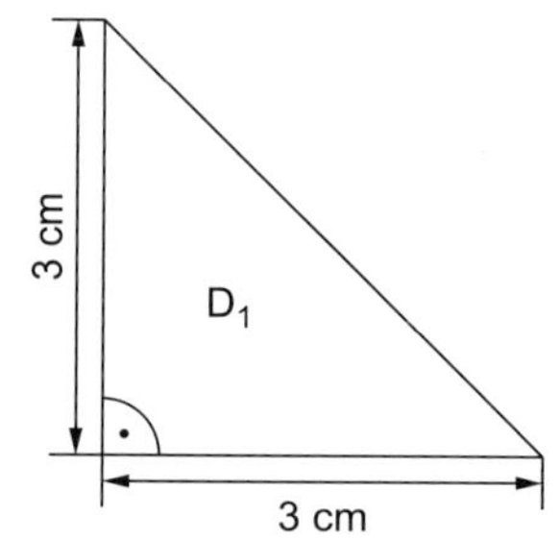

Abbildung 1: Dreieck D_1

Jan setzt das Muster mit den beiden weiteren Dreiecken D_2 und D_3 fort (Abbildung 2).

b) Ergänze das Dreieck D_4 zeichnerisch in Abbildung 2. Beschreibe, wie du vorgegangen bist.

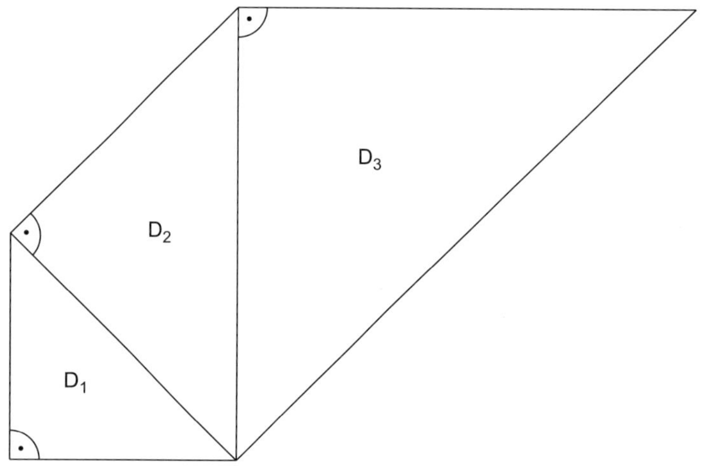

Abbildung 2: Muster bis Dreieck D_3 zu Teilaufgabe b–d

c) Jan kann nur acht Dreiecke zeichnen, ohne dass die Dreiecke sich überschneiden. Begründe dies mithilfe der Winkel.

d) Zeige rechnerisch, dass der Flächeninhalt von Dreieck D_2 doppelt so groß ist wie der Flächeninhalt von Dreieck D_1.

Jan berechnet weitere Flächeninhalte der Dreiecke in seinem Muster (Abbildung 3) und hält die Ergebnisse in einer Tabelle fest.

Dreieck	D_1	D_2	D_3	D_4	D_5	…
Flächeninhalt (in cm^2)	4,5	9	18	36	72	…

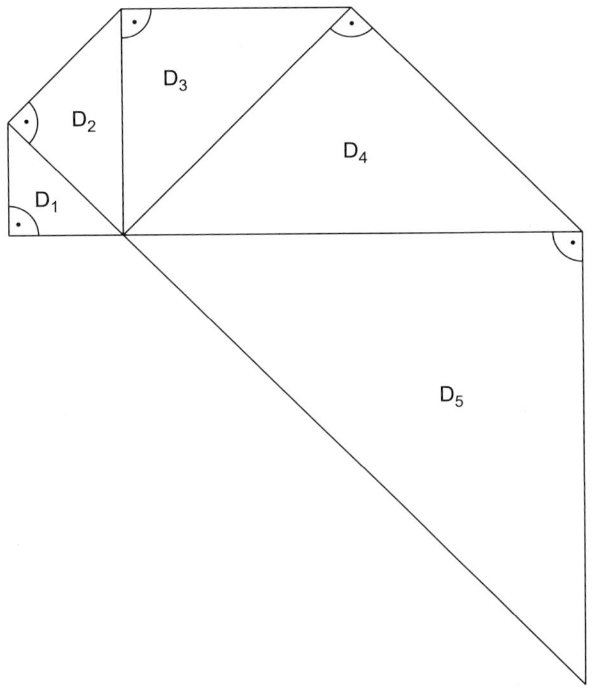

Abbildung 3: Muster bis Dreieck D_5 verkleinert dargestellt

e) Begründe, dass kein Dreieck in dem Muster einen Flächeninhalt von genau 250 cm^2 hat.

f) Jan möchte das Muster aus Papier herstellen. Dazu schneidet er die einzelnen Dreiecke aus DIN-A4-Blättern (21 cm × 29,7 cm) aus. Jan behauptet: „Auch das Dreieck D_8 kann ich aus einem einzigen DIN-A4-Blatt ausschneiden."
Entscheide begründet, ob Jans Behauptung zutrifft.

Zentrale Prüfung 2022
NRW – Mathematik

Hinweis: Aufgrund der Corona-Pandemie standen in diesem Jahr zwei Varianten für den Prüfungsteil 1 zur Verfügung. Die Lehrkraft konnte vor der Prüfung eine Variante auswählen.

Prüfungsteil 1 – Wahlmöglichkeit 1

Aufgabe 1

Kreuze an.

	richtig	falsch
$10^{-1} > 10^{-2}$	☐	☐
$-4^2 = (-4)^2$	☐	☐
2^2 ist die Hälfte von 2^4	☐	☐

Aufgabe 2

In dem abgebildeten Dreieck gilt: $a = 22{,}4$ cm und $c = 25$ cm.

a) Berechne die Länge der Seite b.

b) Berechne die Größe des Winkels α.

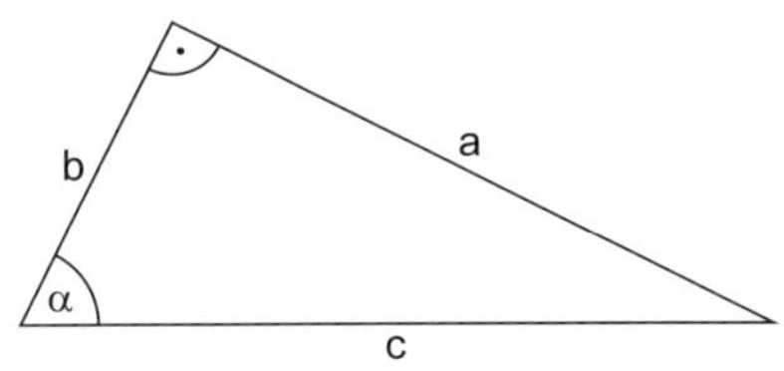

Aufgabe 3

Löse das lineare Gleichungssystem. Notiere deinen Lösungsweg.

I $\quad 2x + 3y = 20$
II $\quad -2x + 8y = 68$

Aufgabe 4

Ergänze: $\quad (2x + \square)^2 = 4x^2 + \square + 9y^2$

Aufgabe 5

Der „General Sherman Tree" ist ein Riesenmammutbaum und steht im US-Bundesstaat Kalifornien.

Bestimme näherungsweise den Durchmesser des Baumes in Schulterhöhe des Mannes. Beschreibe dein Vorgehen.

Aufgabe 6

Die Weltgesundheitsorganisation (WHO) empfiehlt eine körperliche Aktivität von mindestens 2,5 Stunden pro Woche.

Das Diagramm zeigt den Anteil der Männer und Frauen, die mindestens 2,5 Stunden pro Woche körperlich aktiv sind.

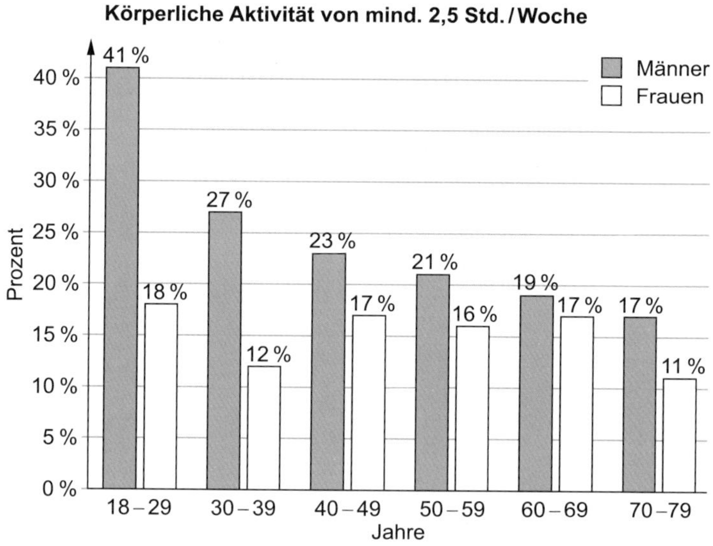

a) Entscheide mithilfe des Diagramms und kreuze an.

	trifft zu	trifft nicht zu
Bei den 30- bis 39-Jährigen ist der Anteil der Männer, die mindestens 2,5 Stunden/Woche körperlich aktiv sind, mehr als doppelt so groß wie bei den Frauen.	☐	☐
Der Anteil der Männer, die mindestens 2,5 Stunden/Woche körperlich aktiv sind, ist in jeder Altersgruppe höher als der Anteil der Frauen der gleichen Altersgruppe.	☐	☐
Je älter Frauen werden, desto weniger entspricht ihre körperliche Aktivität der Empfehlung der WHO.	☐	☐

b) In der Gruppe der 18- bis 29-Jährigen gaben 123 Männer an, dass sie mindestens 2,5 Stunden pro Woche körperlich aktiv sind.

Berechne, wie viele Männer in dieser Altersgruppe befragt wurden.

Prüfungsteil 1 – Wahlmöglichkeit 2

Aufgabe 1

Wandle jeweils in die angegebene Größe um:

2,25 h = ____________ min;

1 238,6 g = ____________ kg;

$0{,}12\ m^3$ = ____________ ℓ

Aufgabe 2

Gegeben ist der Funktionsgraph einer linearen Funktion.

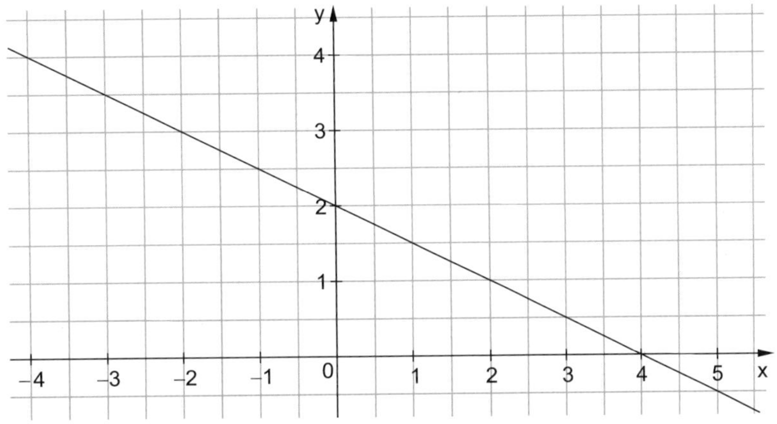

a) Ergänze in der Wertetabelle die fehlenden Werte.

x	–2	0	1	2
y				

b) Bestimme die zugehörige Funktionsgleichung: y = ____________

c) Die Gerade soll an der y-Achse gespiegelt werden. Zeichne die gespiegelte Gerade in das Koordinatensystem ein.

Aufgabe 3

Ergänze: $(2x + \square)^2 = 4x^2 + \square + 9y^2$

Aufgabe 4

Der „General Sherman Tree“ ist ein Riesenmammutbaum und steht im US-Bundesstaat Kalifornien.

Bestimme näherungsweise den Durchmesser des Baumes in Schulterhöhe des Mannes. Beschreibe dein Vorgehen.

Aufgabe 5

Die Weltgesundheitsorganisation (WHO) empfiehlt eine körperliche Aktivität von mindestens 2,5 Stunden pro Woche.

Das Diagramm zeigt den Anteil der Männer und Frauen, die mindestens 2,5 Stunden pro Woche körperlich aktiv sind.

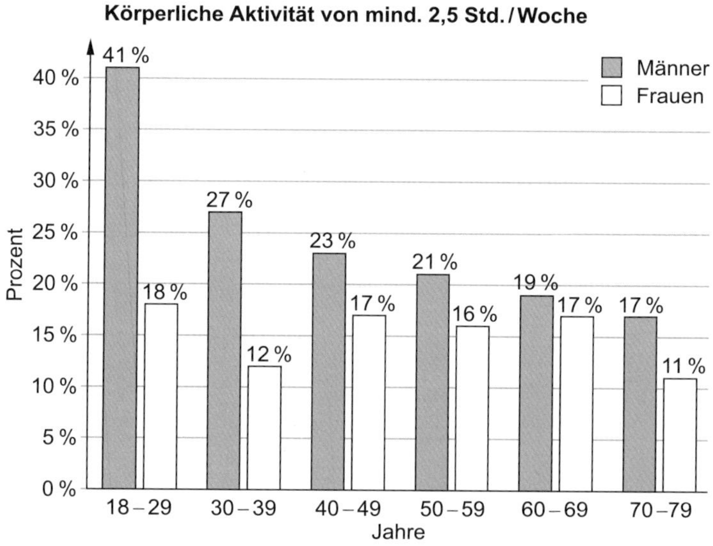

a) Entscheide mithilfe des Diagramms und kreuze an.

	trifft zu	trifft nicht zu
Bei den 30- bis 39-Jährigen ist der Anteil der Männer, die mindestens 2,5 Stunden/Woche körperlich aktiv sind, mehr als doppelt so groß wie bei den Frauen.	☐	☐
Der Anteil der Männer, die mindestens 2,5 Stunden/Woche körperlich aktiv sind, ist in jeder Altersgruppe höher als der Anteil der Frauen der gleichen Altersgruppe.	☐	☐
Je älter Frauen werden, desto weniger entspricht ihre körperliche Aktivität der Empfehlung der WHO.	☐	☐

b) In der Gruppe der 18- bis 29-Jährigen gaben 123 Männer an, dass sie mindestens 2,5 Stunden pro Woche körperlich aktiv sind.

Berechne, wie viele Männer in dieser Altersgruppe befragt wurden.

Prüfungsteil 2

Aufgabe 1: Rösti

Ein Unternehmen stellt nach eigenem Rezept aus Kartoffeln sogenannte Rösti her (Abbildung 1 und 2). Dazu wird der Teig in eine zylindrische Form gegossen (Abbildung 3) und anschließend gebacken. Für ein Rösti benötigt man 100 g Teig.

Abbildung 1: Rösti aus Kartoffeln

Rezept für Rösti-Teig
520 g geriebene Kartoffeln
1 Ei (ca. 60 g)
110 g Paniermehl
20 g Gewürze

Abbildung 2: Rezept für Rösti-Teig

Abbildung 3: zylindrische Form

a) Zeige rechnerisch, dass aus der Teigmenge eines Rezeptes sieben Rösti hergestellt werden können (Abbildung 2).

b) 100 g Teig haben ein Volumen von 81 cm^3. Berechne, wie viel Gramm ein Kubikzentimeter Teig wiegt.

c) Ein Rösti soll 2 cm dick sein und ein Volumen von 81 cm^3 haben. Zeige, dass die zylindrische Form einen Durchmesser von ca. 7,2 cm haben muss.

d) Das Unternehmen möchte zusätzlich Mini-Rösti herstellen. Ein Mini-Rösti soll auch 2 cm dick sein, aber nur das halbe Volumen haben. Ein Mitarbeiter behauptet: „Für ein Mini-Rösti brauchen wir eine Form mit halbem Durchmesser!" Hat er recht? Begründe deine Entscheidung.

Bevor die Rösti verpackt werden, wird zuerst das Gewicht und dann das Aussehen kontrolliert. Alle Rösti, deren Gewicht oder deren Aussehen nicht der Vorgabe entsprechen, werden aussortiert. Das Baumdiagramm zeigt die Anteile. Die Anteile werden im Folgenden als Wahrscheinlichkeiten gedeutet.

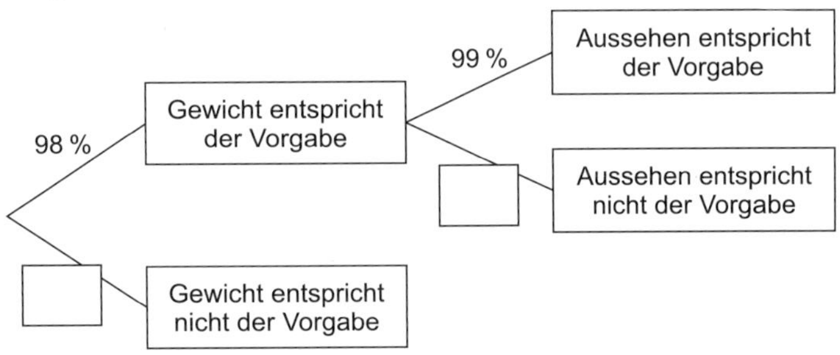

e) Ergänze die fehlenden Angaben im Baumdiagramm.

f) Berechne, wie viel Prozent der Rösti insgesamt den Vorgaben entsprechen.

g) Das Unternehmen kontrolliert an einem Tag 10 000 Rösti. Wie viele Rösti werden vermutlich aussortiert, weil sie nicht den Vorgaben entsprechen? Notiere deine Rechnung.

Bildnachweis: Abbildung 1: ALF photo/AdobeStock

Aufgabe 2: Wassermelonen

Für ein Schulprojekt beschäftigt sich Sinja mit der Form und dem Wachstum von Wassermelonen. Sinja hat eine nahezu kugelförmige Wassermelone gekauft, die einen Durchmesser von ca. 25 cm hat (Abbildung 1).

a) Zeige rechnerisch, dass diese Wassermelone ein Volumen von $V \approx 8\,200\ cm^3$ hat.

b) Die Schale der Wassermelone hat eine Dicke von 1,5 cm (Abbildung 1).
Berechne den prozentualen Anteil des Fruchtfleisches an der ganzen Wassermelone.

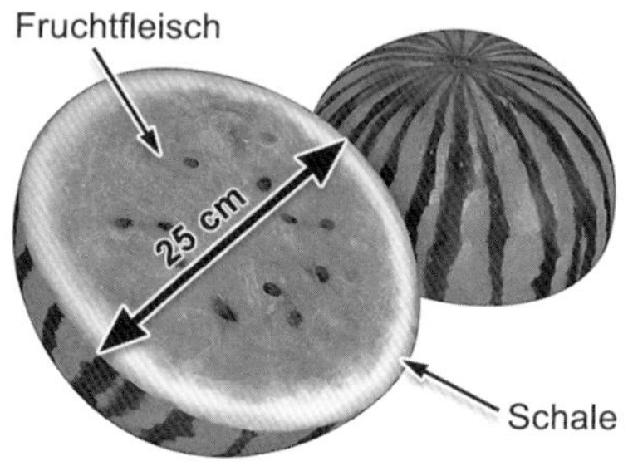

Abbildung 1:
aufgeschnittene Wassermelone

Sinja entdeckt würfelförmige Wassermelonen, die in Japan verkauft werden (Abbildung 2).

c) Eine würfelförmige Wassermelone hat ebenfalls ein Volumen von $V = 8\,200\ cm^3$.
Bestätige durch eine Rechnung, dass diese Wassermelone eine Kantenlänge von ca. 20,2 cm hat.

d) Entscheide durch eine Rechnung, ob die kugelförmige oder die würfelförmige Wassermelone eine größere Oberfläche hat.

Abbildung 2:
würfelförmige Wassermelone

Wassermelonen verdoppeln ihr Gewicht pro Woche unter idealen Wachstumsbedingungen. Sinja überlegt, wie sich das Gewicht einer 400 g schweren Wassermelone unter idealen Bedingungen voraussichtlich entwickelt. Sie erstellt dazu eine Tabelle.

Beobachtungswoche	0	1	2	...
Gewicht in g	400	800	1 600	...

e) Berechne das Gewicht der Wassermelone nach 4 Wochen.

f) Sinja behauptet: „Der Graph in Abbildung 3 beschreibt das Wachstum dieser Wassermelone."
Hat Sinja recht? Begründe deine Entscheidung.

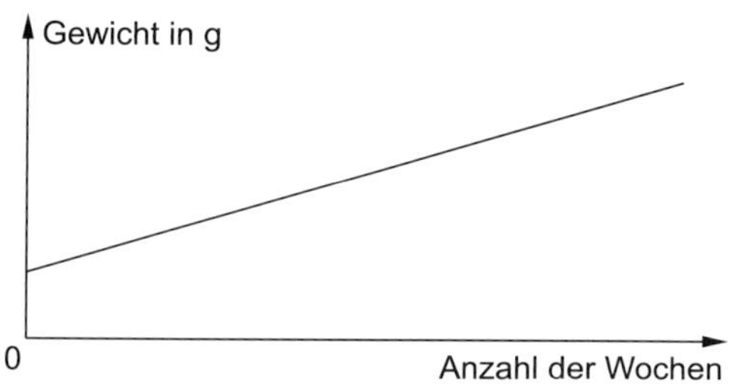

Abbildung 3: Graph zum Wachstum der Wassermelone

Aufgabe 3: Parabel und Rechteck

Julia zeichnet mithilfe einer Geometriesoftware die Parabel f mit der Funktionsgleichung $f(x) = -0{,}5x^2 + 5{,}5$ in ein Koordinatensystem (Abbildung 1).

a) Bestätige durch eine Rechnung, dass der Punkt $A_1(3\,|\,1)$ auf der Parabel f liegt.

b) Begründe mit den Eigenschaften dieser Parabel, dass der Punkt $B_1(-3\,|\,1)$ ebenfalls auf dem Graphen von f liegt.

c) Die Punkte C_1 und D_1 liegen auf der x-Achse und bilden mit den Punkten A_1 und B_1 das Rechteck $A_1B_1C_1D_1$. Berechne den Umfang dieses Rechtecks.

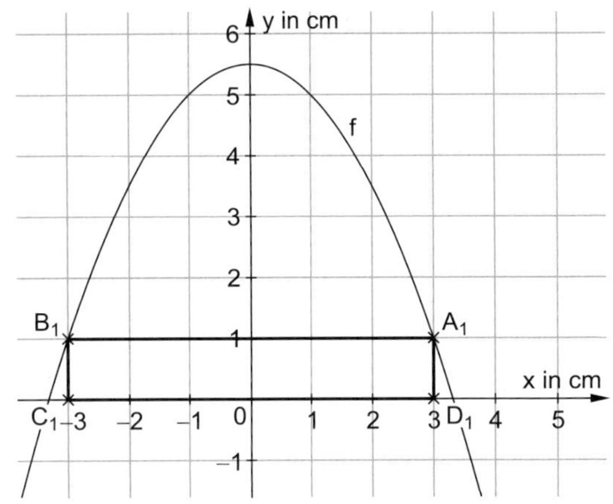

Abbildung 1: Parabel f und Rechteck $A_1B_1C_1D_1$

Ausgehend von anderen Punkten auf der Parabel f kann man auf die gleiche Art weitere Rechtecke zeichnen.

d) (1) Zeichne den Punkt $A_2(1\,|\,5)$ in Abbildung 1 ein.
   (2) Ergänze die drei weiteren Punkte B_2, C_2 und D_2 und verbinde die vier Punkte zu dem Rechteck $A_2B_2C_2D_2$.

Mit dem Term (I) kann man den Umfang für jedes dieser Rechtecke berechnen

(I) $2 \cdot 2x + 2 \cdot (-0{,}5x^2 + 5{,}5)$

Dabei ist $x > 0$ und steht für die x-Koordinate des zum Rechteck gehörenden Punktes A_1, A_2 usw.

e) Berechne mit dem Term (I) den Umfang des Rechtecks, das durch den Punkt $A_2(1\,|\,5)$ festgelegt ist.

Julia vereinfacht den Term (I) zu (II) $-x^2 + 4x + 11$.

f) Zeige durch Termumformungen, dass die beiden Terme (I) und (II) gleichwertig sind.

g) Julia stellt die folgende Gleichung auf:
$-x^2 + 4x + 11 = 14{,}75$
   (1) Löse die Gleichung.
   (2) Erkläre das Ergebnis in Bezug auf die Rechtecke unter der Parabel f.